高等职业教育"十三五"规划教材

电气控制系统设计

(PLC 基于三菱系统)

主 编 戴 琨
副主编 王震生 张雨新 常燕臣

中国轻工业出版社

图书在版编目（CIP）数据

电气控制系统设计：PLC基于三菱系统/戴琨主编. —北京：中国轻工业出版社，2019.1
高等职业教育"十三五"规划教材
ISBN 978-7-5019-8004-8

Ⅰ.①电… Ⅱ.①戴… Ⅲ.①电气控制系统—系统设计—高等职业教育—教材 Ⅳ.①TM921.5

中国版本图书馆CIP数据核字（2016）第307489号

责任编辑：张文佳　　责任终审：孟寿萱　　封面设计：锋尚设计
责任校对：晋　洁　　责任监印：张　可

出版发行：中国轻工业出版社（北京东长安街6号，邮编：100740）
印　　刷：北京君升印刷有限公司
经　　销：各地新华书店
版　　次：2019年1月第1版第2次印刷
开　　本：787×1092　1/16　印张：16
字　　数：370千字
书　　号：ISBN 978-7-5019-8004-8　定价：35.00元
邮购电话：010-65241695
发行电话：010-85119835　传真：85113293
网　　址：http://www.chlip.com.cn
Email：club@chlip.com.cn
如发现图书残缺请与我社邮购联系调换
190012J2C102ZBW

前　言

本书根据高等职业院校高素质技术技能人才培养目标的要求，按照"以职业活动的工作任务为依据，以项目与任务作为能力训练的载体，以'教、学、做一体化'为训练模式，用任务达成度来考核技能掌握程度"的基本思路进行编写。从设计电气控制系统的角度出发，既有典型继电器－接触器控制系统的设计，又重点讲述应用可编程控制器完成的典型电气控制系统的设计以及变频调速控制系统设计等，展现了电气控制技术综合化和开放性的发展趋势，具有应用价值。

本书在编写过程中注重学生基础理论知识的学习以及实践能力的培养，是编者们在充分研究了国内外现行众多教材的基础上，结合自己多年的教学经验完成的，全书共分为四个项目，具体内容安排如下：

项目一为典型继电器－接触器控制系统的设计，包括三个任务：锅炉上煤机电气控制系统的设计、高压离心风机电气控制系统的设计和皮带运输机控制系统的设计。主要介绍继电器－接触器控制系统设计的内容及继电器－接触器控制系统设计的原则，用典型项目任务引领学生使用正确的设计方法，完成电气控制系统的设计。

项目二为典型 PLC 控制系统的设计，包括四个任务：锅炉上煤机 PLC 控制系统的设计、高压离心风机 PLC 控制系统的设计、皮带运输机 PLC 控制系统的设计和搬运机械手 PLC 控制系统的设计。主要介绍 PLC 的控制与应用，用典型项目任务引领学生使用正确的设计方法，完成用 PLC 实现控制的电气控制系统设计。

项目三为典型 PLC 与变频器控制系统的设计，包括两个任务：物料分拣控制系统的设计和恒压供水控制系统的设计。主要介绍变频器的控制与应用，用典型项目任务引领学生使用正确的设计方法，完成 PLC 与变频器控制的综合电气控制系统设计。

项目四为典型 PLC 与人机界面控制系统的设计，包括两个任务：电镀生产线控制系统的设计和金属热处理电阻炉控制系统设计。主要介绍人机界面的使用以及 PLC 与人机界面的通信，用典型项目任务引领学生使用正确的设计方法，完成用 PLC 与人机界面控制的综合电气控制系统设计。本书中每个任务后均设有问题研讨或训练小课题，便于读者检验知识掌握程度，做到触类旁通、举一反三。

本书内容丰富、全面系统、思路清晰、涉及范围广，具有较强的实用性和先进性。本书既可以作为高等职业院校动车组检修技术、机电一体化技术、电气自动化技术等专业相关课程的教材或参考书，同时对电气控制系统方面的实践性课程的开设也具有应用指导意义。

本书主编为戴琨，副主编为王震生、张雨新、常燕臣。其中，戴琨、张雨新编写项目一；戴琨、常燕臣编写项目二；王震生编写项目三、项目四。在编写过程中参考了有关专业书籍和资料，在此向原作者表示最诚挚的谢意！

本书"*"号部分为选学内容。

由于编者水平有限,书中难免出现不妥之处,敬请读者批评指正。

编　者

2016 年 11 月

目 录

项目一 典型继电器-接触器控制系统的设计 ······ 1
    任务一 锅炉上煤机电气控制系统的设计 ······ 1
    任务二 高压离心风机电气控制系统的设计 ······ 18
    任务三 皮带运输机控制系统的设计 ······ 36

项目二 典型PLC控制系统的设计 ······ 52
    任务一 锅炉上煤机PLC控制系统的设计 ······ 52
    任务二 高压离心风机PLC控制系统的设计 ······ 75
    任务三 皮带运输机PLC控制系统的设计 ······ 101
    任务四 搬运机械手PLC控制系统的设计 ······ 136

项目三 典型PLC与变频器控制系统的设计 ······ 161
    任务一 物料分拣控制系统的设计 ······ 161
    任务二 恒压供水控制系统的设计 ······ 196

项目四 典型PLC与人机界面控制系统的设计 ······ 209
    任务一 电镀生产线控制系统的设计 ······ 209
    *任务二 金属热处理电阻炉控制系统设计 ······ 230

参考文献 ······ 249

项目一　典型继电器－接触器控制系统的设计

【项目内容】
※ 锅炉上煤机电气控制系统的设计、安装与调试。
※ 高压离心风机电气控制系统的设计、安装与调试。
※ 皮带运输机电气控制系统的设计、安装与调试。

【学习目标】
※ 能够掌握典型继电器－接触器控制系统的控制原理。
※ 能够掌握典型继电器－接触器控制系统的分析方法。
※ 能够根据控制要求，完成典型继电器－接触器控制系统的设计。
※ 会进行典型继电器－接触器控制系统的安装、调试、维护与故障检修。

任务一　锅炉上煤机电气控制系统的设计

一、任务目标

1. 了解锅炉上煤机的电气控制过程及控制要求。
2. 熟悉三相交流异步电动机正反转控制线路及限位控制线路的特点。
3. 学会根据电气控制要求完成锅炉上煤机的继电器－接触器控制系统设计。
4. 掌握继电器－接触器控制系统的典型控制环节及电气控制系统设计的方法。

二、任务描述

工业锅炉一般通过燃烧煤加热，锅炉上煤机是专门将煤运送到锅炉加热器中的设备，也可以设计成为锅炉设备的一部分。工作过程如下：下煤时，空煤斗下降，到达下煤预定位置时，煤斗压迫行程开关而停止运行。由人工或装煤机械往煤斗中装煤，装煤完成后等待上煤。上煤时，煤斗上升，到达预定位置时，煤斗自动翻斗卸料，将煤卸入锅炉加热器中，随后通过行程开关控制自动反向下降。工作示意图如图1-1-1所示。

本任务要求完成锅炉上煤机电气控制系统的设计。锅炉上煤机由一台电动机实现对煤斗爬升与下降的控制。

三、任务要求

1. 工作流程

煤斗由电动机M1拖动，按下启动按钮，电动机M1将装满煤的煤斗提升到上限后，由行程开关SQ1控制自动翻斗卸料，随后反向下降，到达下限SQ2位置，煤斗压迫行程开关而停止运行，由人工或装煤机械往煤斗中装煤，装煤完成后，需要按下启动按钮，才可以进行下一次的上煤。

2. 设计要求

（1）电动机 M1 为三相交流异步电动机，功率 4kW。

（2）锅炉上煤机电气控制系统应按照上述工作流程顺序实现控制，煤斗可以停在任意位置，启动时可以使煤斗随意从上升或下降开始运行，到达预定位置自动停止。

（3）系统要具有短路、过载、失压、欠压、电气联锁等必要的电气保护措施。

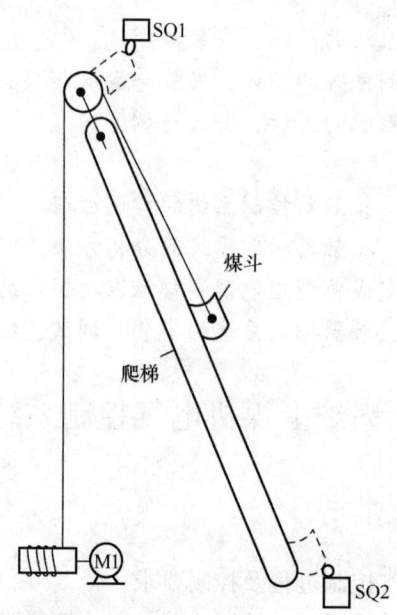

图 1-1-1　锅炉上煤机工作示意图

四、预备知识

继电器－接触器典型控制环节

1. 三相交流异步电动机正反转控制线路

许多生产机械的运动部件往往要求实现正、反两个方向的运动，如机床主轴正转和反转，起重机吊钩的上升与下降，机床工作台的前进与后退，机械装置的夹紧与放松等。这就要求拖动电动机实现正、反转来控制。

根据三相交流异步电动机工作原理可知，只要将电动机主电路三相电源线的任意两根对调，改变电源相序，改变旋转磁场方向，就可以实现电动机的正反转。

根据单向连续控制线路的控制原理，要实现正反转运行可用两只接触器来改变电动机电源的相序，但是它们不能同时得电动作，否则将造成电源相间短路事故。常用的电动机正反转控制线路有以下几种：

（1）按钮联锁的正、反向控制线路。按钮联锁的正、反向控制线路原理图如图 1-1-2 所示。

图中 SB2 与 SB3 分别为正、反向启动按钮，每只按钮的常闭触点都与另一只按钮的常

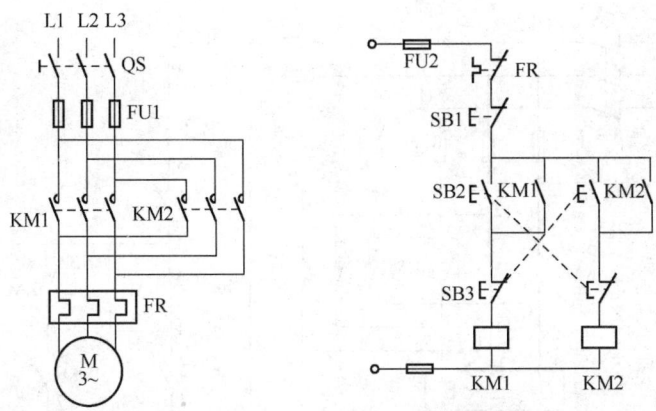

图1-1-2 三相交流异步电动机按钮联锁正反转控制线路的电气原理图

开触点串联,此种接法称为按钮联锁,或叫按钮互锁。这种由按钮的常闭触点构成的联锁也称为机械联锁。每只按钮上起联锁作用的常闭触点称为"联锁触点"。当操作任意一只按钮时,其常闭触点先分断,使相反转向的接触器断电释放,可防止两只接触器同时得电造成电源短路。

线路工作原理:

电动机正向启动时,合上电源开关QS,按下按钮SB2,其常闭触点先分断,使KM2线圈不得电,实现联锁。同时SB2的常开触点闭合,KM1线圈得电并自锁,KM1主触点闭合,电动机M得电正向启动运转。

电动机反向启动时,如果此时电动机处于正传运行,可以直接按下SB3,其常闭触点先分断,KM1线圈失电,解除自保,KM1主触点断开,电动机正传停转。同时SB3常开触点闭合,KM2线圈得电并自保,KM2主触点闭合,电动机反转。

电动机需停转时,只需按下停止按钮SB1即可,电动机M失电停止运行。

按钮联锁正、反转控制线路的优点是,电动机可以直接从一个转向过渡到另一个转向而不需要按停止按钮SB1,但存在的主要问题是容易产生短路事故。例如,电动机正转接触器KM1的主触点因弹簧老化或剩磁的原因而延迟释放时、因触点熔焊或者被卡住而不能释放时,如此时按下SB3反转按钮,会造成KM1因故不释放或释放缓慢而没有完全将触点断开,KM2接触器线圈又通电使其主触点闭合,电源会在主电路出现相间短路。可见,按钮联锁正、反转控制电路的特点是方便但不安全,运行状态转换是"正转→反转→停止"。

(2)接触器联锁的正、反向控制线路。为防止出现两个接触器同时得电引起主电路电源相间短路,要求在主电路中任意一个接触器主触点闭合时,另一个接触器的主触点就不能够闭合,即任何时候在控制电路中,KM1、KM2只能有其中一个接触器的线圈通电。将KM1、KM2正、反转接触器的常闭辅助触点分别串接到对方线圈电路中,形成相互制约的控制,这种相互制约的控制关系也称为联锁,或叫互锁,这两对起联锁作用的常闭触点称为联锁触点。由接触器或继电器常闭触点构成的联锁也称为电气联锁。

接触器联锁电动机正、反转线路原理图,如图1-1-3所示。

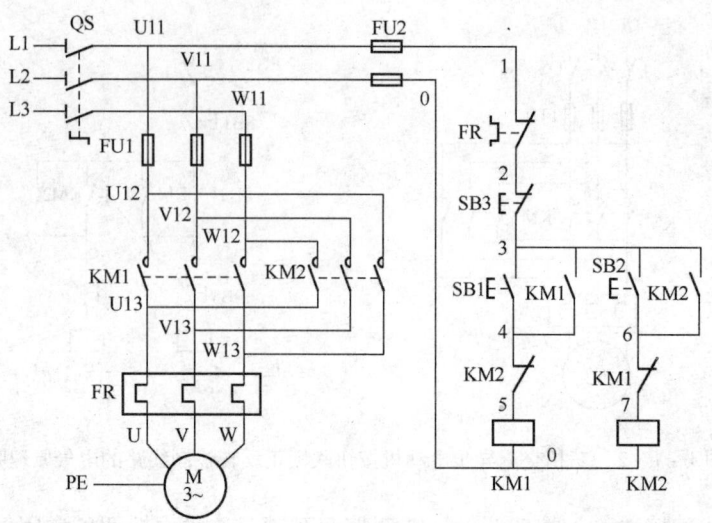

图 1-1-3 三相交流异步电动机接触器联锁正反转控制线路的电气原理图

线路工作原理：

电动机正向启动时，合上电源开关 QS，按下正转启动按钮 SB1，正转接触器 KM1 线圈通电，一方面主电路中 KM1 的主触点和控制电路中 KM1 的自锁触点闭合，使电动机连续正转；另一方面 KM1 的常闭联锁触点断开，切断反转接触器 KM2 线圈回路，使得它无法通电，实现联锁。此时即使按下反转启动按钮 SB2，反转接触器 KM2 线圈因 KM1 联锁触点断开也不会通电。要实现反转控制，必须先按下停止按钮 SB3，切断正转接触器 KM1 线圈回路，主电路中 KM1 的主触点和控制电路中 KM1 的自锁触点恢复断开，KM1 的联锁触点恢复闭合，解除对 KM2 的联锁，然后按下反转启动按钮 SB2，才能使电动机反向启动运转。

电动机反向启动时，按下反转启动按钮 SB2，反转接触器 KM2 线圈通电，一方面主电路中 KM2 的主触点闭合，控制电路中 KM2 的自锁触点闭合，实现反转；另一方面 KM2 的反转互锁触点断开，使正转接触器 KM1 线圈回路无法接通，进行联锁。

电动机需停转时，只需按下停止按钮 SB3 即可，电动机 M 失电停止运行。

接触器联锁正、反转控制电路的优点是可以避免由于误操作以及因接触器故障引起的电源短路事故发生，但存在的主要问题是，从一个转向过渡到另一个转向时要先按停止按钮 SB3，不能直接过渡，显然这是十分不方便的。可见接触器互锁正、反转控制电路的特点是安全但不方便，运行状态转换必须是"正转→停止→反转"。

（3）双重联锁的正、反向控制线路。采用复式按钮和接触器复合联锁的正、反转控制电路如图 1-1-4 所示。

双重联锁的正、反向控制线路可以克服上述两种正、反转控制线路的缺点，图中 SB2 与 SB3 是两只复合按钮，它们各具有一对常开触点和一对常闭触点，该电路具有按钮和接触双重联锁作用。

线路工作原理：

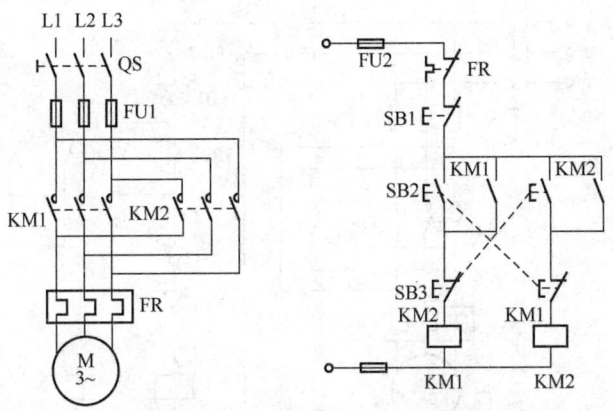

图1-1-4 三相交流异步电动机采用复式按钮和接触器复合联锁正反转控制线路原理图

电动机正向启动时，合上电源开关QS，按正转按钮SB2，正转接触器KM1线圈通电，KM1主触点闭合，电动正转启动运转。与此同时，SB2的联锁常闭触点和KM1的联锁常闭触点都断开，双双保证反转接触器KM2线圈不会同时获电。

欲要反转，只要直接按下反转复合按钮SB3，其动断触点先断开，使正转接触器KM1线圈断电，KM1的主、辅触点复位，电动机停止正转。与此同时，SB3动合触点闭合，使反转接触器KM2线圈通电，KM2主触点闭合，电动机反转启动运转，串接在正转接触器KM1线圈电路中的KM2常闭辅助触点断开，起到联锁作用。

电动机需停转时，只需按下停止按钮SB1即可，电动机M失电停止运行。

2. 三相交流异步电动机的行程控制

在实际应用中，有一些电气设备，要根据可移动部件的行程位置控制其运行状态，如电梯行驶到一定位置要停下来，起重机将重物提升到一定高度要停止上升，停的位置必须在一定范围内，否则可能造成危险事故；还有些生产机械，如高炉的加料设备、龙门刨床等设备需自动往返运行等。电动机的停可以通过控制电路中的停止按钮SB1停，这属于手动控制，也可用行程开关控制电动机在规定位置停则属于按照行程原则实现的自动控制。

实现行程位置控制的电器主要是行程开关，即用行程开关对机械设备运动部件的位置或机件的位置变化来进行控制，称为按行程原则的自动控制，也称为行程控制。行程控制是机械设备中应用较广泛的控制方式之一。

行程控制根据其控制特点，可以分为限位保护控制与自动循环控制。

（1）三相交流异步电动机的限位保护控制。如图1-1-5所示，某小车在规定的轨道上运行时，可用行程开关实现终端限位保护，控制小车在规定的轨道上的安全运行。小车在轨道上的向前、向后运动可利用电动机的正、反转实现。若需要限位保护时，则在小车行程的两个终端位置各安装一个行程开关，将行程开关的触点接于线路中，当小车碰撞行程开关后，使拖动小车的电动机停转，就可达到限位保护的目的。用来实现终端限位保护的行程开关通常被称为限位开关。

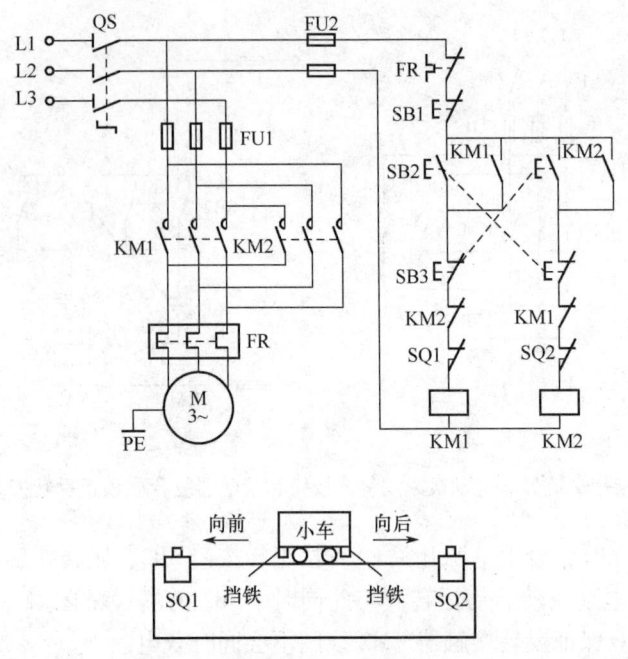

图1-1-5 三相交流异步电动机正反转限位控制线路的电气原理图

线路工作原理：

小车向前运行控制，合上电源开关QS，按下正传启动按钮SB2后，KM1线圈通电并自锁，联锁触点断开对KM2线圈进行联锁，使其不能得电，同时KM1主触点吸合，电动机正转，小车向前运动。运动一段距离后，小车挡铁碰撞到行程开关SQ1，SQ1常闭触点断开，KM1线圈失电，KM1主触点断开，电动机断电停转，同时KM1自锁触点断开，KM1联锁触点恢复闭合。

小车向后运行控制，按下反转启动按钮SB3后，KM2线圈通电并自锁，联锁触点断开对KM1线圈进行联锁，使其不能得电，同时KM2主触点吸合，电动机反转，小车向后运动。运动一段距离后，小车挡铁碰撞到行程开关SQ2，SQ2常闭触点断开，KM2线圈失电，KM2主触点断开，电动机断电停转，同时KM2自锁触点断开，KM2联锁触点恢复闭合。

停止控制，无论小车是在向前还是在向后的运行过程中，如果需要小车停在当前位置，按下停止按钮SB1即可。

(2) 三相交流异步电动机的自动循环控制。在许多生产机械的运动部件往往要求在规定的区域内实现正、反两个方向的循环运动，例如，生产车间的行车运行到终点位置时需要及时停车，并能按控制要求回到起点位置；铣床要求工作台在一定距离内能做自由往复循环运动，以便对工件进行连续加工。这种特殊要求的行程控制，称为自动循环控制。

如图1-1-6所示，图（a）为三相交流异步电动机自动往复循环控制线路电气原理图，图（b）为位置示意图，行程开关SQ1、SQ2为实现自动往复循环控制的行程开关，工作台向右运行由接触器KM1控制电动机正转实现，工作台向左运行由接触器KM2控制电动机反转实现。行程开关 SQ3、SQ4 分别为正反向限位保护用行程开关。

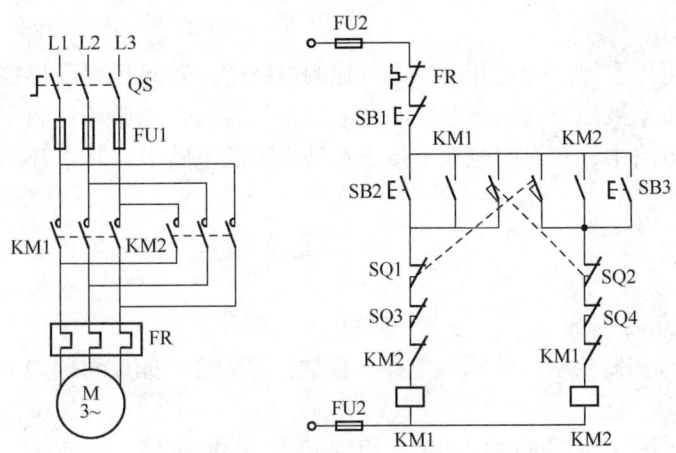

(a)三相交流异步电动机自动往复循环控制线路的电气原理图

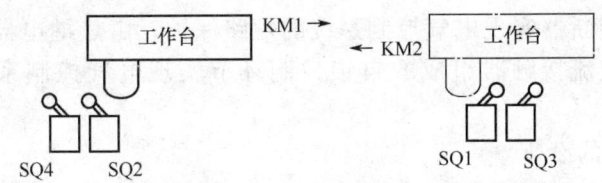

(b)三相交流异步电动机自动往复循环控制线路位置示意图

图 1-1-6　三相交流异步电动机自动往复循环控制线路

线路工作原理：

需要工作台电动机启动运行时，合上电源开关 QS，按下正转启动按钮 SB2，接触器 KM1 线圈通电，其自锁触点闭合，实现自锁，联锁触点断开，实现对接触器 KM2 线圈的联锁，主电路中的 KM1 主触点闭合，电动机通电正转，拖动工作台向右运动。到达右边终点位置后，安装在工作台上的限定位置的撞块碰撞行程开关 SQ1，使其常闭触点先断开，切断接触器 KM1 线圈回路，KM1 线圈断电，主电路中 KM1 主触点分断，电动机断电停止正转，工作台停止向右运动。控制电路中，KM1 自锁触点分断解除自锁，KM1 的常闭触点恢复闭合，解除对接触器 KM2 线圈的联锁。SQ1 的常开触点后闭合，接通 KM2 线圈回路，KM2 线圈得电，KM2 自锁触点闭合实现自锁，KM2 的常闭触点断开，实现对接触器 KM1 线圈的联锁，主电路中的 KM2 主触点闭合，电动机通电，改变相序反转，拖动工作台向左运动。到达左边终点位置后，安装在工作台上的限定位置的撞块碰撞行程开关 SQ2，其常闭和常开触点按先后动作，常闭先断开，使电动机停止向左运行；常开后闭合，让电动机开始向右运行，开始重复上述过程，即工作台在 SQ1 和 SQ2 之间做周而复始的往复循环运动，直到按下停止按钮 SB1 为止，整个控制电路失电，接触器 KM1（或 KM2）主触点分断，电动机断电停转，工作台停止运动。

工作台运行过程中，如果控制自动往复循环的行程开关 SQ1 或 SQ2 失灵，则由限位保护行程开关 SQ3、SQ4 动作，实现终端位置的限位保护。此电路采用接触器的常闭触点实现电气联锁,所以电动机在运行过程中,不可以利用按钮实现直接反向。如果需要此项控制内容,线路则应该在接触器联锁正反转控制的基础上,增加按钮联锁,就可以通过按钮实现直接反向运行。

由以上分析可以看出,行程开关在电气控制电路中,若起行程限位控制作用时,总是用其常闭触点串接于被控制的接触器线圈的电路中;若起自动循环控制作用时,总是以复合触点形式接于电路中,其常闭触点串接于将被切除的电路中,其常开触点并接于将待启动的换向按钮两端。

五、任务实施

1. 制定设计方案

(1) 根据电气控制要求,使用继电器-接触器控制环节完成对锅炉上煤机电气控制系统的设计。

(2) 煤斗上升与下降的控制由三相交流异步电动机 M1 实现,分别由接触器 KM1、KM2 控制电动机 M1 的正、反转;行程开关 SQ1 为煤斗上限位的限位开关;行程开关 SQ2 为煤斗下限位的限位开关;煤斗的上升与下降分别由上升启动按钮与下降启动按钮控制;由熔断器实现电气控制系统的短路保护;由热继电器实现电气控制系统的过载保护;由交流接触器组成的自锁控制环节实现电气控制系统的失压、欠压保护。

2. 电气控制系统的设计

(1) 锅炉上煤机电气控制系统的控制线路设计。根据电气控制要求及设计方案,设计锅炉上煤机电气控制系统的控制线路原理图。参考电气原理图如图 1-1-7 所示。

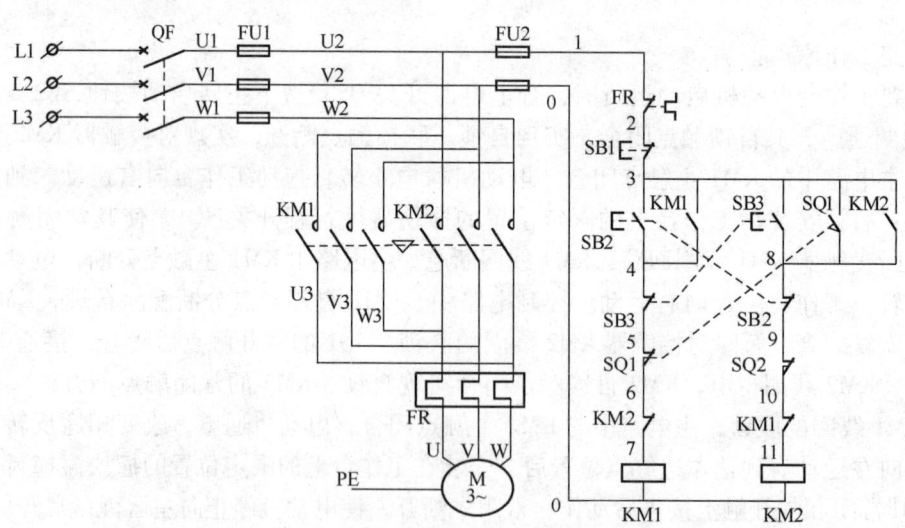

图 1-1-7 锅炉上煤机电气控制系统的电气原理图(参考)

(2) 元器件的选择。根据电气原理图列出锅炉上煤机电气控制系统元器件明细表,如表 1-1-1 所示。

表 1-1-1　　　　　　　　锅炉上煤机电气控制系统元器件明细表

序号	符号	名称	型号	规格	数量	备注
1	M	三相交流异步电动机	Y132S-4	功率：5.5kW；额定电压：380V；额定电流：11.6A；转速：1460r/min	1	
2	QF	自动空气开关	DZ47-63	3P；20A	1	
3	KM	交流接触器	CJX1-32	线圈工作电压 AC380V	2	
4	FR	热继电器	JR36-20/3	额定电流20A，整定电流12A	1	
5	FU1	熔断器	RT18-32	1P，配熔体25A	3	
6	FU2	熔断器	RT18-32	1P，配熔体5A	2	
7	SB1	控制按钮	LA38-11	红色	1	
8	SB2、SB3	控制按钮	LA38-11	绿色	2	
9	SQ1、SQ2	行程开关	LX19-121	单轮，自复位	2	
10	XT	接线端子排	TD-3015		1	

3. 锅炉上煤机电气控制系统的安装与模拟调试

（1）元器件安装工艺要求。根据电器布置图在控制板上安装所用电器元件，要求：

1）控制板上的电器元件应安装牢固，排列整齐、匀称、合理和便于更换元件。

2）紧固电器元件应用力均匀、紧固程度适当，以防止损坏元件。

3）走线槽板布置合理，平直、整齐、紧贴敷设面。

（2）布线工艺要求。按原理图进行槽板布线，要求：

1）走线合理，接点不得松动，不露铜过长、不压绝缘层、没有毛刺等。

2）布线时，严禁损伤线芯和导线绝缘。

3）布线一般按照先主电路，后控制电路的顺序。主电路和控制电路要尽量分开。

4）一个电器元件接线端子上的连接导线不得超过两根。每节接线端子板上的连接导线一般只允许连接一根导线。

5）布线时，严禁损伤线芯和导线绝缘，不在控制板（网孔板）上的电器元件，要从端子排上引出。布线时，要确保连接牢靠，用手轻拉不会脱落或断开。

（3）安装与模拟调试的步骤。基本操作步骤描述：选用电器元件及导线→电器元件质量检查→固定安装元器件→布线→线路检查→连接电动机与电源线→自检→通电试车。

1）电器元件检查。将所需元器件配齐并检验元件质量，检验元件要在不通电的情况下进行，若有损坏应立即向指导教师报告。

①电器元件的技术数据（如型号、规格、额定电压、额定电流等）应完整并符合要求，外观无损伤，备件、附件齐全完好。

②电器元件的电磁机构动作灵活，无衔铁卡阻等不正常现象。用万用表检查电磁线圈的通断情况以及各触点的分、合情况。

③接触器线圈额定电压与电源电压应一致。

④对电动机的质量进行常规检查。

2）根据元器件布置图固定安装元器件。在控制板（网孔板）上按布置图安装电气元器件,并贴上醒目的文字符号。

3)按照布线工艺要求进行布线。

①画出安装接线图。根据所设计的锅炉上煤机电气原理图画出其安装接线图,如图1-1-8所示。

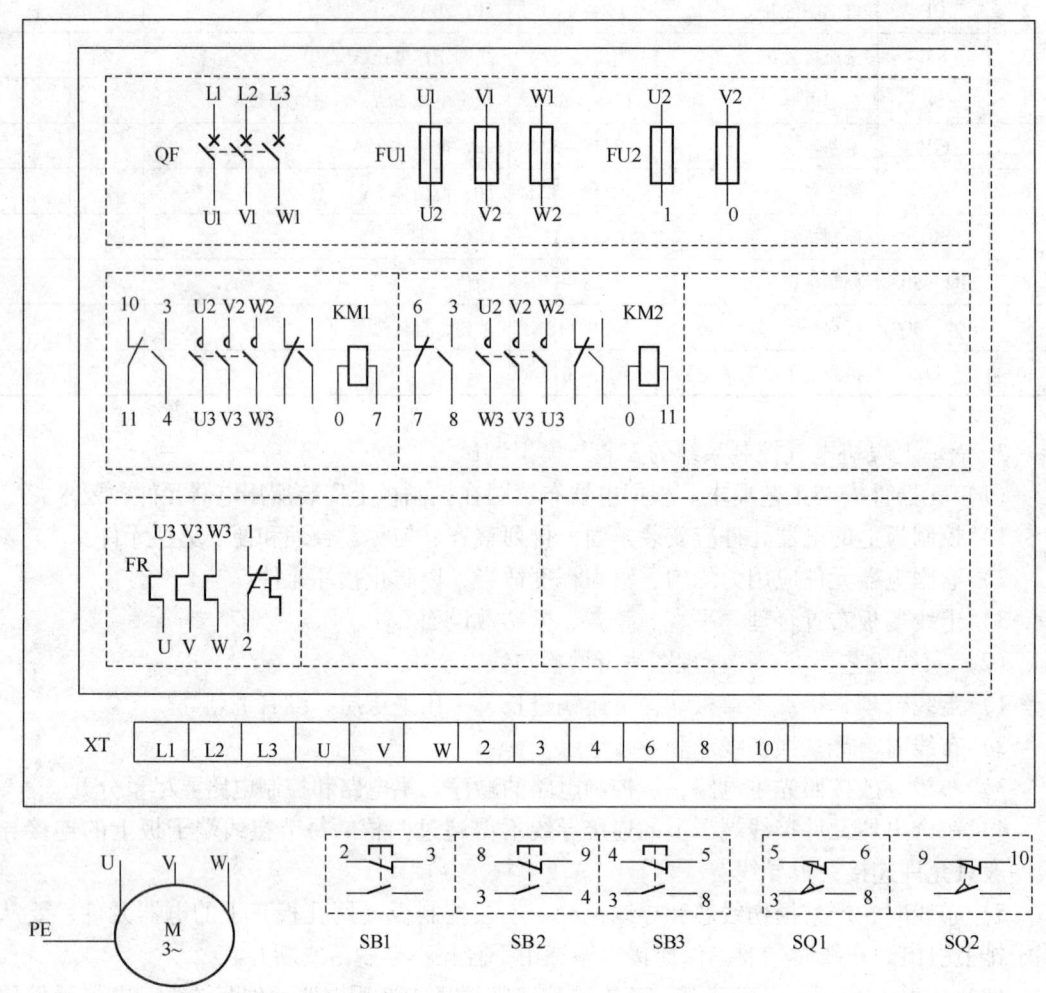

图1-1-8 锅炉上煤机电气控制系统的安装接线图

②在控制板(网孔板)上完成配线。先进行主电路配线,再进行控制电路配线。

4)根据电气原理图及安装接线图,检验网孔板(控制板)内部布线的正确性。

5)安装电动机,连接电源、电动机、按钮等控制板(网孔板)外部的导线。要可靠连接电动机和各电器元件金属外壳的保护接地线。

6)自检。安装完毕的控制电路板,必须经过认真检查后,才允许通电试车,以防止接错、漏接造成不能正常运转和短路事故。

①按电气原理图或接线图从电源端开始,逐段核对连线是否正确,连接点是否符合要求。

②用万用表进行检查时，应选用电阻挡的适当倍率，并进行校零，以防错漏短路故障。

③检查主电路时，可以用手动来代替接触器受电线圈励磁吸合时的情况。

④用兆欧表检查电路的绝缘电阻应不得小于 $1M\Omega$。

7）通电试车。检查无误后方可通电试车。

①试车前应检查与通电试车有关的电气设备是否有不安全的因素存在，若检查出应立即整改，然后方能试车。试车时，要认真执行安全操作规程的有关规定，一人监护，一人操作。

②通电试车前，必须经过指导老师的许可，并由指导老师接通三相电源 L1、L2、L3，同时在现场监护。

③学生合上电源开关 QS 或者 QF 后，用验电笔检查熔断器出线端，氖管亮说明电源接通。按下启动按钮，观察接触器情况是否正常，是否符合功能要求，观察元器件动作是否灵活，有无卡阻及噪声过大等现象，观察电动机运行是否正常，观察中若有异常现象应立即停车。当电动机运转平稳后，用钳形电流表测量三相电流是否平衡。

④试车成功率以第一次按下按钮时计算。

⑤出现故障后，学生应独立进行检查。若需带电检查时，教师必须在现场进行监护。检修完毕后，若需再次通车，也应有指导老师在现场进行监护，并做好本项目课题的事件及时间记录。

⑥通电试车完毕，停转，切断电源。先拆除三相电源线，再拆除电动机线。

六、任务评价

本项任务的评价标准如表 1-1-2 所示。任务评价由学生自评、小组互评与教师评价相结合，其中学生自评占总成绩的 20%，小组互评占总成绩的 30%，教师评价占总成绩的 50%。

表 1-1-2　继电器-接触器电气控制系统的设计、安装与调试的评价标准

考核项目	考核内容	考核要求	评分要点及得分（最高为该项配分值）	配分	得分 自评	得分 互评	得分 教师评价
职业能力	电路设计	1. 理解电气控制系统的控制特点与实现方法，能够根据提出的电气控制要求，正确绘出继电器-接触器电气控制系统原理图 2. 各电器元件的图形符号及文字符号要求按照国标符号绘制 3. 能够根据电气原理图列出主要元器件明细表	1. 主电路设计 1 处错误扣 5 分 2. 控制电路设计 1 处错误扣 5 分 3. 图形符号画法有误，每处扣 1 分 4. 元器件明细表有误每处扣 2 分	30			

续表

考核项目	考核内容	考核要求	评分要点及得分（最高为该项配分值）	配分	得分		
					自评	互评	教师评价
职业能力	元件安装	1. 按图纸的要求，正确使用工具和仪表，熟练安装电器元件 2. 元件在配电板上布置要合理，安装要准确、紧固 3. 按钮盒不固定在控制板上	1. 元件布置不整齐、不匀称、不合理，每个扣1分 2. 元件安装不牢固、安装元件时漏装螺钉，每只扣1分 3. 损坏元件，每只扣2分 4. 走线槽板布置不美观、不符合要求，每处扣2分	10			
	线路安装	1. 线路安装要求美观、紧固、无毛刺，导线要进行线槽 2. 电源和电动机配线、按钮接线要接到端子排上，进出线槽的导线要有端子标号	1. 接线要符合安全性、规范性、正确性、美观性，接线不进行线槽，不美观，有交叉线，每处扣1分；接点松动、露铜过长、反圈、压绝缘层，标记线号不清楚、遗漏或误标，每处扣1分 2. 损伤导线绝缘或线芯，每根扣1分 3. 导线颜色、按钮颜色使用错误，每处扣2分	30			
	通电模拟调试	1. 根据所给电动机容量，正确选择熔断器熔体；正确整定热继电器的整定电流值 2. 在保证人身和设备安全的前提下，通电模拟调试成功，电气控制线路符合控制要求 3. 观察线路工作现象并判断正确与否	1. 主、控电路配错熔体，每个扣1分；热继电器整定电流值错误，各扣2分 2. 熟悉调试过程，调试步骤一处错误扣3分 3. 能在调试过程中正确使用万用表，根据所测数据判断电路是否出现故障，否则每处扣2分 4. 一次试车不成功扣5分；二次试车不成功扣10分；三次试车不成功扣15分	15			

续表

考核项目	考核内容	考核要求	评分要点及得分（最高为该项配分值）	配分	得分 自评	互评	教师评价
职业素质	安全文明操作	1. 劳动保护用品穿戴整齐，电工工具佩带齐全 2. 安全、正确、合理使用电器元件 3. 遵守安全操作规程	1. 未作相应的职业保护措施，扣2分 2. 损坏元件一次，扣2分 3. 引发安全事故，扣5分	5			
	团队协作精神	1. 尊重指导教师与同学，讲文明礼貌 2. 分工合理、能够与他人合作、交流	1. 分工不合理，承担任务少扣5分 2. 小组成员不与他人合作，扣3分 3. 不与他人交流，扣2分	5			
	劳动纪律	1. 遵守各项规章制度及劳动纪律 2. 训练结束要养成清理现场的习惯	1. 违反规章制度一次扣2分 2. 不做清洁整理工作，扣5分 3. 清洁整理效果差，酌情扣2～5分	5			
		合计		100			
		训练时间记录					
备注		自评学生签字：	自评成绩				
		互评学生签字：	互评成绩				
		指导老师签字：	教师评价成绩				
		总成绩 （自评成绩×20% + 互评成绩×30% + 教师评价成绩×50%）					

【训练小课题】

设计内容：按照所给的控制要求，设计完整的电气控制系统原理图，完成线路的安装与调试。

1. 试设计符合技术要求的继电－接触式电路图，并按图进行安装与调试。

工艺要求：有两台电动机，根据所拖动负载的电气控制要求，有以下控制特点：

（1）两台电动机均要求直接启动。

（2）电动机 M1 为长时间连续运行，惯性停车；电动机 M2 为点动运行。

（3）电动机应具有短路保护、过载保护、失压和欠压保护。

2. 试设计符合技术要求的继电－接触式电路图，并按图进行安装与调试。

工艺要求：有一台电动机，根据所拖动负载的电气控制要求，有以下控制特点：

（1）电动机要求直接启动，停车为惯性停车。

（2）电动机既能够长时间连续运行，也能够点动运行。
（3）电动机应具有短路保护、过载保护、失压和欠压保护。

3. 试设计符合技术要求的继电-接触式电路图，并按图进行安装与调试。

工艺要求：一台机床需用一台电动机拖动，根据机床特点和工艺，要求如下：
（1）电动机能够正反转运行，并且能够直接通过按钮进行正转与反转的切换。
（2）电动机停车时为惯性停车。
（3）电动机应具有短路保护、过载保护、失压和欠压保护。

4. 试设计符合技术要求的继电-接触式电路图，并按图进行安装与调试。

工艺要求：有一台电动机，根据所拖动负载的电气控制要求，有以下控制特点：
（1）电动机要求直接启动，停车为惯性停车。
（2）电动机能够实现两地控制正反转连续运行，不要求正反转的直接切换。
（3）电动机应具有短路保护、过载保护、失压和欠压保护。

5. 试设计符合技术要求的继电-接触式电路图，并按图进行安装与调试。

工艺要求：有一台电动机，根据所拖动负载的电气控制要求，有以下控制特点：
（1）电动机要求直接启动。
（2）在运行时，电动机能够通过按钮实现正反转的控制。
（3）为了设备的运行安全，在电路中设有终端限位保护。
（4）电动机应具有短路保护、过载保护、失压和欠压保护。

6. 试设计符合技术要求的继电-接触式电路图，并按图进行安装与调试。

工艺要求：有一台电动机，根据所拖动负载的电气控制要求，有以下控制特点：
（1）电动机要求直接启动，能够实现正反转运行。
（2）该电动机拖动的工作台需实现自动运行，具体要求如下：电动机只能正转启动，由按钮操作电动机正转启动后，运行10s，自动转为反转运行；反转运行到达指定位置后，由行程开关控制其停车。
（3）电动机设有急停按钮，在任何运行阶段都可以控制电动机停车。
（4）电动机应具有短路保护、过载保护、失压和欠压保护。

【知识链接】

电气控制线路的安装与调试

掌握电动机控制线路的安装与调试，是学习电动机控制线路从电气原理图到电动机实际控制运行的关键。

电气控制线路安装与调试的步骤如下。

1. 分析电气原理图

电动机的电气原理图反映了控制线路中电器元件间的控制关系。在安装电动机电气控制线路前，必须明确电器元件的数目、种类、规格，根据控制要求，弄清各电器元件间的控制关系及连接顺序，分析控制动作、确定检查线路的方法等。对于复杂的控制电路，应弄清它由哪些控制环节组成，分析环节之间的逻辑关系。

注意：电气原理图中应标注线号。从电源端起，每个相线分开，到负载端为止。应做到一线一号，不得重复。

电气原理图中的线号标注是将电路中的各个接点用字母或数字进行编号。具体方法如下：

（1）主电路电源开关的进线端按相序依次编号为 L1、L2、L3；出线端按相序依次编号为 UⅡ、VⅡ、WⅡ。然后按从上至下、从左至右的顺序，每经过一个电气元件后，编号要递增，如 U12、V12、W12；U13、V13、W13……。单台三相交流电动机的三根引出线按相序依次编号为 U、V、W，对于多台电动机引出线的编号，为了不致引起误解和混淆，可在字母前用不同的数字加以区别，如 1U、1V、1W；2U、2V、2W……。

（2）辅助电路编号按"等电位"原则从上至下、从左至右的顺序用数字依次编号，每经过一个电器元件后，编号要依次递增。控制电路编号的起始数字为 0，其他辅助电路编号的起始数字依次递增 100，如照明电路编号从 101 开始；指示电路编号从 201 开始等。

2. 绘制安装接线图

原理图不能反映电器元件的结构、体积和实际安装位置。在具体安装、线路检查和故障排除时，只有依照接线图才行。接线图能反映元器件的实际位置和尺寸比例等。在绘制接线图时，各电器元件要按在安装底板（或电气柜）中的实际位置绘出元件所占的面积，按它的实际尺寸依统一比例绘制；同一个元件的所有部件应画在一起，并用虚线框起来。各电器元件的位置关系要根据安装底板的面积、长度比例及连接线的顺序来决定，注意不得违反安装规程。另外还需注意以下几点：

（1）电器安装接线图中的回路标号是电气设备之间、电器元件之间、导线与导线之间的连接标记，它的文字符号和数字符号应与原理图中的标号一致。

（2）各电器元件上凡是需要接线的部件端子都应绘出，标上端子编号，并与原理图上相应的线号一致，同一根导线上连接的所有端子的编号应相同。

（3）安装底板（或控制柜）外的电器元件之间的连线，应通过接线端子板进行连接。

（4）走向相同的相邻导线可以绘成一股线。

绘制好的接线图应对照原理图仔细核对，防止错画、漏画、避免给安装和调试线路造成麻烦。

3. 检查电器元件

为了避免电器元件自身的故障对线路造成影响，安装接线前应对所有的电器元件逐个进行检查。

（1）外观检查：电器元件的外观是否清洁完整；外壳有无碎裂；零部件是否齐全有效；各接线端子及紧固件有无缺失、生锈等现象。

（2）触点检查：电器元件的触点有无熔焊粘连、变形严重、氧化锈蚀等现象；触点的闭合、分断动作是否灵活；触点的开距、超程是否符合标准；接触压力弹簧是否有效。

（3）电磁机构和传动机构的检查：电器的电磁机构和传动部件的动作是否灵活；有无衔铁卡阻、吸合位置不正等现象；新产品使用前应拆开清除铁心端面的防锈油；检查衔铁复位弹簧是否正常。用万用表检查所有元器件的电磁线圈的通断情况，测量它们的直流电阻并做好记录，以备检查线路和排除故障时参考。

（4）其他器件的检查：检查有延时作用的所有电器元件的功能，如时间继电器的延时动作、延时范围及整定机构的作用；检查热继电器的热元件和触点的动作情况。

（5）电器元件规格的检查：核对各电器元件的规格与图纸要求是否一致。如：电器的电压等级和电流容量；触点的数目和开闭状况；时间继电器的延时类型等。不符合要求的应更换或调整。

4. 固定电器元件

按照接线图规定的位置将电器元件固定在安装底板上。元件之间的距离要适当，既要节省面板，又要便于走线和投入运行后的检修。固定元件的步骤如下：

（1）定位：将电器元件摆放在确定好的位置，用尖锥在安装孔中心做好标志，元件应排列整齐，以保证连接导线做到横平竖直、整齐美观，同时尽量减少弯折。

（2）打孔：用手电钻在做好标志的位置处打孔，孔径应略大于固定螺钉的直径。

（3）固定：所有的安装孔打好后，用螺钉将电器元件固定在安装底板上。固定元件时，应注意在螺钉上加装平垫圈和弹簧垫圈。紧固螺钉时将弹簧垫圈压平即可，不要过分用力。防止用力过大将元件塑料底板压裂造成损失。

5. 按图接线

接线一般从电源端开始按线号顺序接线，先接主电路，后接辅助电路。

接线前应先做好准备工作：按主电路、控制电路的电流容量选好规定截面的导线；准备适当的线号管；使用多股线时应准备烫锡工具或压线钳。

接线应按以下步骤进行：

（1）选适当截面的导线，按接线图规定的方位，在规定好的电器元件之间测量所需的长度，截取适当长短的导线，剥去两端绝缘外皮。为保证导线与端子接触良好，要用电工刀将芯线表面的氧化物刮掉；使用多股芯线时要将线头绞紧，必要时应烫锡处理。

（2）走线时应尽量避免导线交叉。先将导线校直，把同一走向的导线汇成一束，依次弯向所需的方向。走线应做到横平竖直，拐直角弯。

（3）将成型好的导线套上线号管，根据接线端子的情况，将芯线围成圆环或直接压进接线端子。

（4）接线端子应紧固好，必要时加装弹簧垫圈紧固，防止电器动作时因振动而松脱。接线过程中注意按照图纸核对，防止错接。必要时用万用表校验。同一接线端子内压接两根以上导线时，可以只套一只线号管；导线截面不同时，应将截面大的放在下层，截面小的放在上层。

6. 检查线路

（1）核对接线：对照原理图、接线图，从电源端开始逐段核对端子接线的线号，排除漏接、错接现象。重点检查控制线路中易接错处的线号，还应核对同一根导线的两端是否错号。

（2）检查端子接线是否牢固：检查所有端子上的接线的接触情况，用手一一摇动、拉拨端子上的接线，不允许有松脱现象。避免通电试车时因虚接造成麻烦，将故障排除在通电之前。

（3）用电阻测量法检查线路的导通情况：电阻测量法必须断电进行。电阻测量法可以分为分阶测量法和分段测量法。

电阻分阶测量法如图 1-1-9 所示，按启动按钮 SB2，如接触器 KM1 不吸合，说明电气回路有故障。检查时，先断开电源，按下 SB2 不放，用万用表电阻挡测量 1-0 两点电阻。如果电阻无穷大，说明电路断路。然后逐段测量 1-2、1-3、1-4、1-5、1-6 各点的电阻值。如测量某点的电阻突然增大时,说明表棒跨接的触头或连线接触不良或断路。

电阻分段测量法如图1-1-10所示,检查时切断电源,按下SB2,逐段测量1-2,2-3,3-4,4-5,5-6两点间的电阻。如测得某两点间电阻很大,说明该触头接触不良或导线断路。

检查时,若所测电路并联了其他电路,测量时必须将被测电路与其他电路断开。

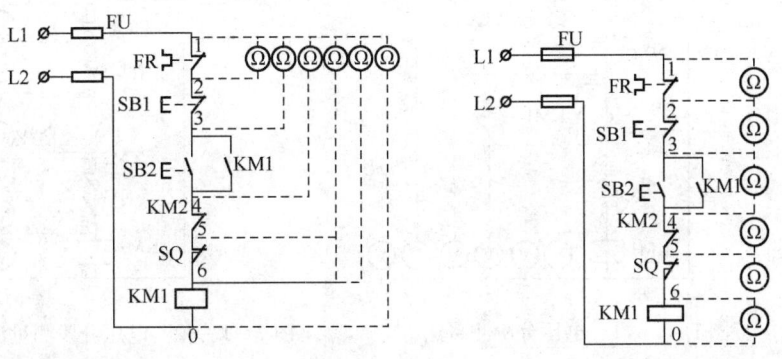

图1-1-9 电阻分阶测量法　　图1-1-10 电阻分段测量法

检查内容:

断开控制电路,检查主电路。断开电源开关,取下控制电路的熔断器的熔体,断开控制电路,用万用表检查下述内容:主电路不带负荷(电动机)时相间应绝缘;摘下灭弧罩,用手按下接触器主触点支架,检查接触器主触点动作的可靠性;正反转控制线路的电源换相线路及热继电器热元件是否良好、动作是否正常等。

断开主电路,检查控制电路的动作情况。主要检查下列内容:控制电路的各个控制环节及自锁、联锁装置的动作情况及可靠性;与设备的运动部件联动的元件(如行程开关、速度继电器等)动作的正确性和可靠性;保护电器动作的准确性等。

7. 通电试车与调整

(1) 空操作试验。先切除主电路(可断开主电路熔断器),装好控制电路熔断器,接通三相电源,使线路不带负荷(电动机)通电操作,以检查辅助电路工作是否正常;操作各按钮检查它们对接触器、继电器的控制作用;检查接触器的自锁、联锁等控制作用;用绝缘棒操作行程开关,检查它的行程控制或限位控制作用等。同时观察各电器操作动作的灵活性,有无过大的噪声,线圈有无过热等现象。

在空操作试验时,若出现故障,可以采用电压测量法检查故障。电压测量法可以分为分段测量法和分阶测量法。

电压分阶测量法如图1-1-11所示,若按下启动按钮SB2,接触器KM1不吸合,说明电路有故障。检修时,首先用万用表测量1和0两点电压,若电路正常,应为380V。然后按下启动按钮SB2不放,同时将黑色表棒接到0点,红色表棒依次接6、5、4、3、2点,分别测0-6,0-5,0-4,0-3,0-2各阶电压。电路正常时,各阶电压应为380V。如测到0-6之间无电压,说明是断路故障,可将红色表棒前移,当移到某点电压正常时,说明该点以后的触头或接线断路,一般是此点后第一个触头或连线断路。

电压分段测量法如图 1-1-12 所示,先用万用表测试 1-0 两点电压,电压为 380V,说明电源电压正常。然后逐段测量相邻两点 1-2,2-3,3-4,4-5,5-6,6-0 的电压。如电路正常,除 6-0 两点电压等于 380V 外,其他任意相邻两点间的电压都应为零。如测量某相邻两点电压为 380V,说明两点的触头及其连接导线接触不良或断路。

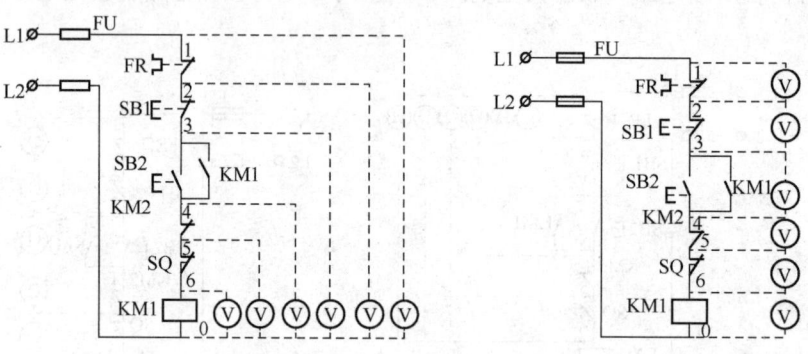

图 1-1-11　电压分阶测量法　　　图 1-1-12　电压分段测量法

（2）带负荷试车。控制线路经过数次空操作试验动作无误,即可切断电源,接通主电路,带负荷试车。如果发现电动机启动困难、发出噪声及线圈过热等异常现象,应立即停车,切断电源后进行检查。

【问题研讨】

1. 什么叫点动控制？在三相交流笼型异步电动机点动控制中,需要哪些低压电器及设备？

2. 什么叫"自锁"？自锁线路由什么部件组成？如何连接？如果用接触器的常闭触点作为自锁触点,将会出现什么现象？

3. 什么是短路、过载和失压、欠压保护？电路可以利用哪些电器实现这些保护环节？

4. 采用什么方法让电动机实现正反转运行？

5. 什么叫互锁？常见电动机正、反转控制电路中有几种互锁形式？如何实现？

6. 在自动往返的正、反转控制电路中限位开关的作用和接线特点是什么？

7. 电气控制系统图通常包括哪些图？

任务二　高压离心风机电气控制系统的设计

一、任务目标

1. 了解高压离心风机的电气控制过程及控制要求。
2. 熟悉三相交流异步电动机降压启动控制线路的特点。
3. 学会根据电气控制要求完成高压离心风机的继电器-接触器控制系统设计。
4. 掌握继电器-接触器控制系统的典型控制环节及电气控制系统设计的方法。

二、任务描述

高压离心风机一般用于锻冶炉及高压强制通风系统,并可广泛用于输送物料,输送空气及无腐蚀性、不自燃、不含黏性物质的气体,具有风压高、效率高、高效区宽、结构紧凑,运行可靠等优点。

一般的高压离心风机,其主要的动力设备是电动机,此外还包括用来控制风机风阀位置的电动或手动执行器、风机阀门限位开关等部件。其外形如图1-2-1所示。风机动力设备的传统控制方法是通过手动或继电器控制,存在可靠性和灵活性较差的问题。同时,由于电动机的容量大,存在启动时间长、启动电流大、运行安全可靠性差等问题。为了解决这些问题,需要在启动离心风机时减少启动负荷,故采用星形—三角形降压启动的方法来降低启动电流,并且要有安全互锁控制等措施。

图1-2-1 高压离心风机外形图

本任务要求完成高压离心风机的风机电动机电气控制系统的设计。

三、任务要求

风机电动机的电气控制要求如下:

(1)电动机启动时绕组采用星形接法,待电动机达到正常的速度后切换为三角形接法,以达到限制降低启动电流的目的。

(2)系统设计有紧急停车按钮,防止启动或运行时意外事故的发生。

(3)电动机星形启动切换为三角形运转时相关接触器要有联锁保护,防止出现短路事故。

(4)要有必要的保护措施:短路保护、过载保护、失压欠压保护。

四、预备知识

(一)三相交流异步电动机降压启动控制线路

三相交流异步电动机有两种启动方法,即直接启动和降压启动。直接启动又称为全压启动,即启动时电源电压全部施加在电动机定子绕组上。一般容量小于10kW的电动机常采用直接启动。前面学习的控制线路都是三相交流异步电动机的直接启动控制线路。

当电动机容量超过 10kW 时，因直接启动电流为电动机额定电流的 4~7 倍，启动电流较大，所以一般都采用降压方式来启动。启动时降低加在电动机定子绕组上的电压，启动后再将电压恢复到额定值，使之在正常电压下运行。由于电枢电流与电压成正比，所以降低电压可以达到减小启动电流的目的，同时不至于在电路中产生过大的电压降，减少对线路电压的影响。降压启动的启动电流一般为额定电流的 2~4 倍。有时为了减小和限制启动时对机械设备的冲击，即使能进行直接启动的电动机，也改用降低电压的启动方法。

对于三相笼型异步电动机常用的降压启动方法有定子绕组串电阻降压启动、星形－三角形降压启动、定子绕组串自耦变压器降压启动、延边三角形降压启动。由于星形－三角形降压启动方法简便、经济、适用范围广泛，所以这里主要介绍星形－三角形降压启动控制方法。

凡是正常运行时定子绕组为三角形接法的三相笼型异步电动机，均可采用星形－三角形（Y-D）降压启动。启动时，定子绕组先接成星形（Y形），由于每相绕组的电压下降为正常工作电压的 $1/\sqrt{3}$，故启动电流下降为直接启动的 1/3。当转速接近一定值时，电动机定子绕组改接成三角形（D形），进入正常运行，故称这种启动方式为星形－三角形（Y-D）降压启动。此种降压启动能起到限制启动电流的作用，启动方法简便、经济，但因其启动转矩只有直接启动时的 1/3，故可用于轻载、空载或操作较频繁的场合。

图 1-2-2 为按时间原则控制星形－三角形降压启动控制线路。线路中使用三个接触器和一个时间继电器，KM1 为电源接触器，KM2 为定子绕组三角形连接接触器，KM3 为定子绕组星形连接接触器。

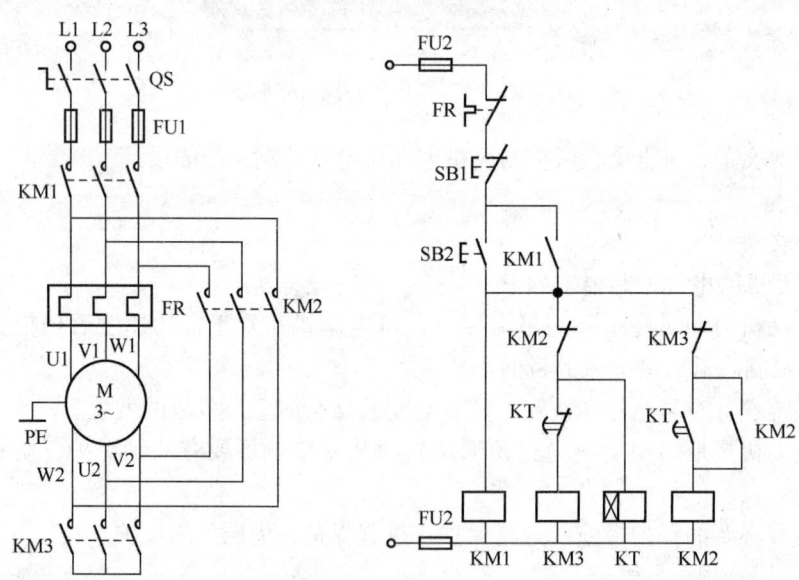

图 1-2-2 按时间原则控制星形－三角形降压启动控制线路的电气原理图

线路工作原理：

电动机启动时，合上电源开关 QS，按下启动按钮 SB2，接触器 KM1、接触器 KM3、时间继电器 KT 线圈同时通电，KM1 辅助常开触点闭合自锁，KM1 主触点闭合接通三相交流电源；KM3 主触点闭合将电动机三相定子绕组尾端短接，电动机星形启动；KM3 的常闭辅助触点（联锁触点）断开对 KM2 线圈联锁，使 KM2 线圈不能通电；时间继电器 KT 按设定的 Y 形降压启动时间工作。当电动机转速上升至一定值（接近额定转速）时，时间继电器 KT 的延时时间结束，KT 延时断开的常闭触点断开，KM3 断电，KM3 主触点恢复断开，电动机绕组断开星形接法；KM3 常闭辅助触点（联锁触点）恢复闭合，为 KM2 通电做好准备；KT 延时闭合的常开触点闭合，KM2 线圈通电自锁，KM2 主触点将电动机三相定子绕组首尾顺次连接成三角形，电动机接成三角形全压运行。同时 KM2 的常闭辅助触点（联锁触点）断开，使 KM3 和 KT 线圈都断电。

电动机停转时，按下停止按钮 SB1，KM1、KM2 线圈断电，KM1 主触点断开，切断电动机的三相交流电源，KM1 自锁触点恢复断开，解除自锁，电动机断电停转；KM2 常开主触点恢复断开，解除电动机三相定子绕组的三角形接法，KM2 自锁触点恢复断开，解除自锁，KM2 常闭辅助触点（联锁触点）恢复闭合，为下次星形启动 KM3、KT 线圈通电做准备。

在电路中，时间继电器的延时时间可根据电动机启动时间的长短进行调整，解决了切换时间不易把握的问题，且此降压启动控制电路投资少，接线简单。但由于启动时间的长短与负载大小有关，负载越大，启动时间越长。对负载经常变化的电动机，若对启动时间控制要求较高时，需要经常调整时间继电器的整定值。

该电路适合于控制功率为 10kW 以上的大容量异步电动机。

（二）电气控制系统设计的主要内容

电气控制系统设计的基本任务是根据控制要求设计和编制出设备制造和使用过程中必需的图纸、资料，包括电气原理图、电气系统的组件划分与元器件布置图、安装接线图、电气箱图、控制面板及电器元件安装底板、非标准紧固件加工图等，编制外购成件目录、单台材料消耗清单、设备说明书等资料。

任何生产机械电气控制装置的设计，都包含两个基本方面：一个是满足生产机械和工艺的各种控制要求；另一个是满足电气控制装置本身的制造、使用及维修的需要。因此，电气控制装置设计包括原理与工艺设计两个方面。

1. 原理设计内容

（1）拟订电气设计任务书。

（2）选择电力拖动方案与控制方式。

（3）确定电动机的类型、容量、转速，并选择具体型号。

（4）设计电气控制原理框图，确定各部分之间的关系，拟订各部分技术要求。

（5）设计并绘制电气原理图，计算主要技术参数。

（6）选择电器元件，制订元器件目录清单。

（7）编写设计说明书。

2. 工艺设计内容

工艺设计的主要目的是便于组织电气控制装置的制造，实现原理设计要求的各项技术指标，为设备的调试、维护、使用提供必要的图纸资料。它包括以下几个方面：

（1）根据设计的原理图及选定的电气元件，设计电气设备的总体配置，绘制电气控制系统的总装配图及总接线图。

（2）按照原理框图或划分的组件，对总原理图进行编号，绘制各组件原理图，列出各部分的元件目录表，并根据总图编号设计各组件的进、出线号。

（3）根据组件原理电路及选定的元件目录表，设计组件装配图、接线图，图中应反映各电器元件的安装方式与接线方式。

（4）根据组件装配要求，绘制电器安装板和非标准安装零件图纸，标明技术要求。

（5）设计电气箱。

（6）根据总原理图、总装配图及各组件原理图等资料进行汇总，分别列出外购清单、标准件清单及主要材料消耗定额。

（7）编写使用说明书。

（三）电气控制设计的一般程序

1. 拟订设计任务书

简要说明所设计设备的型号、用途、工艺过程、动作要求、传动参数、工作条件，另外还应说明以下主要技术指标及要求：

（1）控制精度、生产效率要求。

（2）电气传动基本特性，如运动部件数量、用途，动作顺序，负载特性，调速指标，启动、制动要求等。

（3）自动化程度要求。

（4）稳定性及抗干扰要求。

（5）联锁条件及保护要求。

（6）电源种类、电压等级、频率及容量要求。

（7）目标成本与经费限额。

（8）验收标准与验收方式。

（9）其他要求，如设备布局、安装要求、操作台布置、照明、指示、报警方式等。

2. 选择拖动方案与控制方式

电力拖动方案是指根据零件加工精度、加工效率要求、生产机械的结构、运动部件的数量、运动要求、负载性质、调速要求以及投资额等条件去确定电动机的类型、数量、传动方式以及拟订电动机启动、运行、调速、转向、制动等控制要求，作为电气控制原理图设计及电器元件选择的依据。

（1）拖动方式的选择。电力拖动方式有单独拖动与分立拖动两种。单独拖动就是一台设备只由一台电动机拖动，分立拖动是通过机械传动链将动力传送到每个工作机构，一台设备由多台电动机分别驱动各个工作机构。电气传动发展的方向是电动机逐步接近工作结构，形成多电动机的拖动方式。如有些机床，除必需的内在联系外，主轴、刀架、工作台及其他辅助运动结构，都分别用单独电动机拖动。这样，不仅能缩短机械传动链，提高传动效率，便于自动化，而且也能使总体结构简化，因而在选择时应根据生产工艺及机械结构的具体情况决定电动机的数量。

（2）调速方案的选择。一般金属切削的主运动和进给运动，以及要求具有快速平稳的动态性能和准确定位的设备，如龙门刨床、镗床等，都要求具有一定的调速范围，为此，可采用齿轮变速箱、液压调速装置、双速或多速电动机以及电气的无级调速传动方案。在选择调速方案时，可参考以下几点：

1）重型或大型设备主运动及进给运动，应尽可能采用无级调速。这有利于简化机械结构，缩小设备体积，降低设备制造成本。

2）精密机械设备如坐标镗床、精密磨床、数控机床及某些精密机械手，为了保证加工精度和动作的准确性，便于自动控制，也应采用电气无级调速方案。

3）一般中、小型设备如普通机床没有特殊要求时，可选用经济、简单、可靠的三相笼型异步电动机，配以适当级数的齿轮变速箱。为了简化结构，扩大调速范围，也可采用双速或多速的笼型异步电动机。在选用三相笼型异步电动机的额定转速时，应满足工艺条件的要求。

（3）启、制动方案的确定。机械设备主运动传动系统的启动转矩一般都比较小，原则上可采用任何一种启动方式。对于它的辅助运动，在启动时往往要克服较大的静转矩，必要时也可选用高启动转矩的电动机，或采用提高启动转矩的措施。另外，还要考虑电网容量。

对电网容量不大而启动电流较大的电动机，一定要采用限制启动电流的措施，如串入电阻降压启动等，以免电网电压波动较大而造成事故。

传动电动机是否需要制动，应视机电设备工作循环的长短而定。对于某些高速高效金属切削机床，宜采用电动机制动。如果对于制动的性能无特殊要求而电动机又需要反转时，则采用反接制动可使线路简化。在要求制动平稳、准确，即在制动过程中不允许有反转可能性时，则宜采用能耗制动方式。

电动机的频繁启动、反向或制动会使过渡过程中的损耗增加，导致电动机过载。因此必须限制电动机的启动、制动电流，或者在选择电动机的类型上加以考虑。

3. 选择电动机

电动机的选择包括电动机的种类、结构形式、额定转速和额定功率。

（1）根据生产机械的调速要求选择电动机的种类。感应电动机结构简单、价格便宜、维护工作量小，因此在感应电动机能满足生产需要的场合都宜采用感应电动机，仅在启动、制动和调速不满足要求时才选用直流电动机。近年来，随着电力电子及控制技术的发展，交流调速装置的性能和成本已能与直流调速装置相媲美，越来越多的直流调速应用领域被交流调速占领。在需要补偿电网功率因数及稳定工作时，应优先考虑采用同步电动机；在要求大的启动转矩和恒功率调速时，常选用直流串级电动机；对于要求调速范围大的场合，常采用机械与电气联合调速。

（2）根据工作环境选择电动机的结构形式。在正常环境条件下，一般采用防护式电动机；在人员及设备安全有保证的前提下，也可采用开启式电动机；在空气中存在较多粉尘的场所，宜采用封闭式电动机；在比较潮湿的场所，宜选用湿热带型电动机；在露天场所，宜选用户外型电动机；在高温车间，可以根据周围环境温度，选用相应绝缘等级的电动机；在有爆炸危险及有腐蚀性气体的场所，应选用隔爆型及防腐型电动机。

（3）根据生产机械的功率负载和转矩负载选择电动机的额定功率。首先根据生产机械的功率负载图和转矩负载图预选一台电动机，然后根据负载进行发热校验，用检验的结果修正预选的电动机，直到电动机容量得到充分利用（电动机的稳定温升接近其额定温升），最后再校验其过载能力与启动转矩是否满足拖动要求。

4. 选择控制方式

电气控制方案的选择对机械结构和总体方案非常重要，因此，必须使电气控制方案设计既能满足生产技术指标和可靠性、安全性的要求，又能提高经济效益。选择控制方案时应遵循的原则如下：

（1）控制方式应与设备通用化和专用化的程度相适应。一般的简单生产设备需要的控制元器件数很少，其工作程序往往是固定的，使用中一般不需经常改变原有程序，因此，可采用有触点的继电－接触器控制系统。虽然该控制系统在电路结构上是呈"固定式"的，但它能控制较大的功率，而且控制方法简单，价格便宜，目前仍使用很广。对于要求较复杂的控制对象或者要求经常变换工作流程和加工对象的机械设备，可以采用可编程序控制器控制系统。

（2）控制方式随控制过程的复杂程度而变化。在自动生产线中，可根据控制要求和联锁条件的复杂程度不同，采用分散控制或集中控制的方案，但各台单机的控制方案和基本控制环节应尽量一致，以简化设计及制造过程。

（3）控制系统的工作方式，应在经济、安全的前提下，最大限度地满足工艺要求。此外，在电气控制方案中还应考虑以下问题：采用自动循环或半自动循环、手动调整、工序变更、系统的检测、各个运动之间的联锁、各种安全保护、故障诊断、信号指标、照明及人机关系等。

5. 设计电气控制原理图

设计电气控制原理线路图并合理选用元器件，编制元器件目录清单。

6. 设计施工图

设计电气设备制造、安装、调试所必需的各种施工图纸并以此为根据编制各种材料定额清单。

7. 编写说明书

（四）电气控制系统设计的基本原则

一般来说，当生产机械的电力拖动方案和控制方案已经确定以后，就可以进行电气控制线路的具体设计工作了。电气控制线路的设计没有固定的方法和模式，作为设计人员，必须不断扩展自己的知识面，总结经验，丰富自己的知识，设计出合理的、性价比高的电气线路。下面介绍在设计中应遵循的一般原则。

1. 最大限度地实现生产机械和工艺对电气控制系统的要求

电气控制系统是为整个生产机械设备及其工艺过程服务的。因此，设计之前，首先要弄清楚生产机械设备需满足的生产工艺要求，对生产机械设备的整个工作情况作一全面、细致的了解。同时深入现场调查研究，收集资料，并结合技术人员及现场操作人员的经验，以此作为设计电气控制线路的基础。

2. 在满足生产工艺要求的前提下，控制线路应简单经济

（1）尽量选用标准电器元件，尽量减少电器元件的数量，尽量选用相同型号的电器元件以减少备用品的数量。

（2）尽量选用标准的、常用的或经过实践检验的典型环节或基本电气控制线路。

（3）尽量缩短连接导线的数量和长度。设计控制线路时，应考虑到各元器件之间的实

际接线。特别要注意电气柜、操作台和限位开关之间的连接线。图1-2-3所示为连接导线，图1-2-3（a）所示是不合理的连线方法，图1-2-3（b）所示是合理的连线方法。因为按钮在操作台上，而接触器在电气柜内，一般都将启动按钮和停止按钮直接连接，这样就可以减少一次引出线。

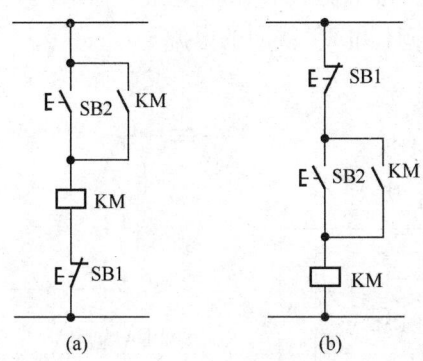

图1-2-3 连接导线

（4）减少不必要的触点，从而简化电气控制线路。在满足工艺要求的前提下，使用的电气元件越少，电气控制线路中所涉及的触点数量也越少，因此控制线路越简单，同时还可以提高控制线路的工作可靠性，降低故障率。

1）合并同类触点。图1-2-4中列举了一些触点简化与合并的例子。

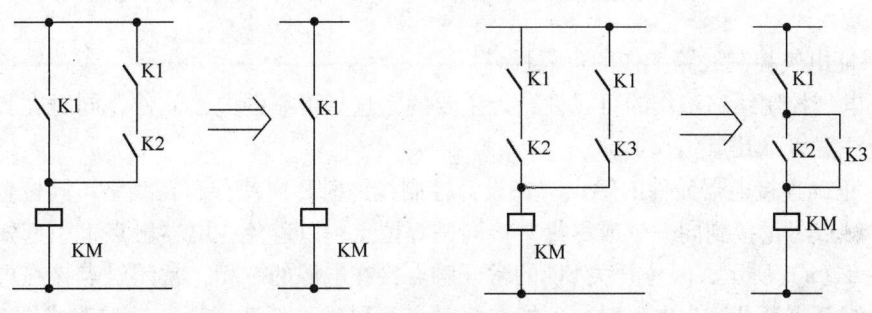

图1-2-4 触点简化与合并

2）利用转换触点的方式。利用具有转换触点的中间继电器将两对触点合并成一对转换触点，如图1-2-5所示。

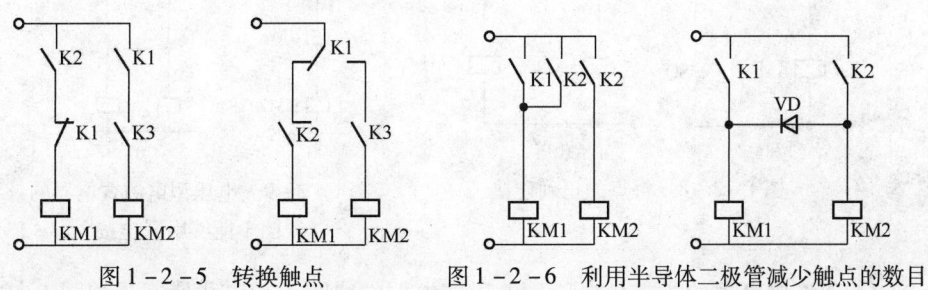

图1-2-5 转换触点　　图1-2-6 利用半导体二极管减少触点的数目

3）利用半导体二极管减少触点的数目。如图1-2-6所示，利用半导体二极管的单向导电性可以减少一个触点。这种方法适用于控制电路中所用电源为直流电源的场合。

（5）控制线路在工作时，除必要的电器必须通电外，其余的电器尽量不通电以节约电能。以异步电动机按时间原则控制定子绕组串电阻降压启动控制线路为例，如图1-2-7所示。在电动机额定运行后，接触器KM1和时间继电器KT就失去了作用，可以在启动后利用KM2的常闭触点切除KM1和KT线圈的电源。

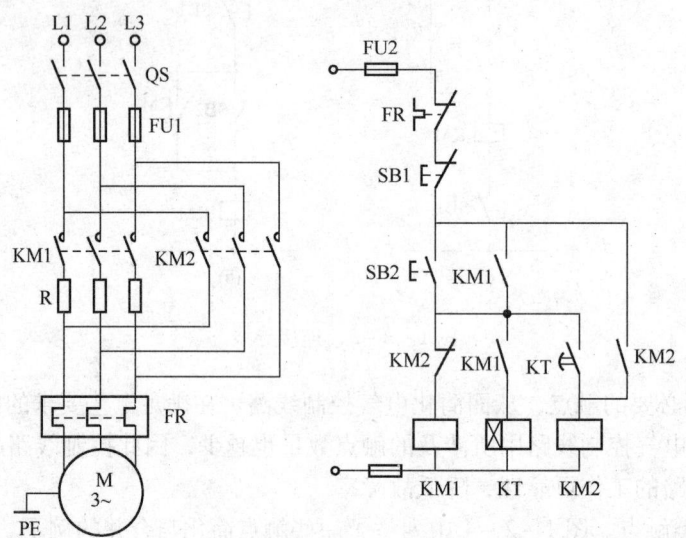

图1-2-7 按时间原则控制定子绕组串电阻降压启动控制线路的电气原理图

3. 保证电气控制线路工作的可靠性

保证电气控制线路工作的可靠性，最主要的是选择可靠的电器元件，同时在具体线路设计中应注意以下几点：

（1）正确连接电器元件的触点。在设计控制线路时，应使分布在线路不同位置的同一电器元件触点尽量接到同一个或尽量共接同一等位点，以避免在电器触点上引起短路。如图1-2-8（a）所示，限位开关SQ的常开触点接在电源的一相，常闭触点接在电源的另一相上，当触点断开产生电弧时，可能在两触点间形成飞弧造成短路。如改成图1-2-8（b）所示的形式，由于两触点间的电位相同，就不会造成电源短路。

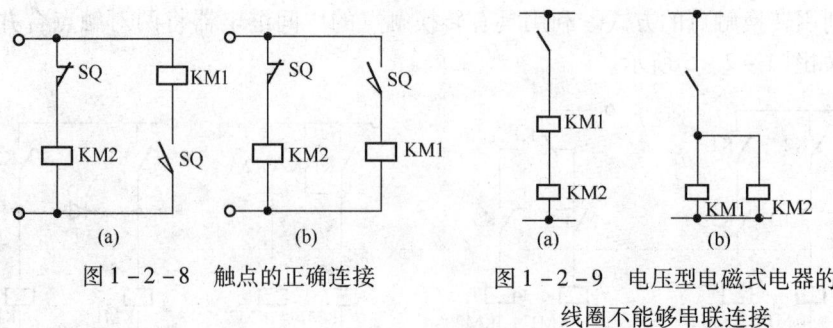

图1-2-8 触点的正确连接

图1-2-9 电压型电磁式电器的线圈不能够串联连接

（2）正确连接电器的线圈。电压型电磁式电器的线圈不能串联使用，如图1-2-9所示。即使外加电压是两个线圈的额定电压之和,也是不允许的。因为两个电器动作总是有先有后,有一个电器吸合动作,它线圈上的电压降也相应增大,从而使另一个电器达不到所需要的动作电压。因此,若需要两个电器元件同时工作,其线圈应并联连接。

(3) 应尽量避免电器依次动作的现象。在电气控制线路中,应尽量避免许多电器元件依次动作才能接通另一个电器元件的控制线路。如图 1-2-10 (a) 所示,接通线圈 KM3 要经过 KM、KM1 和 KM2 这 3 对常开触点方可得电。若改为图 1-2-10 (b) 所示接线,则每个线圈通电只需经过一对触点,这样可靠性更高。

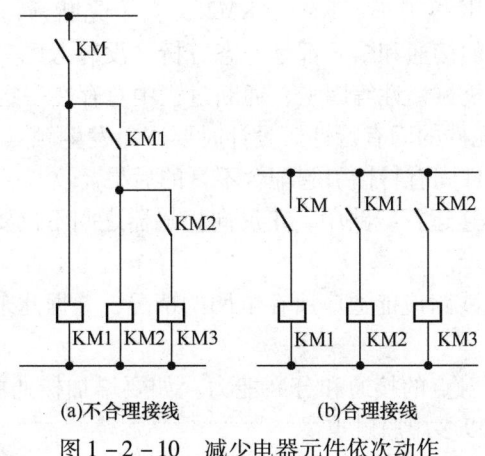

图 1-2-10 减少电器元件依次动作

(4) 避免出现寄生电路。在电气控制线路的动作过程中,发生意外接通的电路称为寄生电路。寄生电路将破坏电器元件和控制线路的工作顺序或造成误动作。在正常工作时,线路能完成正反转启动、停止和信号指示,但当电动机过载、热继电器 FR 动作时,线路就出现了寄生电路,如图 1-2-11 虚线所示。这样使正向接触器 KM1 不能释放,起不到保护作用。

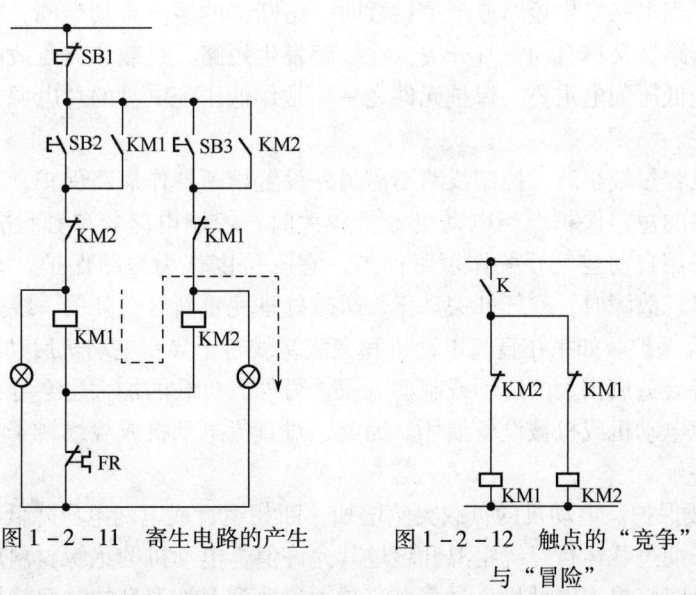

图 1-2-11 寄生电路的产生　　图 1-2-12 触点的"竞争"与"冒险"

（5）避免发生触点"竞争"与"冒险"现象。由于任何一种电器元件从一种状态到另一种状态都有一定的动作时间，对一个控制电路来说，改变某一控制信号后，由于触点和线圈动作时间之间的配合不当，可能会出现与控制预定结果相反的结果。这时控制电路就存在着潜在的危险——"竞争"。另外，由于电器元件的固有释放延时作用，因此也会出现开关电器不按要求的逻辑功能转换状态的可能性，这种现象称为"冒险"。"竞争"与"冒险"现象都造成控制回路不能按要求动作，引起控制失灵，如图1-2-12所示。当K闭合时，接触器KM1、KM2竞争吸合，只有经过多次振荡吸合"竞争"后，才能稳定在一个状态上。同样在K断开时，KM1、KM2又会争先断开，产生振荡。通常分析控制电路的电器动作及触点的接通和断开都是静态分析，没有考虑其动作时间。实际上，由于电磁线圈的电磁惯性、机械惯性等因素，通断过程中总存在一定的固有时间（几十毫秒到几百毫秒），这是电器元件的固有特性。设计时要避免发生触点"竞争"与"冒险"现象，防止电路中因电器元件固有特性引起配合不良的后果。

（6）在频繁操作的可逆运行线路中，正反向接触器之间不仅要有电气联锁，而且要有机械联锁。

（7）设计的电气控制线路应能适应所在电网的情况，并据此来决定电动机是采用直接启动还是其他启动方式。

（8）充分考虑继电器触点的接通和分断能力。如要增加接通能力，可以多并联触点；如要增加分断能力，则可以多串联触点。

4. 保证电气控制线路工作的安全性

电气控制线路应具有完善的保护环节，来保证整个生产机械的安全运行，消除在其工作不正常或误操作时所带来的不利影响，避免事故的发生。

电气控制系统中常用的保护环节有短路保护、过流保护、过载保护、零电压和欠电压保护、弱磁保护、限位保护等。

（1）短路保护。常用的短路保护元器件有熔断器和断路器。熔断器的熔体串联在被保护的电路中，当电路发生短路或严重过载时，熔断器的熔丝自动熔断，切断电路，达到保护的目的。断路器又称自动空气开关，在线路发生短路、过载和欠压故障时快速地自动切断电源，它是低压配电重要的保护元件之一，常作低压配电盘的总电源开关及电动机变压器的合闸开关。

当电动机容量较小时，控制线路不需另外设置熔断器作短路保护，主电路的熔断器也可作控制线路的短路保护。当电动机容量较大时，控制电路要单独设置熔断器作短路保护，也可以采用自动空气开关作短路保护，它既可以作为短路保护，又可以作为过载保护。当线路出现故障时，空气开关动作，事故处理完重新合上开关，线路重新运行工作。

（2）过流保护。如果在直流电动机和交流绕线转子异步电动机启动或制动时，限流电阻被短接，将会造成很大的启动或制动电流，另外，负载的加大也会导致电流增加。过大的电流将会使电动机或机械设备损坏。因此，对直流电动机或绕线转子异步电动机常采用过流保护。

（3）过载保护。电动机的负载突然增加，断相运行或电网电压降低都会引起电动机过载。电动机长期过载运行，绕组温升超过其允许值，电动机的绝缘材料就要变脆，寿命就会减少，严重时将损害电动机。过载电流越大，达到允许温升的时间就越短。

常用的过载保护器件是热继电器，热继电器可以满足这样的要求：当电动机为额定电流时，电动机为额定温升，热继电器不动作；在过载电流较小时，热继电器要经过较长时间才动作；过载电流较大时，热继电器则经过较短时间就会动作。由于热惯性的原因，热继电器不会受电动机短时过载冲击电流或短路电流的影响而瞬时动作，所以在使用热继电器作过载保护的同时，还必须设有短路保护。

短路、过流、过载保护虽然都是电流保护，但由于故障电流、动作值及保护特性、保护要求和使用元器件的不同，它们之间是不能相互取代的。

（4）零电压与欠电压保护。电动机正常工作时，由于电源电压消失而使电动机停转，当电源电压恢复后，电动机可能会自行启动，从而造成人身伤亡和设备毁坏的事故。为了防止电压恢复时电动机自行启动的保护称为零电压保护。另外，电源电压过分地降低将引起一些电器释放，造成控制线路不正常工作，可能发生事故，同时也会引起电动机转速下降甚至停转，因此需要在电源电压降到一定值以下时就将电源切断，这就是欠电压保护。

一般常用零电压保护继电器和欠电压保护继电器实现零电压保护和欠电压保护。

由于接触器属于电压型电磁式继电器，所以当电源电压过低或断电时，接触器释放，此时接触器的主触点和辅助触点同时打开，使电动机电源切断并失去自锁。当电源电压恢复正常时，操作人员必须重新按下启动按钮，才能使电动机启动。故此可以实现零电压保护和欠电压保护。

（5）弱磁保护。对于直流电动机而言，必须有足够强度的磁场才能确保正常启动运行。在启动时，如果直流电动机的励磁电流太小，产生的磁场也会减弱，将会使直流电动机的启动电流很大。正常运行时，如果直流电动机的磁场突然减弱或消失，会引起电动机转速迅速升高，换向失败，损坏机械，甚至发生"飞车"事故，因此，必须设置弱磁保护，及时切断电源。

弱磁保护是在直流电动机的励磁回路中串入起弱磁保护的欠电流继电器来实现的。电动机启动过程中，当励磁电流至达到弱磁继电器（欠电流继电器）的动作值时，继电器就吸合，使串在控制回路中的常开触点闭合，接通电源，电动机启动正常运行；当励磁回路电流太小时，继电器就释放，其触点复位，切断控制回路电源，电动机停转。

（6）限位保护。对于做直线运动的生产机械常设有极限保护环节，如上下极限、前后极限保护等。一般用行程开关的动断触点来实现。

（7）超速保护。生产机械设备在运行中，如果速度超过了预定许可的速度时，将会造成设备损坏。例如，在高炉卷扬机和矿井提升机设备中，必须设置超速保护装置来控制速度或切断电源起到及时保护的作用。超速保护一般是用离心开关完成，也可以用测速发电机来实现。

（8）其他保护。除了以上几种保护外，可按生产机械在其运行过程中的不同工艺要求和可能出现的现象，根据实际情况来设置，如温度、水位等保护环节。

五、任务实施

1. 制定设计方案

（1）根据电气控制要求，使用继电器－接触器控制环节完成对高压离心风机电气控制系统的设计；

(2) 高压离心风机的控制由一台三相交流异步电动机 M 实现,电动机 M 采用星形 - 三角形降压启动控制系统,分别由接触器 KM、KM_Y、$KM_\triangle$ 控制电动机 M 的运行,KM_Y 与 $KM_\triangle$ 要有联锁保护环节;由熔断器实现电气控制系统的短路保护;由热继电器实现电气控制系统的过载保护。

2. 电气控制系统的设计

(1) 高压离心风机电气控制系统的控制线路设计。根据电气控制要求及设计方案,设计高压离心风机电气控制系统的控制线路原理图。参考电气原理图如图 1 - 2 - 13 所示。

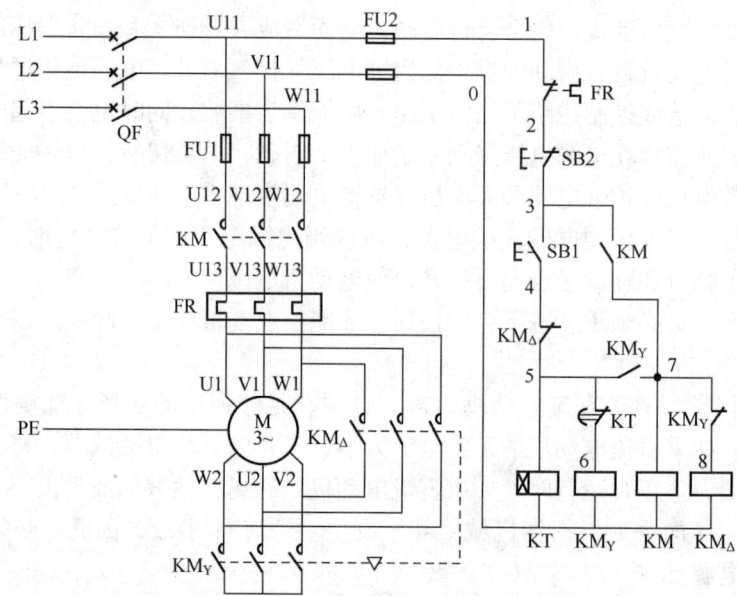

图 1 - 2 - 13　高压离心风机电气控制系统的电气原理图(参考)

(2) 元器件的选择。根据电气原理图列出高压离心风机电气控制系统元器件明细表,如表 1 - 2 - 1 所示。

表 1 - 2 - 1　　　　　高压离心风机电气控制系统元器件明细表

序号	符号	名称	型号	规格	数量	备注
1	M	三相交流异步电动机	Y160M - 4	功率:11kW;额定电压:380V;△接;额定电流:22.6A;转速:1460r/min	1	
2	QF	自动空气开关	DZ47 - 63	3P;25A	1	
3	KM	交流接触器	CJX1 - 32	线圈工作电压 AC380V	3	
4	FR	热继电器	JR16 - 60/3	额定电流 32A,整定电流 23A	1	
5	FU1	熔断器	RT18 - 63	1P,配熔体 50A	3	
6	FU2	熔断器	RT18 - 32	1P,配熔体 10A	2	

续表

序号	符号	名称	型号	规格	数量	备注
7	KT	时间继电器	JS14P	99S；线圈电压 AC380V	1	
8	SB1	控制按钮	LA38-11	绿色	1	
9	SB2	控制按钮	LA38-11	红色	1	
10	XT	接线端子排	TD-3015		1	

3. 高压离心风机电气控制系统的安装与模拟调试

（1）元器件安装工艺要求。根据电器布置图在控制板上安装所用电器元件，要求：

1）控制板上的电器元件应安装牢固，排列整齐、匀称、合理和便于更换元件。

2）紧固电器元件要应用力均匀、紧固程度适当，以防止损坏元件。

3）走线槽板布置合理，平直、整齐、紧贴敷设面。

（2）布线工艺要求。按原理图进行槽板布线，要求：

1）走线合理，接点不得松动，不露铜过长、不压绝缘层、没有毛刺等。

2）布线时，严禁损伤线芯和导线绝缘。

3）布线一般按照先主电路，后控制电路的顺序。主电路和控制电路要尽量分开。

4）一个电器元件接线端子上的连接导线不得超过两根。每节接线端子板上的连接导线一般只允许连接一根导线。

5）布线时，严禁损伤线芯和导线绝缘，不在控制板（网孔板）上的电器元件，要从端子排上引出。布线时，要确保连接牢靠，用手轻拉不会脱落或断开。

（3）安装与模拟调试的步骤。基本操作步骤描述：选用电器元件及导线→电器元件质量检查→固定安装元器件→布线→线路检查→连接电动机与电源线→自检→通电试车。

1）电器元件检查。将所需元器材配齐并检验元件质量，检验元件要在不通电的情况下进行，若有损坏应立即向指导教师报告。

①电器元件的技术数据（如型号、规格、额定电压、额定电流等）应完整符合要求，外观无损伤，备件、附件齐全完好。

②电器元件的电磁机构动作是否灵活，有无衔铁卡阻等不正常现象。用万用表检查电磁线圈的通断情况以及各触点的分、合情况。

③接触器、时间继电器的线圈额定电压与电源电压是否一致。

④对电动机的质量进行常规检查。

2）根据元器件布置图固定安装元器件。在控制板（网孔板）上按布置图安装电气元器件，并贴上醒目的文字符号。

3）按照布线工艺要求进行布线。

①画出安装接线图。根据所设计的高压离心风机电气原理图画出其安装接线图。

安装接线图如图1-2-14所示。

②在控制板（网孔板）上完成配线。先进行主电路配线，再进行控制电路配线。

4）根据电气原理图及安装接线图，检验网孔板（控制板）内部布线的正确性。

5）安装电动机，连接电源、电动机、按钮等控制板（网孔板）外部的导线。要可靠

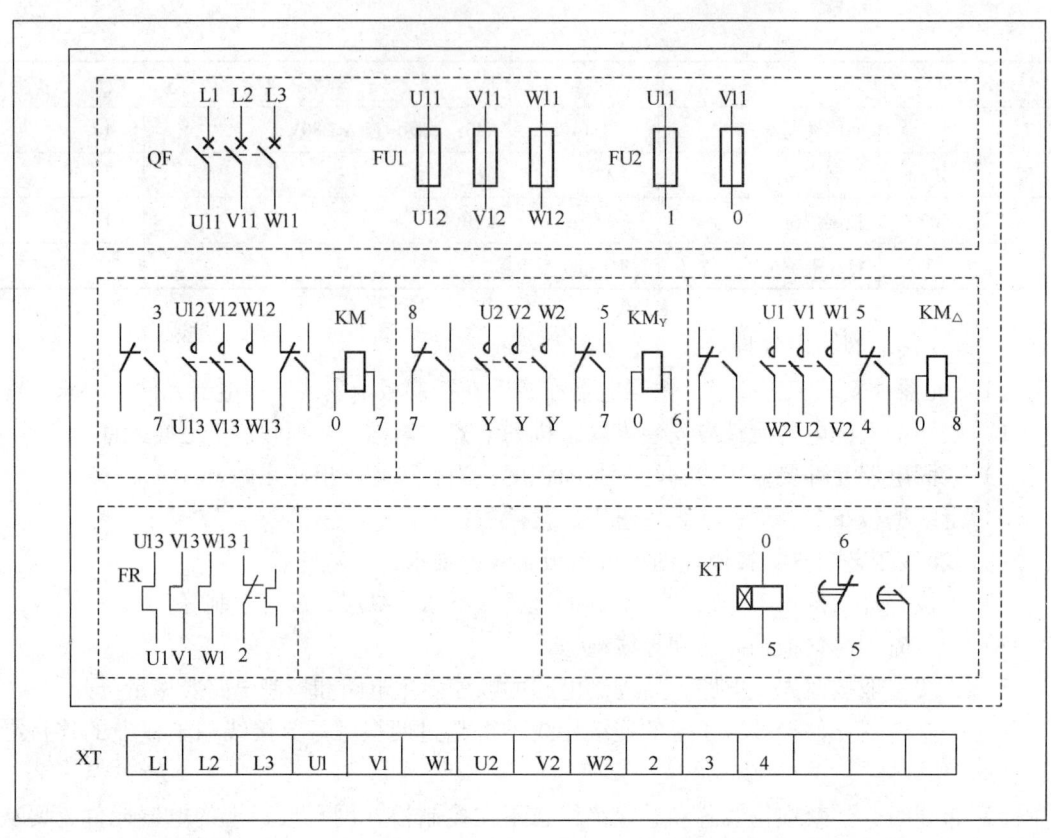
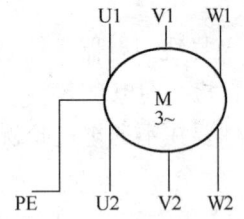
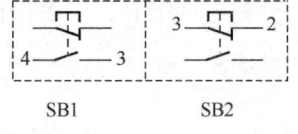

图1-2-14 高压离心风机电气控制系统的安装接线图

连接电动机和各电器元件金属外壳的保护接地线。

6）自检。安装完毕的控制电路板，必须经过认真检查后，才允许通电试车，以防止接错、漏接造成不能正常运转和短路事故。

①按电气原理图或接线图从电源端开始，逐段核对连线是否正确，连接点是否符合要求。

②用万用表进行检查时，应选用电阻挡的适当倍率，并进行校零，以防错漏短路故障。

③检查主电路时，可以用手动来代替接触器受电线圈励磁吸合时的情况。

④用兆欧表检查电路的绝缘电阻应不得小于$1M\Omega$。

7）通电试车。检查无误后方可通电试车。

①试车前应检查与通电试车有关的电气设备是否有不安全的因素存在，若检查出应立即整

改,然后方能试车。试车时,要认真执行安全操作规程的有关规定,一人监护,一人操作。

②通电试车前,必须经过指导老师的许可,并由指导老师接通三相电源 L1、L2、L3,同时在现场监护。

③学生合上电源开关 QS 或者 QF 后,用验电笔检查熔断器出线端,氖管亮说明电源接通。按下启动按钮,观察接触器情况是否正常,是否符合功能要求,观察元器件动作是否灵活,有无卡阻及噪声过大等现象,观察电动机运行是否正常,观察中若有异常现象应立即停车。当电动机运转平稳后,用钳形电流表测量三相电流是否平衡。

④试车成功率以第一次按下按钮时计算。

⑤出现故障后,学生应独立进行检查。若需带电检查时,教师必须在现场进行监护。检修完毕后,若需再次通车,也应有指导老师在现场进行监护,并做好本项目课题的事件及时间记录。

⑥通电试车完毕,停转,切断电源。先拆除三相电源线,再拆除电动机线。

六、任务评价

本项任务的评价标准如表 1-2-2 所示。任务评价由学生自评、小组互评与教师评价相结合,其中学生自评占总成绩的 20%、小组互评占总成绩的 30%、教师评价占总成绩的 50%。

表 1-2-2　继电器-接触器电气控制系统的设计、安装与调试的评价标准

考核项目	考核内容	考核要求	评分要点及得分(最高为该项配分值)	配分	得分		
					自评	互评	教师评价
职业能力	电路设计	1. 理解电气控制系统的控制特点与实现方法,能够根据提出的电气控制要求,正确绘出继电器-接触器电气控制系统原理图 2. 各电器元件的图形符号及文字符号要求按照国标符号绘制 3. 能够根据电气原理图列出主要元器件明细表	1. 主电路设计 1 处错误扣 5 分 2. 控制电路设计 1 处错误扣 5 分 3. 图形符号画法有误,每处扣 1 分 4. 元器件明细表有误每处扣 2 分	30			
	元件安装	1. 按图纸的要求,正确使用工具和仪表,熟练安装电器元件 2. 元件在配电板上布置要合理,安装要准确、紧固 3. 按钮盒不固定在控制板上	1. 元件布置不整齐、不匀称、不合理,每个扣 1 分 2. 元件安装不牢固、安装元件时漏装螺钉,每只扣 1 分 3. 损坏元件,每只扣 2 分 4. 走线槽板布置不美观、不符合要求,每处扣 2 分	10			

续表

考核项目	考核内容	考核要求	评分要点及得分（最高为该项配分值）	配分	得分 自评	得分 互评	得分 教师评价
职业能力	线路安装	1. 线路安装要求美观、紧固、无毛刺，导线要进行线槽 2. 电源和电动机配线、按钮接线要接到端子排上，进出线槽的导线要有端子标号	1. 接线要符合安全性、规范性、正确性、美观性，接线不进行线槽，不美观，有交叉线，每处扣 1 分；接点松动、露铜过长、反圈、压绝缘层，标记线号不清楚、遗漏或误标，每处扣 1 分 2. 损伤导线绝缘或线芯，每根扣 1 分 3. 导线颜色、按钮颜色使用错误，每处扣 2 分	30			
职业能力	通电模拟调试	1. 根据所给电动机容量，正确选择熔断器熔体；正确整定热继电器的整定电流值 2. 在保证人身和设备安全的前提下，通电模拟调试成功，电气控制线路符合控制要求 3. 观察线路工作现象并判断正确与否	1. 主、控电路配错熔体，每个扣 1 分；热继电器整定电流值错误，各扣 2 分 2. 熟悉调试过程，调试步骤一处错误扣 3 分 3. 能在调试过程中正确使用万用表，根据所测数据判断电路是否出现故障，否则每处扣 2 分 4. 一次试车不成功扣 5 分；二次试车不成功扣 10 分；三次试车不成功扣 15 分	15			
职业素质	安全文明操作	1. 劳动保护用品穿戴整齐，电工工具佩带齐全 2. 安全、正确、合理使用电器元件 3. 遵守安全操作规程	1. 未作相应的职业保护措施，扣 2 分 2. 损坏元件一次，扣 2 分 3. 引发安全事故，扣 5 分	5			

续表

考核项目	考核内容	考核要求	评分要点及得分（最高为该项配分值）	配分	得分 自评	得分 互评	得分 教师评价
职业素质	团队协作精神	1. 尊重指导教师与同学，讲文明礼貌 2. 分工合理、能够与他人合作、交流	1. 分工不合理，承担任务少扣5分 2. 小组成员不与他人合作，扣3分 3. 不与他人交流，扣2分	5			
职业素质	劳动纪律	1. 遵守各项规章制度及劳动纪律 2. 训练结束要养成清理现场的习惯	1. 违反规章制度一次扣2分 2. 不做清洁整理工作，扣5分 3. 清洁整理效果差，酌情扣2～5分	5			
		合计		100			
		训练时间记录					
备注	自评学生签字：		自评成绩				
备注	互评学生签字：		互评成绩				
备注	指导老师签字：		教师评价成绩				
备注	总成绩 （自评成绩×20% + 互评成绩×30% + 教师评价成绩×50%）						

【训练小课题】

设计内容：按照所给的控制要求，设计完整的电气控制系统原理图，完成线路的安装与调试。

1. 试设计符合技术要求的继电－接触式电路图，并按图进行安装与调试。

工艺要求：有一台电动机，根据所拖动负载的电气控制要求，有以下控制特点：

（1）电动机启动要求采用按照时间原则实现控制的星－三角降压启动（采用断电延时型时间继电器实现）。

（2）电动机停车为惯性停车。

（3）电动机应具有短路保护、过载保护、失压和欠压保护。

2. 试设计符合技术要求的继电－接触式电路图，并按图进行安装与调试。

工艺要求：有一台电动机，根据所拖动负载的电气控制要求，有以下控制特点：

（1）电动机启动要求采用按照时间原则实现控制的定子绕组串电阻降压启动。

（2）电动机停车为惯性停车。

（3）电动机应具有短路保护、过载保护、失压和欠压保护。

3. 试设计符合技术要求的继电-接触式电路图，并按图进行安装与调试。

工艺要求：有一台双速电动机，根据所拖动负载的电气控制要求，有以下控制特点：

（1）双速电动机需要低速运行时，要求低速启动，低速运行。

（2）双速电动机需要高速运行时，要求先低速启动，10s后，自动转为高速运行。

（3）双速电动机为惯性停车。

（4）电动机应具有短路保护、过载保护、失压和欠压保护。

4. 试设计符合技术要求的继电-接触式电路图，并按图进行安装与调试。

工艺要求：有一台三相绕线式异步电动机，根据所拖动负载的电气控制要求，有以下控制特点：

（1）用按钮控制电动机单方向运转。

（2）按时间原则实现串电阻三级启动。

（3）电动机应具有短路保护、过载保护、失压和欠压保护。

【问题研讨】

1. 三相笼型异步电动机为什么要采用降压启动？其降压启动方法有哪些？
2. 星形-三角形降压启动控制适合于哪种类型的电动机？

任务三　皮带运输机控制系统的设计

一、任务目标

1. 了解皮带运输机的电气控制过程及控制要求。
2. 熟悉三相交流异步电动机顺序控制线路的特点。
3. 学会根据电气控制要求完成皮带运输机的继电器-接触器控制系统设计。
4. 掌握继电器-接触器控制系统的典型控制环节及电气控制系统设计的方法。

二、任务描述

皮带运输机是一种有牵引件的连续运输设备，主要用在煤炭、冶金、有色金属和水泥等矿山中，车辆的运输成本快速增高，带式输送机越来越显示出它的集约化、自动化、连续化、高速化、简单化、清洁化、环保化、安全化等突出的综合优势。主要用来运送块状、粒状和散状等物料和成件的货物，广泛地应用于工业生产中。

本任务要求完成由三条皮带组成的皮带运输机电气控制系统设计，工作示意图如图1-3-1所示。皮带运输机控制系统由三条皮带组成，电动机M1控制1#皮带机、电动机M2控制2#皮带机、电动机M3控制3#皮带机；皮带运输机属于长期工作，不需调速，不需反转，故采用三相笼型异步电动机；为了避免货物在皮带上堆积而造成皮带机的过载，三条皮带机要求顺序启动、逆序停止。

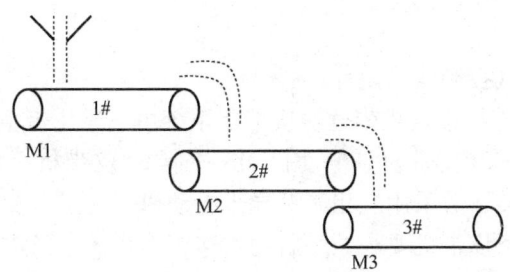

图 1-3-1 三条皮带运输机工作示意图

三、任务要求

三条皮带运输机的电气控制要求如下：

（1）有延时启动预警功能：蜂鸣器 Hz 发出警报信号，之后方允许主机启动。

（2）启动时，顺序为 3#→2#→1#，每个皮带机启动之间要有一定的时间间隔，以免货物在皮带上堆积，造成后面皮带重载启动。

（3）停车时，顺序为 1#→2#→3#，每个皮带机停机之间要有一定的时间间隔，以保证停车后，皮带上不残存货物。

（4）不论 2#皮带或 3#皮带出故障，1#皮带必须停车，以免继续进料，造成货物堆积。

（5）要有必要的联锁及保护措施：短路保护、过载保护、失压欠压保护。

四、预备知识

电气控制线路的设计方法——经验设计法

电气控制线路的设计方法通常有两种。一种是一般设计法，也叫经验设计法、分析设计法。它是根据生产工艺要求，利用各种典型的线路环节，直接设计控制线路。它的特点是无固定的设计程序和设计模式，灵活性很大，主要靠经验进行。这种设计方法比较简单，但要求设计人员必须熟悉大量的控制线路，掌握多种典型线路的设计资料，同时具有丰富的设计经验。在设计过程中往往还要经过多次反复地修改、试验，才能使线路符合设计要求。即使这样，设计出来的线路可能不是最简化线路，所用的电器及触点不一定最少，所得出的方案也不一定是最佳方案。另一种是逻辑设计法，它是根据生产工艺要求，利用逻辑代数来分析、设计线路。用这种方法设计的线路比较合理，特别适合完成较复杂的生产工艺所要求的控制线路。但是相对而言，逻辑设计法难度较大，不易掌握。

1. 经验设计法的基本步骤

经验设计法主要包括主电路、控制电路和辅助电路的设计。主电路的设计包括电动机的启动、点动、正反转、制动和调速的设计。控制电路的设计主要包括基本控制线路和特殊部分的设计以及控制参量的确定，主要目标是满足电动机的各种运转功能和工艺要求。辅助电路的设计主要包括各种联锁环节以及短路、过载、过流等保护环节的设计，完善整个控制线路的设计。最后进行线路的综合审查，反复审查所设计的控制线路是否满足了设计的原则和生产工艺的要求。下面通过三条皮带运输机电气控制线路设计实例来说明电气控制线路的经验设计方法。

2. 经验设计法举例

三条皮带运输机电气控制线路设计：

（1）控制系统的工艺要求。皮带运输机控制系统由三条皮带组成，电动机 M1 控制 1#皮带机、电动机 M2 控制 2#皮带机、电动机 M3 控制 3#皮带机；皮带运输机属于长期工作，不需调速，不需反转，故采用三相笼型异步电动机；为了避免货物在皮带上堆积，而造成皮带机的过载，三条皮带机要求顺序启动、逆序停止。三条皮带运输机工作示意图如图 1-3-2 所示。

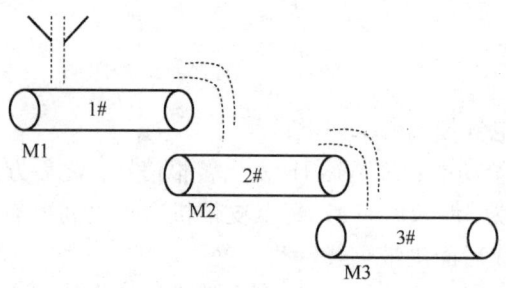

图 1-3-2 三条皮带运输机工作示意图

三条皮带运输机的电气控制要求如下：

1）有延时启动预警功能：蜂鸣器 Hz 发出警报信号，之后方允许主机启动。

2）启动时，顺序为 3#→2#→1#，每个皮带机启动之间要有一定的时间间隔，以免货物在皮带上堆积，造成后面皮带重载启动。

3）停车时，顺序为 1#→2#→3#，每个皮带机停机之间要有一定的时间间隔，以保证停车后，皮带上不残存货物。

4）不论 2#皮带或 3#皮带出故障，1#皮带必须停车，以免继续进料，造成货物堆积。

5）要有必要的联锁及保护措施：短路保护、过载保护、失压欠压保护。

（2）设计步骤

1）主电路设计：根据所给的控制要求，三条皮带均采用三相笼型交流异步电动机拖动，直接启动，自由停车即可。

电动机 M1 由接触器 KM1 实现控制；电动机 M2 由接触器 KM2 实现控制；电动机 M3 由接触器 KM3 实现控制。主电路图如图 1-3-3 所示。

2）控制电路设计

① 根据所给的控制要求，先设计基本控制电路，如图 1-3-4 所示。

分析：该电路虽然可以满足顺序启动、逆序停止的控制，只能分别手动控制电动机的启停，不能实现自动控制的要求，同时也不能够满足整个控制系统的电气控制要求。

② 根据所给的控制要求，设计控制电路的特殊部分。

（a）选择过程参量，确定控制原则：根据电气控制要求，可以知道自动控制参量为时间，故采用时间原则控制。

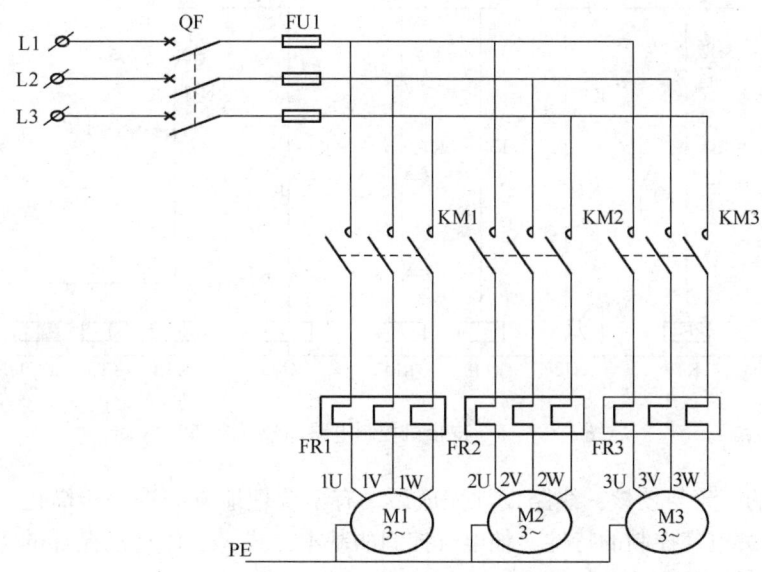

图1-3-3 三条皮带运输机主电路图

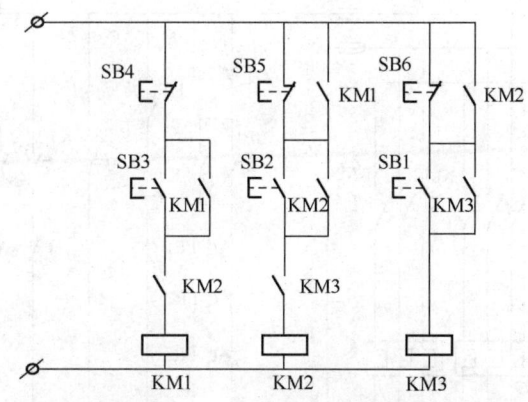

图1-3-4 皮带机控制电路的基本部分

(b) 时间继电器数量的选择：预警KT1；启动KT2、KT3；停车KT4、KT5。

(c) 延时时间的确定：时间继电器KT1、KT2、KT4的延时整定值为工艺所定的延时值；KT3的延时整定值为KT2的延时值+KT3的工艺所定的延时值；KT5的延时整定值为KT4的延时值+KT5的工艺所定的延时值。

(d) 时间继电器的延时类型选择（通电延时与断电延时的选择）：KT1、KT2、KT3为通电延时型时间继电器；KT4、KT5为断电延时型时间继电器。

所设计的控制电路（参考）如图1-3-5所示。

3）设计联锁保护环节：电路采用熔断器作为短路保护电器；采用热继电器作为过载保护电器；采用交流接触器自锁控制作为失压与欠压的保护环节。

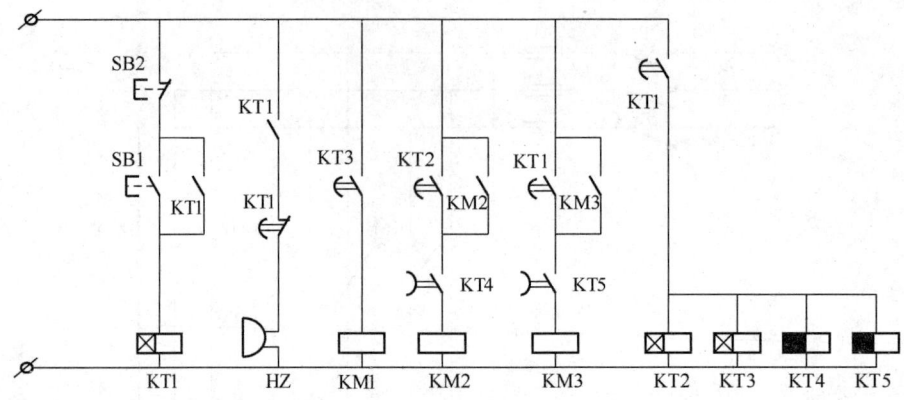

图1-3-5 皮带机控制电路部分（参考）

4）线路的完善与校核：线路设计完成后，有不合理地方需进一步简化。应认真仔细校核。完善有关电气控制的特性，如电气控制的基本方式、工作自动循环的组成、动作过程程序、电气保护及联锁条件等。

设计的三条皮带运输机的电气控制线路（参考）如图1-3-6所示。

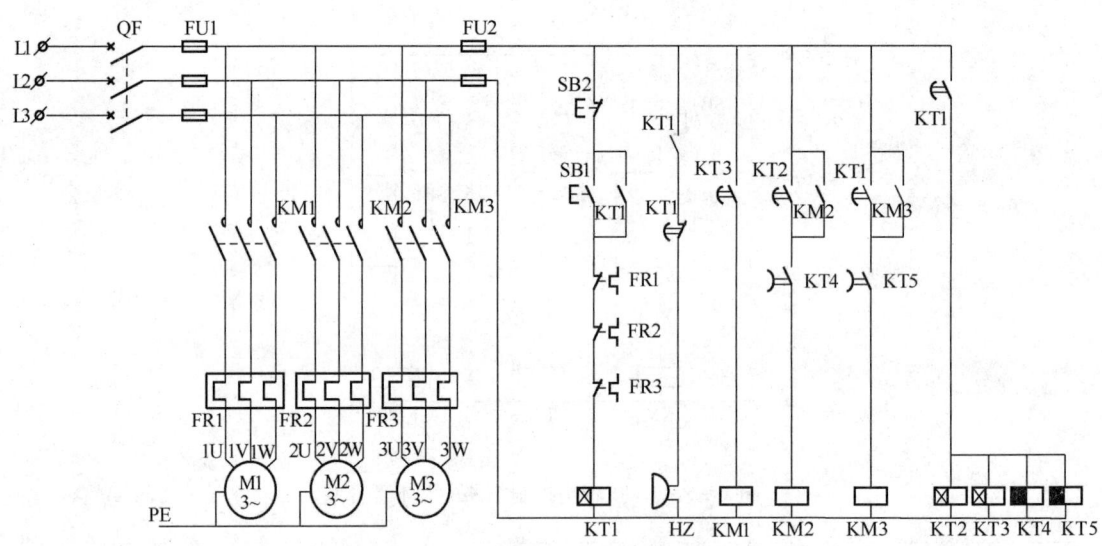

图1-3-6 三条皮带运输机电气控制原理图（参考）

五、任务实施

1. 制定设计方案

（1）根据电气控制要求，使用继电器－接触器控制环节完成对三条皮带运输机电气控制系统的设计；

（2）三条皮带均采用三相笼型交流异步电动机拖动，直接启动，自由停车。电动机

M1 由接触器 KM1 实现控制；电动机 M2 由接触器 KM2 实现控制；电动机 M3 由接触器 KM3 实现控制。电路按照时间控制原则实现自动控制。电路采用熔断器作为短路保护电器；采用热继电器作为过载保护电器；采用交流接触器自锁控制作为失压与欠压的保护环节。

2. 电气控制系统的设计

(1) 三条皮带运输机电气控制系统的控制线路设计。根据电气控制要求及设计方案，设计三条皮带运输机电气控制系统的控制线路原理图。参考电气原理图如图 1-3-7 所示。

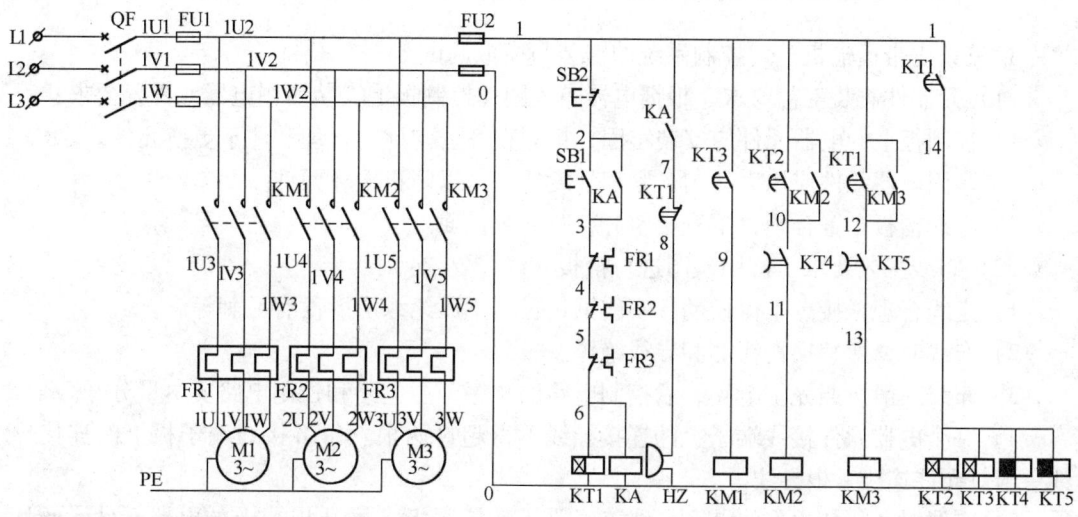

图 1-3-7 三条皮带运输机电气控制原理图（参考）

(2) 元器件的选择。根据电气原理图列出三条皮带运输机电气控制系统元器件明细表，如表 1-3-1 所示。

表 1-3-1　　　三条皮带运输机电气控制系统元器件明细表

序号	符号	名称	型号	规格	数量	备注
1	M	三相交流异步电动机	Y132S-4	功率：5.5kW；额定电压：380V；额定电流：11.6A；转速：1460r/min	3	
2	QF	自动空气开关	DZ47-63	3P；60A	1	
3	KM	交流接触器	CJX1-32	线圈工作电压 AC380V	3	
4	KT1-KT3	时间继电器	JS14P	99S；线圈电压 AC380V；通电延时型	3	
5	KT4-KT5	时间继电器	JS20-D	线圈电压 AC380V；断电延时型	2	
6	KA	中间继电器	JZC1-53	线圈电压 AC380V	1	
7	FR	热继电器	JR36-20/3	额定电流 20A，整定电流 12A	3	
8	FU1	熔断器	RT18-32	1P，配熔体 25A	3	

续表

序号	符号	名称	型号	规格	数量	备注
9	FU2	熔断器	RT18-32	1P，配熔体5A	2	
10	SB1	控制按钮	LA38-11	红色	1	
11	SB2、SB3	控制按钮	LA38-11	绿色	2	
12	SQ1、SQ2	行程开关	LX19-121	单轮，自复位	2	
13	Hz	蜂鸣器		AC380V	1	
14	XT	接线端子排	TD-3015		1	

3. 三条皮带运输机电气控制系统的安装与模拟调试

（1）元器件安装工艺要求。根据电器布置图在控制板上安装所用电器元件，要求：

1）控制板上的电器元件应安装牢固，排列整齐、匀称、合理和便于更换元件。

2）紧固电器元件应用力均匀、紧固程度适当，以防止损坏元件。

3）走线槽板布置合理，平直、整齐、紧贴敷面。

（2）布线工艺要求。按原理图进行槽板布线，要求：

1）走线合理，接点不得松动，不露铜过长、不压绝缘层、没有毛刺等。

2）布线时，严禁损伤线芯和导线绝缘。

3）布线一般按照先主电路，后控制电路的顺序。主电路和控制电路要尽量分开。

4）一个电器元件接线端子上的连接导线不得超过两根。每节接线端子板上的连接导线一般只允许连接一根导线。

5）布线时，严禁损伤线芯和导线绝缘，不在控制板（网孔板）上的电器元件，要从端子排上引出。布线时，要确保连接牢靠，用手轻拉不会脱落或断开。

（3）安装与模拟调试的步骤。基本操作步骤描述：选用电器元件及导线→电器元件质量检查→固定安装元器件→布线→线路检查→连接电动机与电源线→自检→通电试车。

1）电器元件检查。将所需元器材配齐并检验元件质量，检验元件要在不通电的情况下进行，若有损坏应立即向指导教师报告。

①电器元件的技术数据（如型号、规格、额定电压、额定电流等）应完整并符合要求，外观无损伤，备件、附件齐全完好。

②电器元件的电磁机构动作应灵活，无衔铁卡阻等不正常现象。用万用表检查电磁线圈的通断情况以及各触点的分、合情况。

③接触器、时间继电器的线圈额定电压与电源电压应一致。

④对电动机的质量进行常规检查。

2）根据元器件布置图固定安装元器件。在控制板（网孔板）上按布置图安装电气元器件，并贴上醒目的文字符号。

3）按照布线工艺要求进行布线。

①画出安装接线图。根据所设计的三条皮带运输机电气原理图画出其安装接线图，如图1-3-8所示。

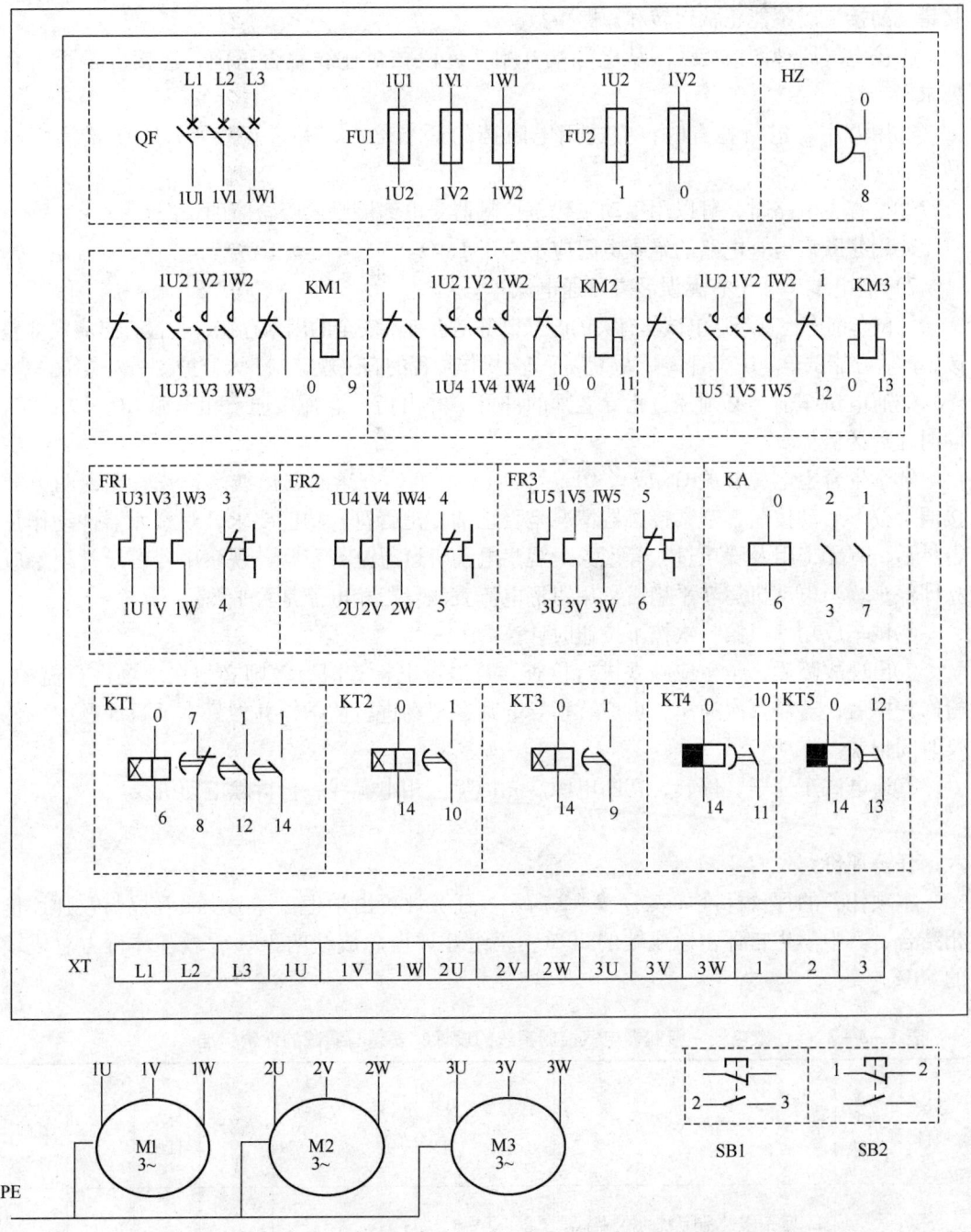

图1-3-8 三条皮带运输机电气控制系统的安装接线图

②在控制板（网孔板）上完成配线。先进行主电路配线，再进行控制电路配线。

4）根据电气原理图及安装接线图，检验网孔板（控制板）内部布线的正确性。

5）安装电动机，连接电源、电动机、按钮等控制板（网孔板）外部的导线。要可靠连接电动机和各电器元件金属外壳的保护接地线。

6）自检。安装完毕的控制电路板，必须经过认真检查后，才允许通电试车，以防止接错、漏接造成不能正常运转和短路事故。

①按电气原理图或接线图从电源端开始，逐段核对连线是否正确，连接点是否符合要求。

②用万用表进行检查时，应选用电阻挡的适当倍率，并进行校零，以防错漏短路故障。

③检查主电路时，可以用手动来代替接触器受电线圈励磁吸合时的情况。

④用兆欧表检查电路的绝缘电阻应不小于 $1M\Omega$。

7）通电试车。检查无误后方可通电试车。

①试车前应检查与通电试车有关的电气设备是否有不安全的因素存在，若检查出应立即整改，然后方能试车。试车时，要认真执行安全操作规程的有关规定，一人监护，一人操作。

②通电试车前，必须经过指导老师的许可，并由指导老师接通三相电源 L1、L2、L3，同时在现场监护。

③学生合上电源开关 QS 或者 QF 后，用验电笔检查熔断器出线端，氖管亮说明电源接通。按下启动按钮，观察接触器情况是否正常，是否符合功能要求，观察元器件动作是否灵活，有无卡阻及噪声过大等现象，观察电动机运行是否正常，观察中若有异常现象应立即停车。当电动机运转平稳后，用钳形电流表测量三相电流是否平衡。

④试车成功率以第一次按下按钮时计算。

⑤出现故障后，学生应独立进行检查。若需带电检查时，教师必须在现场进行监护。检修完毕后，若需再次通车，也应有指导老师在现场进行监护，并做好本项目课题的事件及时间记录。

⑥通电试车完毕，停转，切断电源。先拆除三相电源线，再拆除电动机线。

六、任务评价

本项任务的评价标准如表 1-3-2 所示。任务评价由学生自评、小组互评与教师评价相结合，其中学生自评占总成绩的 20%，小组互评占总成绩的 30%，教师评价占总成绩的 50%。

表 1-3-2　继电器-接触器电气控制系统的设计、安装与调试的评价标准

考核项目	考核内容	考核要求	评分要点及得分（最高为该项配分值）	配分	得分		
					自评	互评	教师评价
职业能力	电路设计	1. 理解电气控制系统的控制特点与实现方法，能够根据提出的电气控制要求，正确绘出继电器-接触器电气控制系统原理图 2. 各电器元件的图形符号及文字符号要求按照国标符号绘制 3. 能够根据电气原理图列出主要元器件明细表	1. 主电路设计 1 处错误扣 5 分 2. 控制电路设计 1 处错误扣 5 分 3. 图形符号画法有误，每处扣 1 分 4. 元器件明细表有误每处扣 2 分	30			

续表

考核项目	考核内容	考核要求	评分要点及得分（最高为该项配分值）	配分	得分		
					自评	互评	教师评价
职业能力	元件安装	1. 按图纸的要求，正确使用工具和仪表，熟练安装电器元件 2. 元件在配电板上布置要合理，安装要准确、紧固 3. 按钮盒不固定在控制板上	1. 元件布置不整齐、不匀称、不合理，每个扣1分 2. 元件安装不牢固、安装元件时漏装螺钉，每只扣1分 3. 损坏元件，每只扣2分 4. 走线槽板布置不美观、不符合要求，每处扣2分	10			
	线路安装	1. 线路安装要求美观、紧固、无毛刺，导线要进行线槽 2. 电源和电动机配线、按钮接线要接到端子排上，进出线槽的导线要有端子标号	1. 接线要符合安全性、规范性、正确性、美观性，接线不进行线槽，不美观，有交叉线，每处扣1分；接点松动、露铜过长、反圈、压绝缘层，标记线号不清楚、遗漏或误标，每处扣1分 2. 损伤导线绝缘或线芯，每根扣1分 3. 导线颜色、按钮颜色使用错误，每处扣2分	30			
	通电模拟调试	1. 根据所给电动机容量，正确选择熔断器熔体；正确整定热继电器的整定电流值 2. 在保证人身和设备安全的前提下，通电模拟调试成功，电气控制线路符合控制要求 3. 观察线路工作现象并判断正确与否	1. 主、控电路配错熔体，每个扣1分；热继电器整定电流值错误，各扣2分 2. 熟悉调试过程，调试步骤一处错误扣3分 3. 能在调试过程中正确使用万用表，根据所测数据判断电路是否出现故障，否则每处扣2分 4. 一次试车不成功扣5分；二次试车不成功扣10分；三次试车不成功扣15分	15			

续表

考核项目	考核内容	考核要求	评分要点及得分（最高为该项配分值）	配分	得分 自评	得分 互评	得分 教师评价
职业素质	安全文明操作	1. 劳动保护用品穿戴整齐，电工工具佩带齐全 2. 安全、正确、合理使用电器元件 3. 遵守安全操作规程	1. 未作相应的职业保护措施，扣2分 2. 损坏元件一次，扣2分 3. 引发安全事故，扣5分	5			
	团队协作精神	1. 尊重指导教师与同学，讲文明礼貌 2. 分工合理、能够与他人合作、交流	1. 分工不合理，承担任务少扣5分 2. 小组成员不与他人合作，扣3分 3. 不与他人交流，扣2分	5			
	劳动纪律	1. 遵守各项规章制度及劳动纪律 2. 训练结束要养成清理现场的习惯	1. 违反规章制度一次扣2分 2. 不做清洁整理工作，扣5分 3. 清洁整理效果差，酌情扣2~5分	5			
		合计		100			
备注		训练时间记录					
		自评学生签字：	自评成绩				
		互评学生签字：	互评成绩				
		指导老师签字：	教师评价成绩				
		总成绩 （自评成绩×20% + 互评成绩×30% + 教师评价成绩×50%）					

【训练小课题】

设计内容：按照所给的控制要求，设计完整的电气控制系统原理图，完成线路的安装与调试。

1. 试设计符合技术要求的继电－接触式电路图，并按图进行安装与调试。

工艺要求：有两台电动机，根据所拖动负载的电气控制要求，有以下控制特点：

（1）电动机 M1 启动后，M2 才能通过启动按钮控制其启动。

（2）电动机 M1 必须在电动机 M2 停车后才能停车。

（3）电动机应具有短路保护、过载保护、失压和欠压保护。

2. 试设计符合技术要求的继电－接触式电路图，并按图进行安装与调试。

工艺要求：有两台电动机，根据所拖动负载的电气控制要求，有以下控制特点：

（1）电动机 M1 要求直接启动，单向连续运行。

（2）电动机 M2 在电动机 M1 启动 5s 后自行启动，也为单向连续运行。

（3）电动机 M1 必须在电动机 M2 停车后才能停车。

(4) 电动机应具有短路保护、过载保护、失压和欠压保护。

(5) 当其中任何一台电动机过载时,只有过载的电动机停车,另一台电动机正常运行。

3. 试设计符合技术要求的继电-接触式电路图,并按图进行安装与调试。

工艺要求:有两台电动机,根据所拖动负载的电气控制要求,有以下控制特点:

(1) 两台电动机均要求直接启动。

(2) 在启动时,电动机 M1 启动后,经过 5s,电动机 M2 自行启动;当电动机 M2 运行 10s 后,两台电动机同时停车。

(3) 电动机应具有短路保护、过载保护、失压和欠压保护。

4. 试设计符合技术要求的继电-接触式电路图,并按图进行安装与调试。

工艺要求:一台三相笼型异步电动机控制线路,根据所拖动负载的电气控制要求,有以下控制特点:

(1) 能正、反转运行。

(2) 采用能耗制动停车。

(3) 具有短路保护、过载保护、失压和欠压保护。

5. 试设计符合技术要求的继电-接触式电路图,并按图进行安装与调试。

工艺要求:某机床主轴由一台三相笼型异步电动机拖动,润滑油泵由另一台三相笼型异步电动机拖动,均采用直接启动,有以下控制特点:

(1) 油泵电动机先启动,主轴电动机才能启动运转。

(2) 主轴为正、反转运转,为调试方便,要求能正、反向点动。

(3) 主轴电动机停车后,油泵电动机方能停止。

(4) 两台电动机具有短路保护、过载保护、失压和欠压保护。

6. 试设计符合技术要求的继电-接触式电路图,并按图进行安装与调试。

工艺要求:有一台电动机,根据所拖动负载的电气控制要求,有以下控制特点:

(1) 电动机要求直接启动。

(2) 停车为按速度原则实现反接制动停车。

(3) 电动机应具有短路保护、过载保护、失压和欠压保护。

7. 试设计符合技术要求的继电-接触式电路图,并按图进行安装与调试。

某专用机床给一箱体加工两侧平面。加工方法是将箱体夹紧在可前后移动的滑台上,两侧平面用左右动力头铣削加工,有以下控制特点:

(1) 加工前滑台应快速移动到加工位置,然后改为慢速进给。

(2) 滑台从快速移动到慢速进给应自动变换,铣削完毕要自动停车,然后由人工操作滑台快速退回原位后自动停车。

(3) 具有短路、过载、欠压及失压保护。

【知识链接】

一、电气控制线路的设计方法——逻辑设计法

逻辑设计法是利用逻辑代数这一数学工具来设计电气控制线路,即根据生产工艺要求,将控制线路中的接触器、继电器等电气元件线圈的通电与断电,触点的闭合与断开,

以及主令元件的接通与断开等均看成逻辑变量，并根据控制要求将它们之间的关系用逻辑函数关系式来表达，然后再运用逻辑函数基本公式和运算规律进行简化，使之成为最简单的"与"、"或"关系式，设计出符合生产工艺要求的电气控制线路。

1. 逻辑代数基础

（1）逻辑变量。在逻辑代数中，将具有两种相反工作状态的物理量称为逻辑变量。例如，继电器、接触器等电器元件线圈的得电与失电，触点的闭合与断开等。这里线圈和触点相当于一个逻辑变量，其相反的两种工作状态可用逻辑变量"0"和"1"表示，通常用 KM、K、SQ、…分别表示接触器、继电器、行程开关等电器的常开触点，$\overline{KM}$、$\overline{K}$、$\overline{SQ}$…表示常闭触点。电器元件的线圈通电为"1"状态，线圈失电为"0"状态；触点闭合为"1"状态，触点断开为"0"状态；行程开关触点闭合为"1"状态，触点断开为"0"状态。

（2）基本逻辑运算。在继电接触式电气控制线路中，把表示触点状态的逻辑变量称为输入逻辑变量，把表示接触器、继电器等受控元件的逻辑变量称为输出逻辑变量，输出逻辑变量与输入逻辑变量之间所满足的相互关系称为逻辑函数关系。

1）逻辑与——触点串联。图1-3-9（a）所示的串联电路就实现了逻辑与的运算。

逻辑与的关系表达式为 $KM = K1 \cdot K2$。

逻辑与运算用符号"·"表示（也可省略）。接触器的状态就是其线圈 KM 的状态。线路接通，即 K1、K2 都为1时，线圈 KM 通电，则 KM = 1；如线路断开，即只要 K1、K2 有一个为0时，线圈 KM 失电，则 KM = 0。

2）逻辑或——触点并联。图1-3-9（b）所示的并联电路就实现了逻辑或运算。

逻辑或的关系表达式为 $KM = K1 + K2$。

逻辑或运算用符号"+"表示。只要 K1、K2 有一个为1，则 KM = 1；只当 K1、K2 全为0时，KM = 0。

3）逻辑非——动断触点。逻辑非的关系表达式为 $KM = \overline{K}$。

图1-3-9（c）所示电路实现了常闭触点与接触器 KM 线圈串联的逻辑非电路。当 K = 1 时，常闭触点 K 断开，KM = 0；当 K = 0 时，常闭触点 K 闭合，KM = 1。

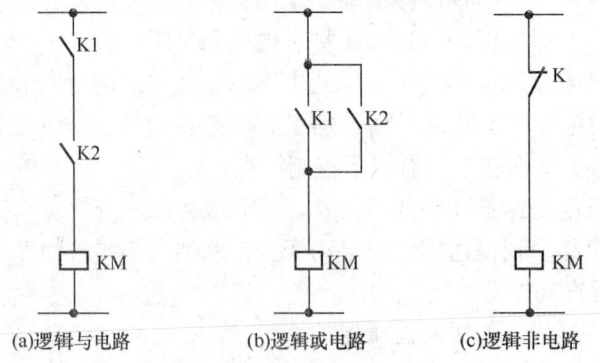

(a) 逻辑与电路　　(b) 逻辑或电路　　(c) 逻辑非电路

图1-3-9　逻辑运算电路

（3）逻辑代数的基本定理。

交换律：$A \cdot B = B \cdot A$　　　　　　　　　　$A + B = B + A$

结合律：$A \cdot (B \cdot C) = (A \cdot B) \cdot C$　　　　$A + (B + C) = (A + B) + C$

分配率：A·(B+C) = A·B+A·C   A+B·C = (A+B)·(A+C)
吸收律：A·AB = A   A·(A+B) = A
　　　　A+$\bar{A}$B = A+B $\bar{A}$+A·B = $\bar{A}$+B
重叠律：A·A = A   A+A = A
非非律：$\bar{\bar{A}}$ = A
反演律：$\overline{A+B}$ = $\bar{A}$·$\bar{B}$
　　　　$\overline{A·B}$ = $\bar{A}$+$\bar{B}$

（4）逻辑代数的化简。一般来说，原始逻辑表达式都较为烦琐，涉及的变量较多，根据这些表达式设计出的电气控制线路图也较为复杂。因此，在保证逻辑功能不变的前提下，可以用逻辑代数的定理和法则将原始的逻辑表达式进行化简，从而得到较为简单的电气控制线路图。

1）化简时常用的常量和变量关系为：

A+0 = A　　A·0 = 0　　A+1 = 1　　A·1 = A　　A+$\bar{A}$ = 1　　A·$\bar{A}$ = 0

2）常用的方法如下。

合并项法：根据 A+$\bar{A}$ = 1，将两项合为一项。

例如：AB$\bar{C}$+ABC = AB

吸收法：根据 A+AB = A，消去多余的因子。

例如：B+ABDF = B

消去法：根据 A+$\bar{A}$B = A+B，消去多余的因子。

例如：$\bar{A}$+AB+DEF = $\bar{A}$+B+DEF

配项法：根据 A·1 = A，A+0 = A 来进行化简。

例如：化简逻辑表达式 f(KM) = K1·K2+$\overline{K1}$·K3+K2·K3

化简：f(KM) = K1·K2+$\overline{K1}$·K3+K2·K3
　　　　　　 = K1·K2+$\overline{K1}$·K3+K2·K3（K1+$\overline{K1}$）
　　　　　　 = K1·K2+$\overline{K1}$·K3+K2·K3·K1+K2·K3·$\overline{K1}$
　　　　　　 = K1·K2（1+K3）+$\overline{K1}$·K3·（1+K2）
　　　　　　 = K1·K2+$\overline{K1}$·K3

因此，图 1-3-10（a）化简后即可得到图 1-3-10（b）所示电路，并且图 1-3-10（a）与图 1-3-10（b）所示电路在功能上等效。

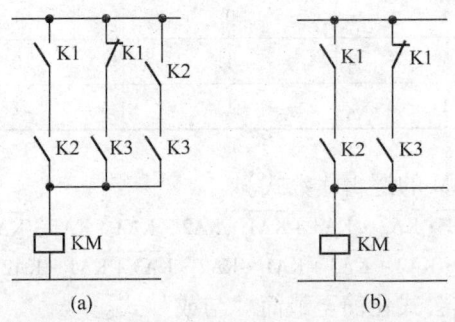

图 1-3-10　两个相等函数的等效电路

2. 逻辑设计法的基本步骤

电气控制线路一般由输入电路和输出电路组成。

输入电路主要由主令元件、检测元件组成。主令元件包括按钮、开关、主令控制器等,其功能是实现电动机的启动、停止及紧急制动等;检测元件包括行程开关、速度继电器等,其功能是检测物理量,作为程序自动切换时的控制信号。

输出电路由中间记忆元件和执行元件组成。中间记忆元件即继电器,其功能是记忆输入信号的变化,使按顺序变化的状态相区分开来;执行元件的基本功能是驱动生产机械的运动,满足生产工艺的要求,它可以分为有记忆功能和无记忆功能两种,接触器、继电器等属于前者,电磁阀、电磁铁属于后者。

逻辑设计法的步骤如下:

(1) 按照生产工艺要求,确定执行元件和检测元件,做出工作循环示意图。根据工作循环示意图做出执行元件和检测元件的动作节拍表和状态表。

(2) 根据主令元件和检测元件状态表写出每个状态的方程,并增设必要的中间记忆元件,列出中间记忆元件的开关逻辑函数和执行元件的逻辑函数。

(3) 根据逻辑函数式建立电气控制线路图。

(4) 进一步完善电路,增加必要的保护和联锁环节。

3. 逻辑设计法举例

(1) 设计要求:某电动机只有在继电器 KA1、KA2、KA3 中任何一个或两个动作时才能运转,而在其他条件下都不运转,试设计其控制线路。

(2) 设计步骤:

1) 列出控制元件与执行元件的动作状态表,如表 1-3-3 所示。

表 1-3-3　　　　　　　　接触器、继电器通电后动作状态表

电器名称	继电器			接触器
电器代号	KA1	KA2	KA3	KM
动作状态	0	0	0	0
	0	0	1	1
	0	1	0	1
	0	1	1	1
	1	0	0	1
	1	0	1	1
	1	1	0	1
	1	1	1	0

2) 根据状态表写出 KM 的逻辑代数式。

$$KM = \overline{KA1} \cdot \overline{KA2} \cdot KA3 + \overline{KA1} \cdot KA2 \cdot \overline{KA3} + KA1 \cdot \overline{KA2} \cdot \overline{KA3}$$
$$+ \overline{KA1} \cdot KA2 \cdot KA3 + KA1 \cdot \overline{KA2} \cdot KA3 + KA1 \cdot KA2 \cdot \overline{KA3}$$

3) 利用逻辑代数基本公式化简至最简"与或"式。

化简后得:

$$KM = \overline{KA1} \cdot KA3 + KA1 \cdot \overline{KA2} + KA2 \cdot \overline{KA3}$$

4）根据简化了的逻辑式绘制控制电路，如图 1-3-11 所示。

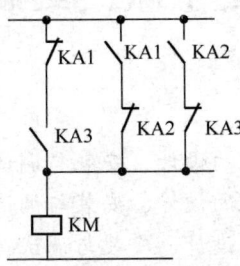

图 1-3-11 两个相等函数的等效电路

【问题研讨】

1. 电气控制线路中常用的保护环节有哪些？各采用什么电器元件？
2. 电气控制系统设计的基本原则有哪些？
3. 中间继电器和接触器有何异同之处？中间继电器在控制电路中的主要作用是什么？

项目二　典型 PLC 控制系统的设计

【项目内容】
　　※ 锅炉上煤机的 PLC 控制系统的设计、安装与调试。
　　※ 高压离心风机 PLC 控制系统的设计、安装与调试。
　　※ 皮带运输机 PLC 控制系统的设计、安装与调试。
　　※ 传送机械手 PLC 控制系统的设计、安装与调试。

【学习目标】
　　※ 能够掌握 PLC 基本指令、应用指令、顺序控制指令的格式及应用方法。
　　※ 掌握 PLC 编程软件的安装与使用方法，熟悉编程软件的程序输入和调试、监控、仿真等功能。
　　※ 学会使用 PLC 的各种编程方法完成电气控制系统的程序设计。
　　※ 会用 PLC 实现对三相交流异步电动机的控制，能够调试、排除三相交流异步电动机控制系统的常见故障。
　　※ 会用 PLC 实现对各种机械手的控制，能够调试、排除各种机械手控制系统的常见故障。

任务一　锅炉上煤机 PLC 控制系统的设计

一、任务目标

1. 了解锅炉上煤机的工作原理。
2. 学会 PLC 基本编程指令的应用。
3. 掌握 PLC 的基本编程方法。
4. 能够运用 PLC 控制锅炉上煤机电气控制系统的运行。

二、任务描述

　　工业锅炉一般通过燃烧煤加热，锅炉上煤机是专门将煤运送到锅炉加热器中的设备，也可以设计成为锅炉设备的一部分。工作过程如下：下煤时，空煤斗下降，到达下煤预定位置时，煤斗压迫行程开关而停止运行。由人工或装煤机械往煤斗中装煤，装煤完成后等待上煤。上煤时，煤斗上升，到达预定位置时，煤斗自动翻斗卸料，将煤卸入锅炉加热器中，随后通过行程开关控制自动反向下降。工作示意图如图 2-1-1 所示。
　　本任务要求完成锅炉上煤机电气控制部分的设计。锅炉上煤机由一台电动机实现对煤斗爬升与下降的控制。

三、任务要求

1. 工作流程

煤斗由电动机 M1 拖动，按下启动按钮，电动机 M1 将装满煤的煤斗提升到上限后，由行程开关 SQ1 控制自动翻斗卸料，随后反向下降，到达下限 SQ2 位置，煤斗压迫行程开关而停止运行，由人工或装煤机械往煤斗中装煤，装煤完成后，需要按下启动按钮，才可以进行下一次的上煤。

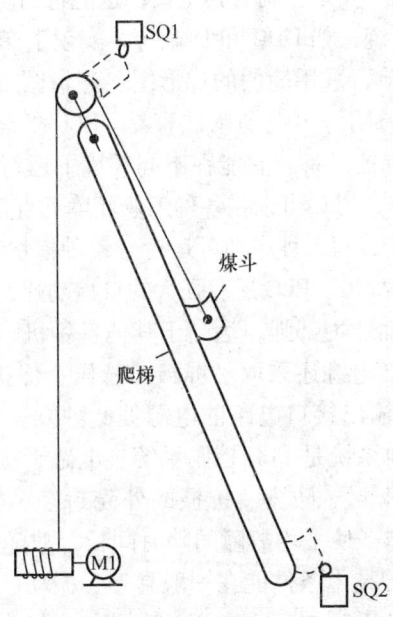

图 2-1-1　锅炉上煤机工作示意图

2. 设计要求

（1）要求使用 PLC 控制电机的运行。

（2）电动机 M1 为三相交流异步电动机，功率 4kW。

（3）锅炉上煤机电气控制系统应按照上述工作流程顺序实现控制，煤斗可以停在任意位置，启动时可以使煤斗随意从上升或下降开始运行，到达预定位置自动停止。

（4）系统要具有短路、过载、失压、欠压、电气联锁等必要的电气保护措施。

四、预备知识

（一）认识 PLC

自 20 世纪 60 年代美国推出可编程逻辑控制器（Programmable Logic Controller，PLC）取代传统继电器控制装置以来，PLC 得到了快速发展，在世界各地得到了广泛应用。

1. PLC 定义

PLC 是一种数字运算操作的电子系统，专为在工业环境应用而设计的。它采用一类可编程的存储器，用于其内部存储程序，执行逻辑运算、顺序控制、定时、计数与算术操作等面向用户的指令，并通过数字或模拟式输入/输出控制各种类型的机械或生产过程。PLC及其有关的外围设备都应按照易于与工业控制系统形成一个整体，易于扩展其功能的原则而设计。

2. PLC 特点

（1）功能完善，组合灵活，扩展方便，实用性强。现代 PLC 所具有的功能及其各种扩展单元、智能单元和特殊功能模块，可以方便、灵活地组成不同规模和要求的控制系统，以适应各种工业控制的需要。以开关量控制为其特长；也能进行连续过程的 PID 回路控制；并能与上位机构成复杂的控制系统，如 DDC 和 DCS 等，实现生产过程的综合自动化。

（2）使用方便，编程简单，采用简明的梯形图、逻辑图或语句表等编程语言，而无须计算机知识，因此系统开发周期短，现场调试容易。PLC 的运用能够做到在线修改程序，改变控制的方案而无须拆开机器设备。它能在不同环境下运行，可靠性十分强悍。

（3）安装简单，容易维修。PLC 可以在各种工业环境下直接运行，只需将现场的各种设备与 PLC 相应的 I/O 端相连接，写入程序即可运行。各种模块上均有运行和故障指示装置，便于用户了解运行情况和查找故障。PLC 还有强大的自检功能，这为它的维修提供了方便。

（4）抗干扰能力和可靠性能力都强，远高于其他各种机型。隔离和滤波，是抗干扰的两大主要措施。对 PLC 的内部电源还采取了屏蔽、稳压、保护等措施，以减少外界干扰，保证供电质量。另外使输入/输出接口电路的电源彼此独立，以免电源之间的干扰。正确地选择接地地点和完善的接地系统是 PLC 控制系统抗电磁干扰的重要措施之一。为适应工作现场的恶劣环境，还采用密封、防尘、抗振的外壳封装结构。通过以上措施，保证了 PLC 能在恶劣环境中可靠工作，使平均故障间隔时间长，故障修复时间短。

（5）环境要求低。PLC 的技术条件能在一般高温、振动、冲击和粉尘等恶劣环境下工作，能在强电磁干扰环境下可靠工作。这是 PLC 产品的市场生存价值。

（6）易学易用。PLC 的接口容易，编程语言易于为工程技术人员所接受。PLC 编程大多采用类似继电器控制电路的梯形图形式，对使用者来说，不需要具备计算机的专门知识，因此，很容易被一般工程技术人员所理解和掌握。

3. PLC 功能

（1）开关量控制。这是 PLC 最基本最广泛的应用领域，用来取代继电器控制系统，实现逻辑控制和顺序控制。它既可用于单机控制或多机控制，又可用于自动化生产线的控制。PLC 可根据操作按钮、限位开关及其他现场给出的指令信号或检查信号，控制机械运动部件进行相应的动作。

（2）限时控制。PLC 为用户提供了一定数量的定时器，并设置了计时指令，一般可实现 0.1~999.9s 及 0.01~99.99s 的定时控制，也可按一定方式进行定时时间的扩展。PLC 的限时控制精度高、定时时间设定方便、灵活。同时，PLC 还提供了高精度的时钟脉冲，用于准确的实时控制。

（3）计数控制。PLC 为用户提供的计数器分为普通计数器、可逆计算器、高速计数器等，以完成不同用途的计数控制。当计数器的当前计数值变为 0（或设定值）或在某一数值范围时，发出控制命令。计数器的计数值可以在运行中被读出，也可以在运行中进行修改。

（4）步进控制。PLC 能通过移位寄存器方便地完成步进控制功能。有些 PLC 专门设有步进控制指令,使得编程更为方便。此功能在进行顺序控制时非常有效。

(5) 数据处理。大部分 PLC 都具有不同程度的数据处理能力,数据运算如加、减、乘、除、乘方、开方等;逻辑运算如与、或、异或等;以及数据的移位、比较、传递和数值的转换等操作。

(6) 模拟量处理。目前,很多 PLC 甚至小型机都具有模拟量处理功能,而且编程和使用都很方便。用 PLC 进行模拟量控制的优点是,在进行模拟量控制的同时,开关量也可以控制。这个优点是别的控制器所不具备的,或实现起来不如 PLC 方便。

(7) 通讯及联网。PLC 联网、通讯能力很强,不断有新的联网的结构推出。PLC 可与个人计算机相连接进行通讯,可用计算机参与编程及对 PLC 进行控制的管理,使 PLC 用起来更方便。为了充分发挥计算机的作用,可实行一台计算机控制与管理多台 PLC,多的可达 32 台。也可一台 PLC 与两台或更多的计算机通讯,交换信息,以实现多地对 PLC 控制系统的监控。

PLC 与 PLC 也可通讯。可一对一 PLC 通讯,也可几个 PLC 通讯,甚至可多到几十、几百。PLC 与智能仪表、智能执行装置(如变频器),也可联网通讯,交换数据,相互操作。可联接成远程控制系统,系统范围面可大到 10km 或更大。可组成局部网,不仅 PLC,而且高档计算机、各种智能装置也都可进网。可用总线网,也可用环形网。网还可套网。网与网还可桥接。联网可把成千上万的 PLC、计算机、智能装置组织在一个网中。网间的结点可直接或间接通讯、交换信息。联网、通讯,正适应了当今计算机集成制造系统(CIMS)及智能化工厂发展的需要。它可使工业控制从点(Point)、到线(Line)再到面(Aero),使设备级的控制、生产线的控制、工厂管理层的控制连成一个整体,进而可创造更高的效益。这个无限美好的前景,已越来越清楚地展现在我们这一代人的面前。

4. PLC 的基本组成

PLC 系统通常由基本单元、扩展单元、扩展模块及特殊功能模块组成,如图 2-1-2 所示。基本单元(即主单元)是 PLC 控制的核心;扩展单元是扩展 I/O 点数的装置,内部有电源;扩展模块用于增加 I/O 点数和改变 I/O 点数比例,内部无电源,由基本单元或扩展单元供电,扩展单元和扩展模块均无 CPU,必须与基本单元一起使用;特殊功能模块是一些具有特殊用途的装置。

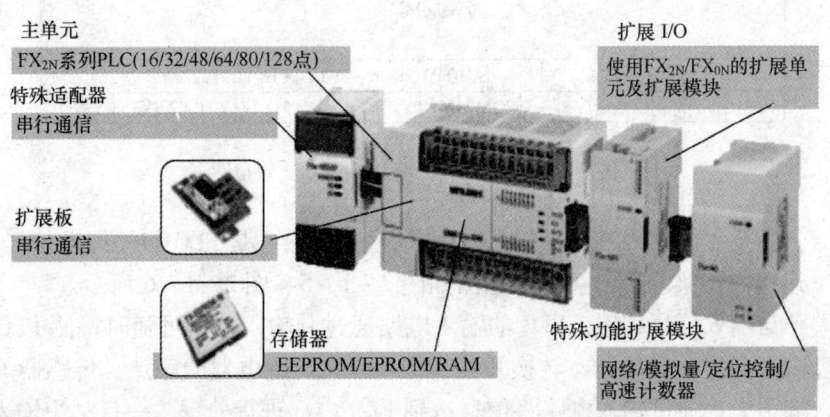

图 2-1-2 PLC 系统组成示意图(三菱 FX_{2N} 系列 PLC)

（1）PLC 外部结构。本教材主要学习三菱 FX 系列 PLC 的应用。FX 系列 PLC 包括了 FX_{1S}、FX_{1N}、FX_{2N}、FX_{3U} 4 种基本类型，这 4 种类型在外观、结构、性能上大同小异，所以，选用目前应用最广的 FX_{2N} 系列 PLC 作为实训用机进行学习。

FX 系列 PLC 的外部特征基本相似，通常都由外部端子部分、指示部分及接线口部分组成。FX_{2N} 系列 PLC 的外观及其特征如图 2-1-3 所示。

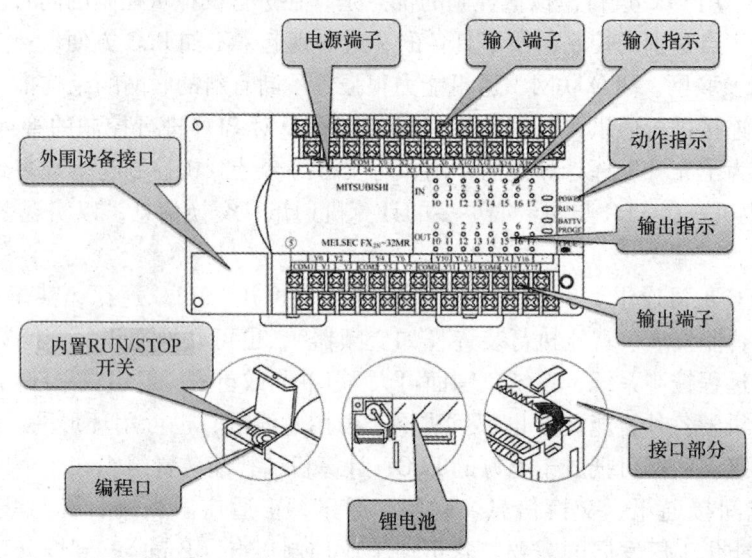

图 2-1-3　FX_{2N} 系列 PLC 的外观及其特征示意图

1）外部端子部分。外部端子包括 PLC 电源端子（L、N、⏚）、供外部传感器用的 DC24V 电源端子（24+、COM）、输入端子（X）和输出端子（Y）等，如图 2-1-4 所示。

⏚	·	COM	X0	X2	X4	X6	X10	X12	X14	X16	X20	X22	X24	X26	·
L	N	·	24+	X1	X3	X5	X7	X11	X13	X15	X17	X21	X23	X25	X27
\multicolumn{16}{c}{FX_{2N}-48MR}
·	Y0	Y2	·	Y4	Y6	·	Y10	Y12	·	Y14	Y16	Y20	Y22	Y24	Y26	COM5
COM1	Y1	Y3	COM2	Y5	Y7	COM3	Y11	Y13	COM4	Y15	Y17	Y21	Y23	Y25	Y27

图 2-1-4　FX_{2N}-48MR 的端子分布图

外部端子主要完成输入/输出（即 I/O）信号的连接，是 PLC 与外部设备（输入设备、输出设备）连接的桥梁。端子接线示意图如图 2-1-5、图 2-1-6 所示。

输入端子与输入信号相连，PLC 的输入电路通过其输入端子可随时检测 PLC 的输入信息，即通过输入元件（如按钮、转换开关、行程开关、继电器的触点、传感器等）连接到对应的输入端子上，通过输入电路将信息送到 PLC 内部进行处理，一旦某个输入元件的状态发生变化，则对应输入点（软元件）的状态也随之变化。

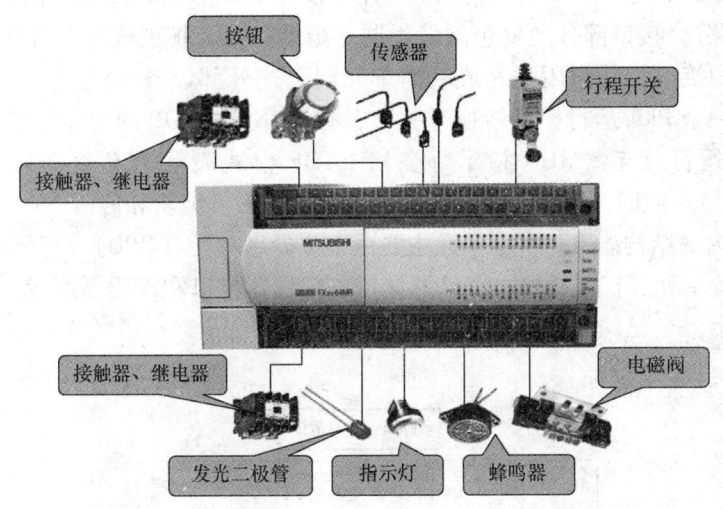

图 2-1-5 FX_{2N}-48MR 的端子接线示意图（1）

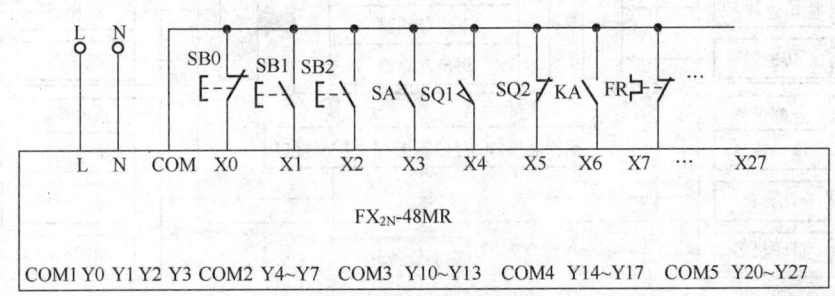

(a)输入信号连接示意图

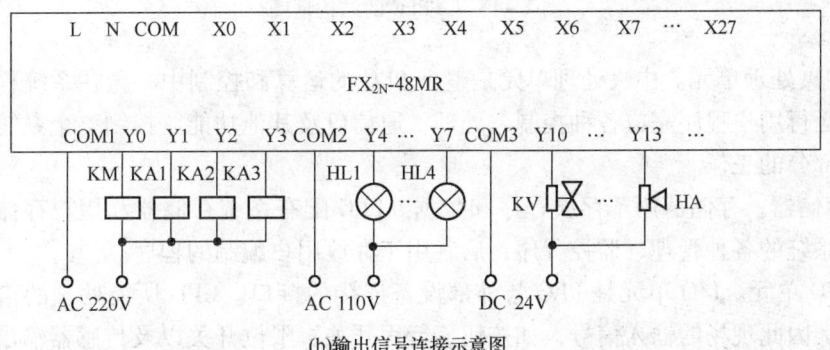

(b)输出信号连接示意图

图 2-1-6 FX_{2N}-48MR 的端子接线示意图（2）

输出电路就是 PLC 的负载驱动回路，通过输出点，将负载和负载电源连接成一个回路，这样，负载就由 PLC 的输出点来进行控制。负载电源的规格应根据负载的需要和输出点的技术规格来选择。

2）指示部分。指示部分包括 I/O 点的状态指示、PLC 电源（POWER）指示、PLC 运行（RUN）指示、用户程序存储器后备电池（BATT）状态指示及程序语法出错

57

(PROG. E)、CPU 出错（CPU. E）指示等，用于反映 I/O 点及 PLC 机器的状态。

3）接口部分。接口部分主要包括编程器、扩展单元、扩展模块、特殊模块及存储卡盒等外部设备的接口，其作用是完成基本单元同上述外部设备的连接。在编程器接口旁边，还设置了一个 PLC 运行模式转换开关，它有 RUN 和 STOP 两个运行模式，RUN 模式表示 PLC 处于运行状态（RUN 指示灯亮），STOP 模式表示 PLC 处于停止及编程状态（RUN 指示灯灭）。此时，PLC 可以进行用户程序的写入、编辑和修改。

（2）PLC 内部结构。PLC 基本单元主要由中央处理单元（CPU）、存储器、输入单元、输出单元、电源单元、扩展接口、存储器接口、编程器接口和编程器组成，其结构框图如图 2-1-7 所示。

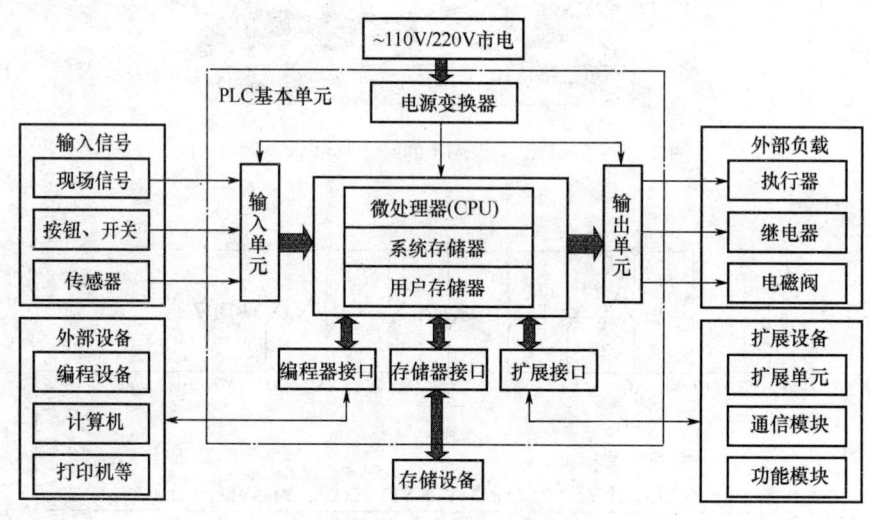

图 2-1-7　PLC 的结构框图

1）中央处理单元。中央处理单元是整个 PLC 的运算和控制中心，在系统程序的控制下，通过运行用户程序完成各种控制、处理、通信以及其他功能，控制整个系统并协调系统内部各部分的工作。

2）存储器。存储器用于存放程序和数据。PLC 配有系统存储器和用户存储器，前者用于存放系统的各种管理、监控程序，后者用于存放用户编制的程序。

3）I/O 单元。I/O 单元是 PLC 与外部设备连接的接口。CPU 所能处理的信号只能是标准电平，因此现场的输入信号，如按钮、行程开关、限位开关以及传感器输出的开关信号，需要通过输入单元的转换和处理才可以传送给 CPU。CPU 的输出信号，也只有通过输出单元的转换和处理，才能够驱动电磁阀、接触器、继电器等执行机构。

①输入电路。PLC 的输入电路基本相同，通常分为 3 种类型：直流输入方式、交流输入方式和交直流输入方式。外部输入元件可以是无源触点或有源传感器。输入电路包括光电隔离和 RC 滤波器，用于消除输入触点抖动和外部噪声干扰。如图 2-1-8 所示，为直流输入方式的电路图，其中 LED 为相应输入端在面板上的指示灯，用于表示外部输入信号的 ON/OFF 状态（LED 亮表示 ON）。

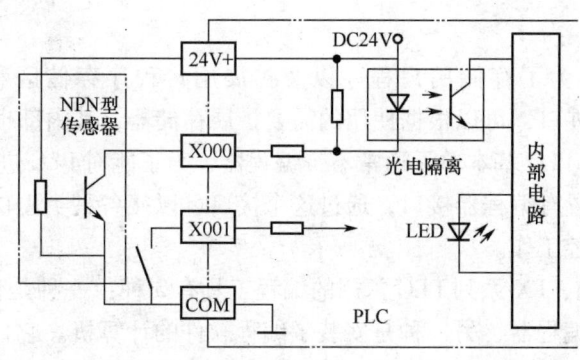

图 2-1-8 直流输入方式的电路图

从图 2-1-8 可知，输入信号接于输入端子（如 X0、X1）和输入公共端 COM 之间，当有输入信号（即传感器接通或开关闭合）时，则输入信号通过光电耦合电路耦合到 PLC 内部电路，并使发光二极管（LED）亮，指示有输入信号。因此，输入电路由输入公共端 COM、输入信号、输入端子与等效输入线圈等组成。当输入信号 ON 时，等效输入线圈得电，对应的输入触点动作，但此等效输入线圈在梯形图中不能出现。

②输出电路。PLC 的输出电路有 3 种形式：继电器输出、晶体管输出和晶闸管输出，如图 2-1-9 所示。图 2-1-9（a）所示为继电器输出型，CPU 控制继电器线圈的通电和失电，其触点相应闭合和断开，再利用触点去控制外部负载电路的通断。显然，继电器输出型 PLC 是利用继电器线圈和触点之间的电气隔离将内部电路与外部电路进行隔离的。图 2-1-9（b）所示为晶体管输出型，通过使晶体管截止和饱和导通来控制外部负载电路。晶体管输出型是在 PLC 的内部电路与输出晶体管之间用光电耦合器进行隔离的。图 2-1-9（c）所示为晶闸管输出型，通过使晶闸管导通和关断来控制外部电路。晶闸管输出型是在 PLC 的内部电路与输出元件（三端双向晶闸管开关元件）之间用光电晶闸管进行隔离的。

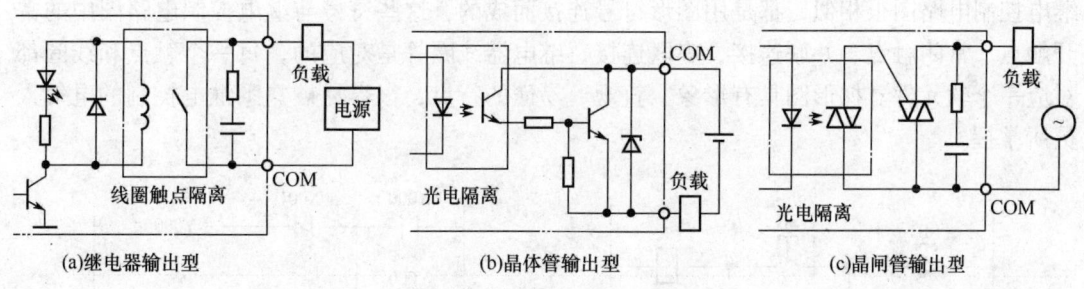

(a)继电器输出型　　　　(b)晶体管输出型　　　　(c)晶闸管输出型

图 2-1-9　PLC 的输出电路图

4）电源单元。PLC 的供电电源一般是市电，有的也用 DC 24V 电源供电。PLC 对电源稳定性要求不高，一般允许电源电压在 -15%～+10% 波动。PLC 内部含有一个稳压电源，用于对 CPU 和 I/O 单元供电。有些 PLC 还有 DC 24 V 输出，用于对外部传感器供电，但输出电流往往只是毫安级。

5）扩展接口。扩展接口实际上为总线形式，可以连接输入/输出扩展单元或模块（使 PLC 的点数规模配置更为灵活），也可连接模拟量处理模块、位置控制模块以及通信模块等。

6）存储器接口。为了存储用户程序以及扩展用户程序存储区和数据参数存储区，PLC 还设有存储器扩展口，可以根据使用的需要扩展存储器，其内部也是接到总线上的。

7）编程器接口。PLC 基本单元通常不带编程器，为了能对 PLC 进行现场编程及监控，PLC 基本单元专门设置有编程器接口，通过这个接口可以接各种类型的编程装置，还可以利用此接口做一些监控工作。

8）编程器。目前，FX 系列 PLC 常用的编程工具有 3 种：一种是便携式（即手持式）编程器，一种是图形编程器，另一种是安装了编程软件的计算机。它们的作用都是通过编程语言，把用户程序送到 PLC 的用户程序存储器中去，即写入程序。除此之外，还能对程序进行读出、插入、删除、修改、检查，也能对 PLC 的运行状况进行监控。

(3) PLC 的软件。PLC 是一种工业计算机，不光要有硬件，软件也必不可少。PLC 的软件包括监控程序和用户程序两大部分。监控程序是由 PLC 厂家编制的，用于控制 PLC 本身的运行。监控程序包含系统管理程序、用户指令解释程序、标准程序模块和系统调用 3 大部分，其功能的强弱直接决定一台 PLC 的性能。用户程序是 PLC 的使用者通过 PLC 的编程语言来编制的，用于实现对具体生产过程的控制。因此，编程语言是我们学习 PLC 程序设计的前提。

目前，FX 系列 PLC 普遍采用的编程语言——梯形图（Ladder Diagram，LD）、指令表（Instruction List，IL）以及 IEC 规定的用于顺序控制的标准化语言——SFC。

1）梯形图。梯形图（LD）是一种以图形符号及其在图中的相互关系来表示控制关系的编程语言，是从继电控制电路图演变过来的，是使用最多的 PLC 图形编程语言。梯形图由触点、线圈或功能指令等组成，触点代表逻辑输入条件，如外部的开关、逻辑输出结果，用来控制外部的负载（如指示灯、按钮和内部条件等；线圈和功能指令通常代表逻辑交流接触器、电磁阀等）或内部的中间结果。

图 2-1-10 所示为继电控制电路图与相应梯形图的比较示例。可以看出，梯形图与继电控制电路图很相似，都是用图形符号连接而成的，这些符号与继电控制电路图中的常开触点、常闭触点、并联连接、串联连接、继电器线圈等是对应的，每一个触点和线圈都对应一个软元件。梯形图具有形象、直观、易懂的特点，很容易被熟悉继电控制的电气人员所掌握。

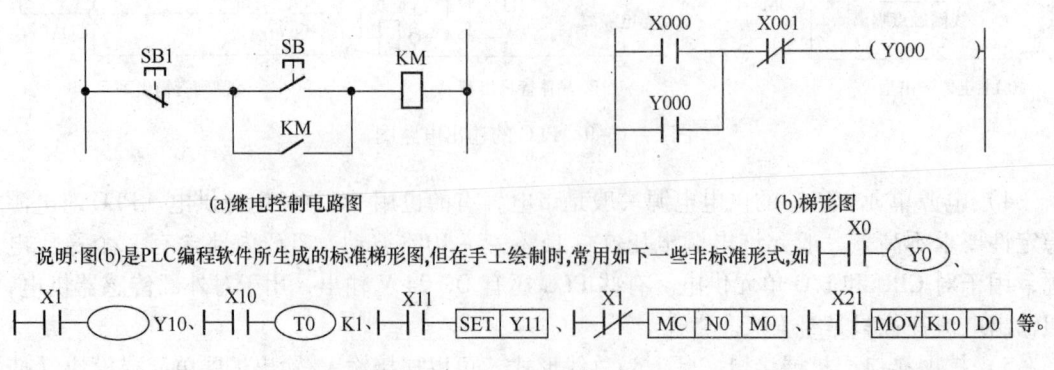

图 2-1-10 继电控制电路图与梯形图的比较示例

2）指令表。指令表（IL）是由许多指令构成的，PLC的指令是一种与微型计算机的汇编语言中的指令相似的助记符表达式，它由操作码和操作数两部分组成。操作码用助记符表示，它表明CPU要执行某种操作，是不可缺少的部分；操作数包括执行某种操作所需的信息，一般由常数和软元件组成，大多数指令只有1个操作数，但有的没有操作数，而有的有2个或更多。如LD M8002这条指令，其中LD为助记符（即操作码），M8002为软元件（即操作数），其中M为元件符号，8002为元件M的编号；又如MOV K0 D0这条指令，其中MOV为助记符，K0为常数（第1操作数），D0为软元件（第2操作数），D0中的D为元件符号，0为元件D的编号。

指令表程序较难阅读，其中的逻辑关系也很难一眼看出，所以在设计时一般使用梯形图语言。但如果使用手持式编程器输入程序，则必须将梯形图转换成指令表后再写入PLC。在用户程序存储器中，指令按步序号顺序排列。

3）顺序功能图。顺序功能图（SFC）是用来描述开关量控制系统的功能，是一种位于其他编程语言之上的图形语言，用于编制顺序控制程序。顺序功能图提供了一种组织程序的图形方法，根据它可以很容易地画出顺控梯形图。

4）梯形图的特点。通过对图2-1-10的分析，我们可以总结出梯形图具有如下特点：

①梯形图两侧的竖线被称为母线（有的时候只画左母线），两母线之间是内部继电器常开、常闭触点以及继电器线圈或功能指令组成的一条条平行的逻辑行（或称梯级），每个逻辑行必须以触点与左母线连接开始，以线圈或功能指令与右母线连接结束。

②继电控制电路图中的左、右母线为电源线，中间各支路都加有电压，当支路接通时，有电流流过支路上的触点与线圈。而梯形图的左、右母线并未加电压，梯形图中的支路接通时，并没有真正的电流流过，只是为分析方便的一种假想"电流"。

③梯形图中使用的各种器件（即软元件），是按照继电控制电路图中相应的名称称呼的，并不是真实的物理器件（即硬件继电器）。梯形图中的每个触点和线圈均与PLC存储区中元件映象寄存器的一个存储单元相对应。若该存储单元为"1"，则表示常开触点闭合（即常闭触点断开）和线圈通电；若为"0"，则相反。

④梯形图中输入继电器的状态唯一地取决于对应输入信号的通断状态，与程序的执行无关。因此，在梯形图中输入继电器不能被程序驱动，即不能出现输入继电器的线圈。

⑤梯形图中辅助继电器相当于继电控制电路图中的中间继电器，是用来保存运算的中间结果的，不能驱动外部负载，外部负载只能由输出继电器来驱动。

⑥梯形图中各软元件的触点既有常开，又有常闭，其常开、常闭触点的数量是无限的（也不会损坏），梯形图程序设计时需要多少就使用多少，但输入、输出继电器的硬触点是有限的，需要合理分配使用。

⑦根据梯形图中各触点的状态和逻辑关系，求出图中各线圈对应的软元件的ON/OFF状态，称为梯形图的逻辑运算。梯形图的逻辑运算是按照从上到下、从左至右的顺序进行的，运算的结果可以马上被后面的逻辑运算所利用。逻辑运算是根据元件映象寄存器中的状态，而不是根据运算瞬间外部输入信号的状态来进行的。

5. PLC的软元件

PLC内部有许多具有不同功能的元件，实际上这些元件是由电子电路和存储器组成的。例如,输入继电器(X)是由输入电路和输入映象寄存器组成;输出继电器(Y)是由输出电路和输出映象寄存器组成;定时器(T)、计数器(C)、辅助继电器(M)、状态继电器(S)、数据寄存器(D)、变址寄存器(V/Z)等都是由存储器组成的。为了把它们与通常的硬元件区分开,通常把这些元件称为软元件,是等效概念抽象模拟的元件,并非实际的物理元件。从工作过程看,只注重元件的功能,按元件的功能给名称,例如,输入继电器、输出继电器等,而且每个元件都有确定的编号,这对编程十分重要。

需要特别指出的是,不同厂家、甚至同一厂家的不同型号的PLC,其软元件的数量和种类都不一样。我们主要学习的是FX_{2N}系列PLC。

(1)输入继电器。输入继电器与PLC的输入端子相连,是PLC接收外部开关信号的窗口,PLC通过输入端子将外部信号的状态读入并存储在输入映象寄存器中。与输入端子连接的输入继电器是光电隔离的电子继电器,其线圈、常开接点、常闭接点与传统硬继电器表示方法一样。这些接点在PLC梯形图内可以自由使用。FX_{2N}系列PLC的输入继电器采用八进制编号,如X000~X007,X010~X017(注意,通过PLC编程软件或编程器输入时,会自动生成3位八进制的编号,因此在标准梯形图中是3位编号,但在非标准梯形图中,习惯写成X0~X7,X10~X17等,输出继电器Y的写法与此相似),最多可达184点。

图2-1-11是一个PLC控制系统的示意图,X0端子外接的输入电路接通时,它对应的输入映象寄存器为1状态,断开时为0状态。输入继电器的状态唯一地取决于外部输入信号的状态,不可能受用户程序的控制,因此在梯形图中绝对不能出现输入继电器的线圈。

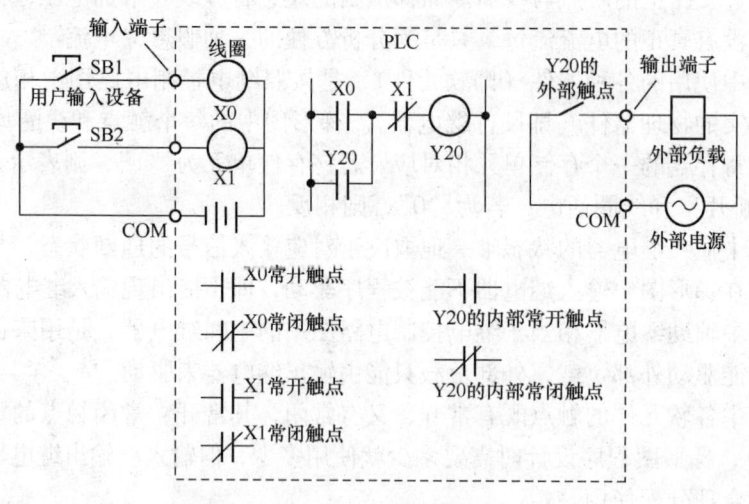

图2-1-11 PLC控制系统的示意图

(2)输出继电器。输出继电器与PLC的输出端子相连,是PLC向外部负载发送信号的窗口。输出继电器用来将PLC的输出信号传送给输出单元,再由后者驱动外部负载。如图2-1-11所示的梯形图中Y20的线圈"通电",继电器型输出单元中对应的硬件继电器的常开触点闭合,使外部负载工作。输出单元中的每一个硬件继电器仅有1对硬的常开触点，但是在梯形图中，每一个输出继电器的常开触点和常闭触点都可以多次使用。FX系列PLC的输出继电器采用八进制编号，如Y0~Y7，Y10~Y17…，Y20~Y27最多可达184点，但输入、输出继电器的总和不得超过256点。扩展单元和扩展模块的输入、输出继电器的元件号是从基本单元开始，按从左到右、从上到下的顺序，采用八进制编号。表2-1-1给出了FX_{2N}系列PLC输入、输出继电器的元件号。

表2-1-1　　　　　　　FX_{2N}系列PLC输入、输出继电器的元件号

型号	FX_{2N}-16M	$FX2_N$-32M	FX_{2N}-48M	FX_{2N}-64M	FX_{2N}-80M	FX_{2N}-128M	扩展时
输入	X0~X7 8点	X0~X17 16点	X0~X27 24点	X0~X37 32点	X0~X47 40点	X0~X77 64点	X0~X267 184点
输出	Y0~Y7 8点	Y0~Y17 16点	Y0~Y27 24点	Y0~Y37 32点	Y0~Y47 40点	Y0~Y77 64点	Y0~Y267 184点

（二）PLC的基本逻辑指令（1）

基本逻辑指令是PLC中最基础的编程语言，掌握了基本逻辑指令也就初步掌握了PLC的编程语言。PLC生产厂家众多，其指令的表达形式大同小异，梯形图的表现形式也基本相同。本学习任务以三菱系列PLC的基本逻辑指令为例，说明指令的含义和梯形图绘制的基本方法。

1. 逻辑取及驱动线圈指令 LD/LDI/OUT

逻辑取及驱动线圈指令如表2-1-2所示。

表2-1-2　　　　　　　　　逻辑取及驱动线圈指令表

符号、名称	功能	电路表示	操作元件	程序步
LD 取	常开触点逻辑运算起始	─┤├─┤├─(Y001)─	X、Y、M、T、C、S	1
LDI 取反	常闭触点逻辑运算起始	─┤/├─┤├─(Y001)─	X、Y、M、T、C、S	1
OUT 输出	线圈驱动	─┤├─┤├─(Y001)─	Y、M、T、C、S	Y、M：1，S，特M：2，T：3，C：3~5

（1）用法示例　见表2-1-2。

（2）使用注意事项

1) LD是常开触点连到母线上，操作元件可以是X、Y、M、T、C和S。

2) LDI是常闭触点连到母线上，操作元件可以是X、Y、M、T、C和S。

3) OUT是驱动线圈的输出指令，操作元件可以是Y、M、T、C和S。

4) LD与LDI指令对应的触点一般与左侧母线相连，若与后述的ANB、ORB指令组合，则可用于串、并联电路块的起始触点。

5) 驱动线圈指令可并行多次输出（即并行输出），如图2-1-12所示梯形图中的OUT M100，OUT T0 K19。

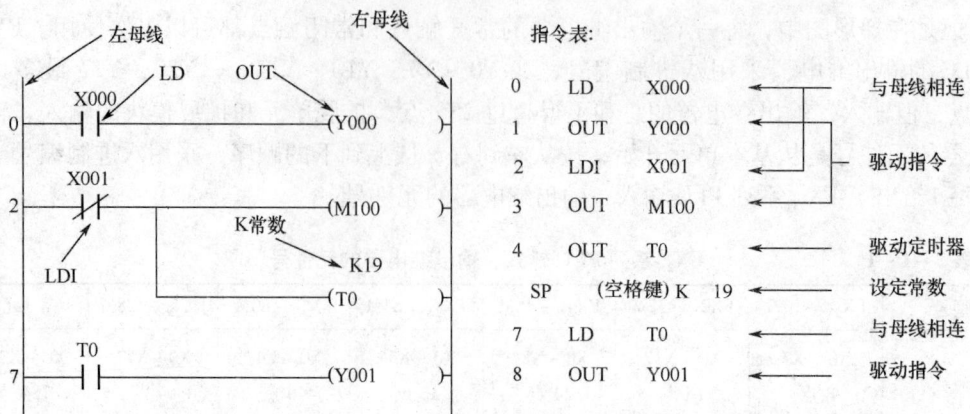

图2-1-12 逻辑取及驱动线圈指令用法图

6）输入继电器 X 不能使用 OUT 指令。

7）对于定时器的定时线圈或计数器的计数线圈，必须在 OUT 后设定常数。

2．触点串、并联指令 AND/ANI/OR/ORI

触点串、并联指令如表 2-1-3 所示。

表2-1-3 触点串、并联指令表

符号、名称	功能	电路表示	操作元件	程序步
AND 与	常开触点串联连接	―∣ ∣―(Y005)	X、Y、M、S、T、C	1
ANI 与非	常闭触点串联连接	―∣/∣―(Y005)	X、Y、M、S、T、C	1
OR 或	常开触点并联连接	―∣ ∣―(Y005)	X、Y、M、S、T、C	1
ORI 或非	常闭触点并联连接	―∣ ∣―(Y005)	X、Y、M、S、T、C	1

（1）用法示例 见表 2-1-3。

（2）使用注意事项

1）AND 是常开触点串联连接指令，ANI 是常闭触点串联连接指令，OR 是常开触点并联连接指令，ORI 是常闭触点并联连接指令。这4条指令后面必须有被操作的元件名称及元件号，操作元件可以是 X、Y、M、T、C 和 S。

2）单个触点与左边的电路串联，使用 AND 和 ANI 指令时，串联触点的个数没有限制。但是因为图形编程器和打印机的功能有限制，所以建议尽量做到一行不超过 10 个触点和 1 个线圈。

3）OR 和 ORI 指令是从该指令的当前步开始，对前面的 LD、LDI 指令并联连接的指令，并联连接的次数无限制。但是因为图形编程器和打印机的功能有限制，所以并联连接

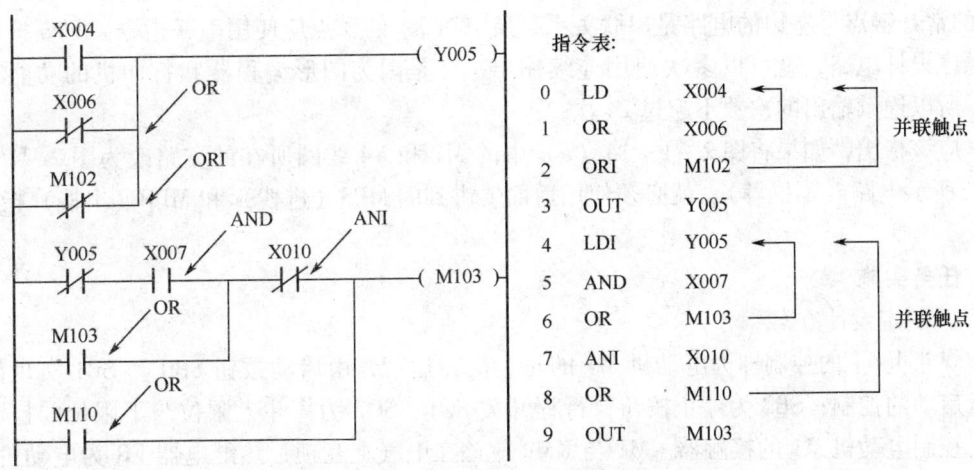

图 2-1-13 触点串、并联指令用法图

的次数不超过 24 次。

4) OR 和 ORI 用于单个触点与前面电路的并联，并联触点的左端接到该指令所在电路块的起始点（LD 点）上，右端与前一条指令对应的触点的右端相连，即单个触点并联到它前面已经连接好的电路的两端（两个以上触点串联连接的电路块再并联连接时，要用后续的 ORB 指令）。以图 2-1-13 中 M110 的常开触点为例，它前面的 4 条指令已经将 4 个触点串、并联为一个整体，因此 OR M110 指令对应的常开触点并联到该电路的两端。

3. 连续输出

如图 2-1-14（a）所示，OUT M1 指令之后通过 X1 的触点去驱动 Y4，称为连续输出。

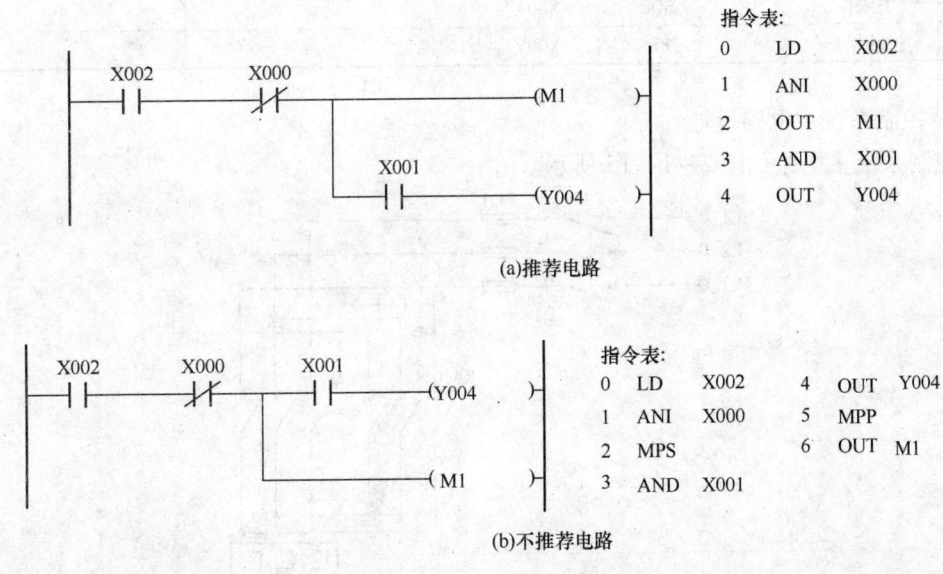

图 2-1-14 连续输出电路

串联和并联指令是用来描述单个触点与别的触点或触点（而不是线圈）组成的电路的连接关系。虽然 X1 的触点和 Y4 的线圈组成的串联电路与 M1 的线圈是并联关系，但是

X1 的常开触点与左边的电路是串联关系,所以对 X1 的触点应使用串联指令。只要按正确的顺序设计电路,就可以多次使用连续输出,但是因为图形编程器和打印机的功能有限制,所以连续输出的次数不超过 24 次。

应该指出,如果将图 2-1-14(a) 中的 M1 和 Y4 线圈所在的支路改为图 2-1-14(b) 所示电路(不推荐),就必须使用后面要讲到的 MPS(进栈) 和 MPP(出栈) 指令。

五、任务实施

1. 制定设计方案

煤斗上/下的控制即为电动机 M1 的正、反转运行,由启动按钮 SB0 与 SB1 实现任意位置启动的控制;SB2 为停止按钮;行程开关 SQ1、SQ2 为煤斗上限位与下限位的控制开关。控制电动机 M1 的接触器 KM1 与 KM2 应该在电气上互锁;热继电器 FR 为电动机 M1 的过载保护器件;FU 为电动机 M1 的短路保护器件。

2. PLC 的 I/O 分配表

I/O 分配表如表 2-1-4 所示。

表 2-1-4 　　　　　　　　　　PLC 的 I/O 分配表

输入			输出		
名称	符号	地址	名称	符号	地址
M1 正转启动	SB0	X000	M1 正转运行	KM1	Y000
M1 反转启动	SB1	X001	M1 反转运行	KM2	Y001
停止	SB2	X002			
上限位	SQ1	X003			
下限位	SQ2	X004			
过载保护	FR	X005			

3. 控制系统主电路设计

控制系统主电路如图 2-1-15 所示。

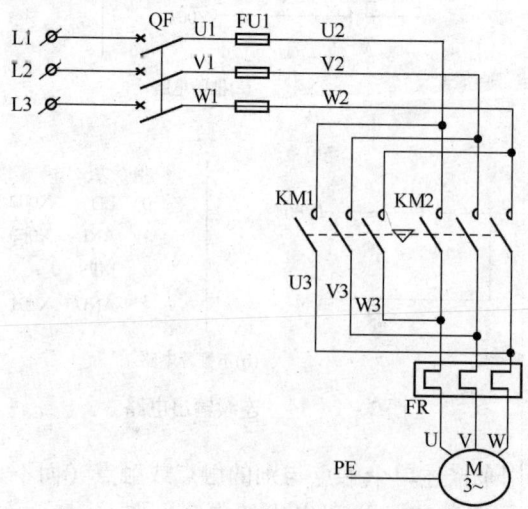

图 2-1-15 锅炉上煤机电气控制系统主电路

4. PLC 的外部接线图

方案一：热继电器 FR 接于 PLC 的输入端，如图 2-1-16 所示。

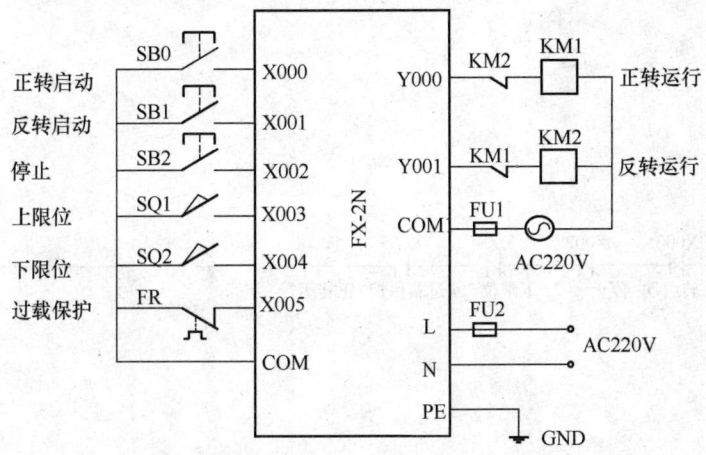

图 2-1-16 锅炉上煤机电气控制系统 PLC 外部接线图（1）

方案二：热继电器 FR 接于 PLC 的输出端，如图 2-1-17 所示。

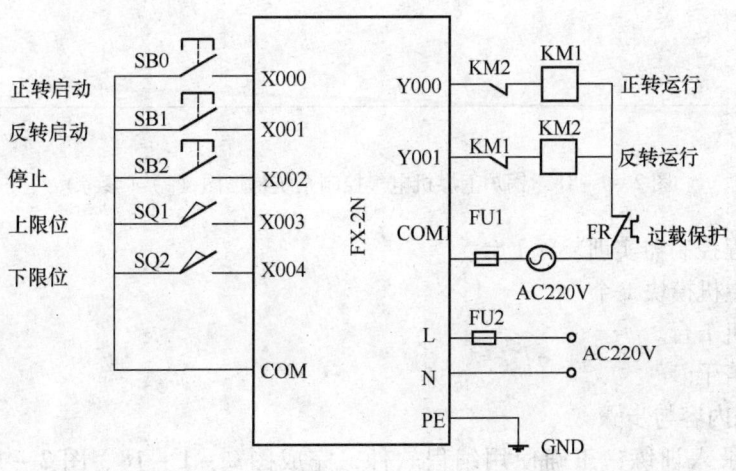

图 2-1-17 锅炉上煤机电气控制系统 PLC 外部接线图（2）

5. PLC 程序设计

利用"启-保-停"基本电路实现控制要求。

方案一的梯形图：如图 2-1-18 所示。

方案二的梯形图：如图 2-1-19 所示。

6. 锅炉上煤机电气控制系统的模拟调试

（1）训练器材。

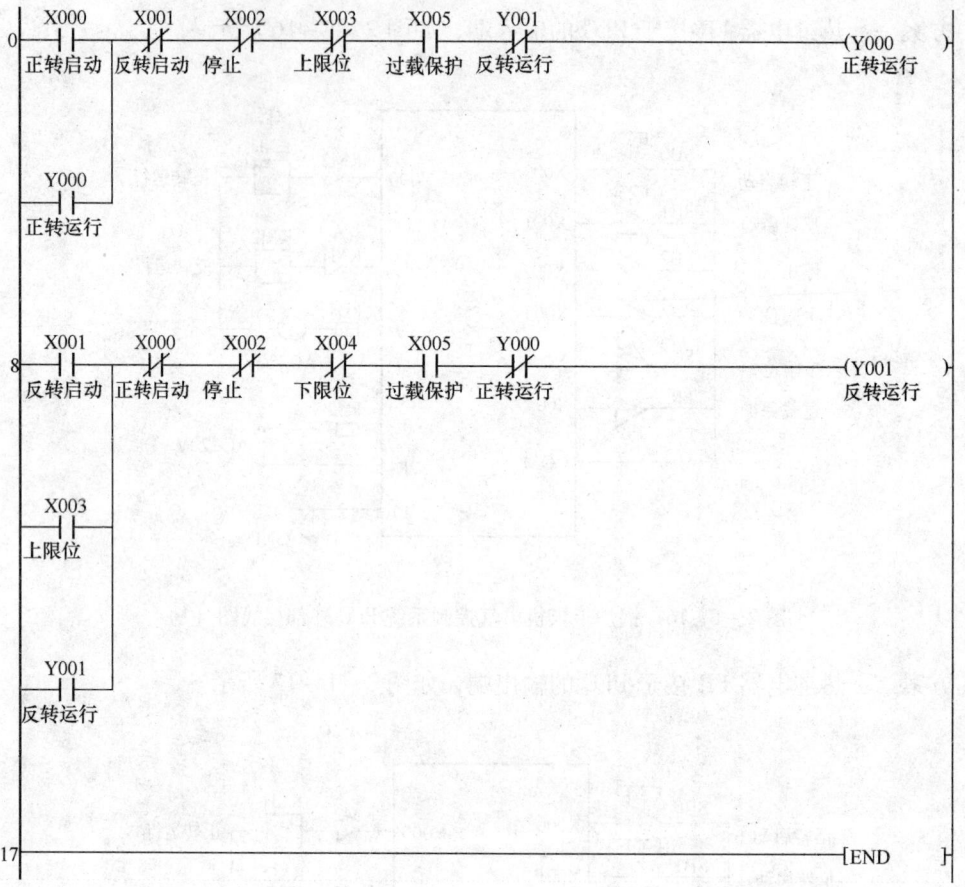

图 2-1-18 锅炉上煤机电气控制系统梯形图（1）（参考）

1）可编程控制器实训装置 1 台。
2）PLC 主机模块 1 个。
3）计算机 1 台。
4）导线若干。
（2）训练内容与步骤。

1）程序录入训练：正确使用编程软件，完成图 2-1-18、图 2-1-19 的程序录入。

2）硬件接线训练：按照 PLC 外部接线图，完成 PLC 的 I、O 口与电源的接线。

3）模拟调试训练：将 PLC 置于 RUN 运行模式，分别将输入信号 X000、X001、X002、X003、X004、X005 按照给定的控制要求置于 ON 或 OFF，观察 PLC 的输出结果，并做好记录。

4）整理实训操作结果，分析 Y000、Y001 在什么情况下得电，在什么情况下失电。并分析其原因。

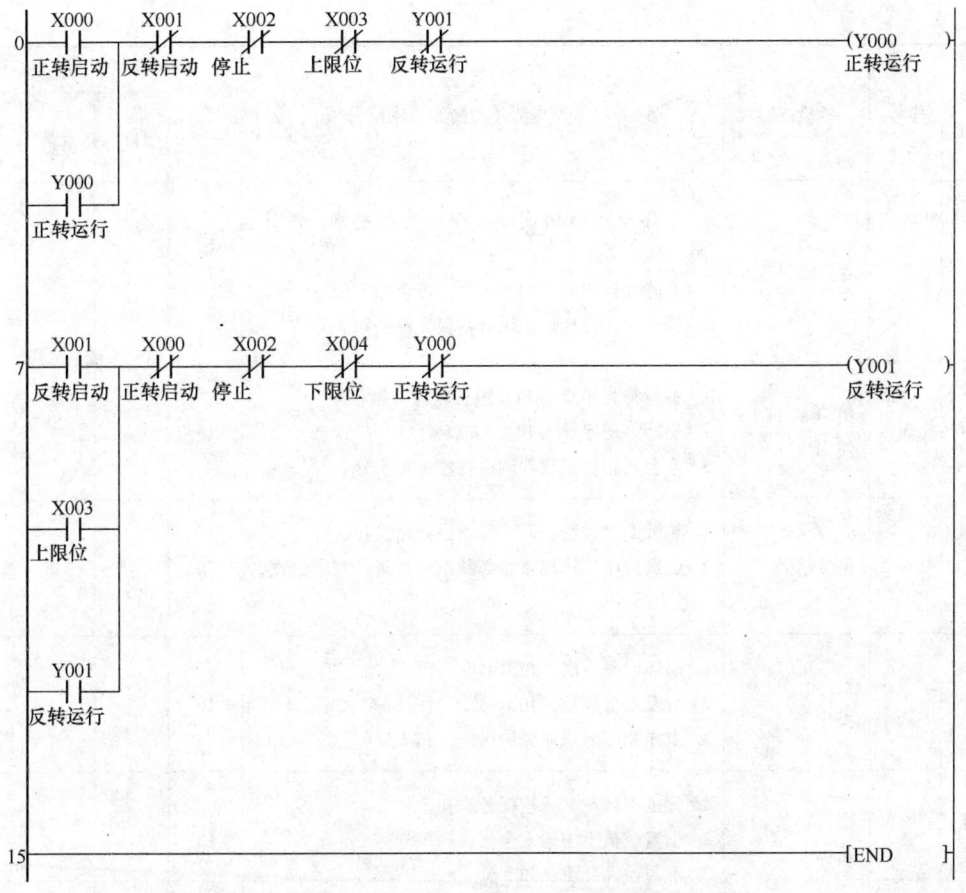

图 2-1-19 锅炉上煤机电气控制系统梯形图（2）（参考）

六、任务评价

本项任务的评价标准如表 2-1-5 所示。任务评价由学生自评、小组互评与教师评价相结合，其中学生自评占总成绩的 20%、小组互评占总成绩的 30%、教师评价占总成绩的 50%。

表 2-1-5　　　　PLC 控制系统的设计、安装与调试的评价标准

考核项目	序号	考核内容	评分要点及得分（最高为该项配分值）	配分	得分		
					自评	互评	教师评价
职业能力	1	编程软件的基本应用	1. 文件不能保存或保存路径不对，扣 2.5 分 2. 不能对程序文件进行文件名的修改，扣 2.5 分 3. 不能修改 PLC 的型号参数，扣 5 分 4. 不会使用剪切、复制、粘贴等基本命令，每处扣 2 分	20			

续表

考核项目	序号	考核内容	评分要点及得分（最高为该项配分值）	配分	得分 自评	得分 互评	得分 教师评价
职业能力	2	程序的录入	1. 程序录入有错误，不符合语法规则，每处扣3分 2. 不能找到相应的编程指令，每个扣5分 3. 编程中元件地址使用有错误，每处扣2分	10			
职业能力	3	仿真软件的使用	1. 不能将程序导出PLC编程软件，扣5分 2. 不能将程序导入PLC，扣5分 3. 不会利用仿真软件调试程序，扣5分	15			
职业能力	4	调试结果	1. 熟练调试过程，调试步骤一处错误扣3分 2. 观察程序工作现象并判断正确与否。判断错误，每次扣5分	20			
职业素质	1	安全文明操作	1. 损坏设备一次，扣10分 2. 引发安全事故，扣10分 3. 未作相应的职业保护措施，扣2分	10			
职业素质	2	团队协作精神	1. 分工不合理，承担任务少扣5分 2. 小组成员不与他人合作，扣3分 3. 不与他人交流，扣2分	15			
职业素质	3	劳动纪律	1. 违反规章制度一次扣2分 2. 不做清洁整理工作，扣5分 3. 清洁整理效果差，酌情扣2~5分	10			
		合计		100			
		训练时间记录					
备注	自评学生签字：			自评成绩			
备注	互评学生签字：			互评成绩			
备注	指导老师签字：			教师评价成绩			
备注				总成绩			

【训练小课题】

设计内容：按照所给的控制要求，设计PLC控制系统的I/O分配表、PLC的外部接线图与梯形图，完成线路的模拟调试。

1. 试设计符合技术要求的PLC控制系统，并进行模拟调试。

工艺要求：有两台电动机，根据所拖动负载的电气控制要求，有以下控制特点：

（1）两台电动机均要求直接启动。

（2）电动机M1为长时间连续运行，惯性停车；电动机M2为点动运行。

（3）电动机应具有短路保护、过载保护、失压和欠压保护。

2. 试设计符合技术要求的 PLC 控制系统，并进行模拟调试。

工艺要求：有一台电动机，根据所拖动负载的电气控制要求，有以下控制特点：

（1）电动机要求直接启动，停车为惯性停车。

（2）电动机既能够长时间连续运行，也能够点动运行。

（3）电动机应具有短路保护、过载保护、失压和欠压保护。

3. 试设计符合技术要求的 PLC 控制系统，并进行模拟调试。

工艺要求：一台机床需用一台电动机拖动，根据机床特点和工艺，要求如下：

（1）电动机能够正反转运行，并且能够直接通过按钮进行正转与反转的切换。

（2）电动机停车时为惯性停车。

（3）电动机应具有短路保护、过载保护、失压和欠压保护。

4. 试设计符合技术要求的 PLC 控制系统，并进行模拟调试。

工艺要求：有一台电动机，根据所拖动负载的电气控制要求，有以下控制特点：

（1）电动机要求直接启动，停车为惯性停车。

（2）电动机能够实现两地控制正反转连续运行，不要求正反转的直接切换。

（3）电动机应具有短路保护、过载保护、失压和欠压保护。

5. 试设计符合技术要求的 PLC 控制系统，并进行模拟调试。

工艺要求：有一台电动机，根据所拖动负载的电气控制要求，有以下控制特点：

（1）电动机要求直接启动。

（2）在运行时，电动机能够通过按钮实现正反转的控制。

（3）为了设备的运行安全，在电路中设有终端限位保护。

（4）电动机应具有短路保护、过载保护、失压和欠压保护。

6. 试设计符合技术要求的 PLC 控制系统，并进行模拟调试。

工艺要求：有一台电动机，根据所拖动负载的电气控制要求，有以下控制特点：

（1）电动机要求直接启动，能够实现正反转运行。

（2）该电动机拖动的工作台需要实现自动运行，具体要求如下，电动机只能正转启动，由按钮操作电动机正转启动后，运行 10s，自动转为反转运行；反转运行到达指定位置后，由行程开关控制其停车。

（3）电动机设有急停按钮，在任何运行阶段都可以控制电动机停车。

（4）电动机应具有短路保护、过载保护、失压和欠压保护。

【知识链接】

一、PLC 的原理

PLC 有两种基本的工作状态，即运行（RUN）状态与停止（STOP）状态。在运行状态，PLC 通过反映控制要求的用户程序来实现控制功能。为使 PLC 的输出能及时地响应随时可能变化的输入信号，用户程序不是只执行一次，而是反复不断地重复执行，直至 PLC 停机或切换到 STOP 工作状态。

当 PLC 投入运行后，其工作过程一般分为三个阶段，即输入采样、用户程序执行和输出刷新三个阶段。完成上述三个阶段称作一个扫描周期，如图 2-1-20 所示。在整个运行期间，PLC 的 CPU 以一定的扫描速度重复执行上述三个阶段。

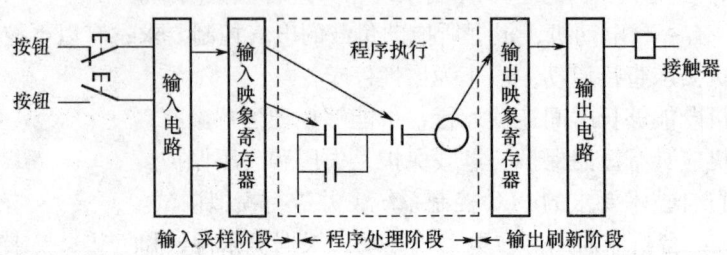

图 2-1-20　PLC 程序执行过程示意图

（一）输入采样阶段

在输入采样阶段，PLC 以扫描方式依次地读入所有输入状态和数据，并将它们存入 I/O 映象区中的相应单元内。输入采样结束后，转入用户程序执行和输出刷新阶段。在这两个阶段中，即使输入状态和数据发生变化，I/O 映象区中的相应单元的状态和数据也不会改变。因此，如果输入是脉冲信号，则该脉冲信号的宽度必须大于一个扫描周期，才能保证在任何情况下，该输入均能被读入。

（二）用户程序执行阶段

在用户程序执行阶段，PLC 总是按由上而下的顺序依次地扫描用户程序（梯形图）。在扫描每一条梯形图时，又总是先扫描梯形图左边的由各触点构成的控制线路，并按先左后右、先上后下的顺序对由触点构成的控制线路进行逻辑运算，然后根据逻辑运算的结果，刷新该逻辑线圈在系统 RAM 存储区中对应位的状态；或者刷新该输出线圈在 I/O 映象区中对应位的状态；或者确定是否要执行该梯形图所规定的特殊功能指令。

即在用户程序执行过程中，只有输入点在 I/O 映象区内的状态和数据不会发生变化，而其他输出点和软设备在 I/O 映象区或系统 RAM 存储区内的状态和数据都有可能发生变化，而且排在上面的梯形图，其程序执行结果会对排在下面的凡是用到这些线圈或数据的梯形图起作用；相反，排在下面的梯形图，其被刷新的逻辑线圈的状态或数据只能到下一个扫描周期才能对排在其上面的程序起作用。

（三）输出刷新阶段

当扫描用户程序结束后，PLC 就进入输出刷新阶段。在此期间，CPU 按照 I/O 映象区内对应的状态和数据刷新所有的输出锁存电路，再经输出电路驱动相应的外设。这时，才是 PLC 的真正输出。

同样的若干条梯形图，其排列次序不同，执行的结果也不同。另外，采用扫描用户程序的运行结果与继电器控制装置的硬逻辑并行运行的结果有所区别。当然，如果扫描周期所占用的时间对整个运行来说可以忽略，那么二者之间就没有什么区别了。

一般来说，PLC 的扫描周期包括自诊断、通讯等，即一个扫描周期等于自诊断、通讯、输入采样、用户程序执行、输出刷新等所有时间的总和。

二、PLC 的选型

随着 PLC 的推广普及，PLC 产品的种类和数量越来越多，而且功能也日趋完善，其结构、性能、容量、指令系统、编程方法、价格等却各不相同，适用场合也各有侧重。因此，合理地选择 PLC，对于提高 PLC 在控制系统中的应用起着重要作用。

(一) 机型的选择

一般选择机型要以满足系统功能需要为宗旨，不要盲目贪大求全，以免造成投资和设备资源的浪费。机型的选择可从以下几个方面来考虑：

由于模块式 PLC 的配置灵活，装配和维修方便，因此，从长远来看，提倡选择模块式 PLC。在工艺过程比较固定、环境条件较好（维修量较小）的场合，建议选用整体式结构的 PLC，其他情况则最好选用模块式结构的 PLC。

在开关量控制以及以开关量控制为主、带少量模拟量控制的工程项目中，一般其控制速度无须考虑，因此，选用带 A/D 转换、D/A 转换、加减运算、数据传送功能的低档机就能满足要求。而在 PID 运算、闭环控制、通信联网等控制比较复杂、控制功能要求比较高的工程项目中，可视控制规模及复杂程度来选用中档或高档机。其中高档机主要用于大规模过程控制、PLC 分布式控制系统以及整个工厂的自动化等。

对于一个大型企业的控制系统，应尽量做到机型统一。这样，同一机型的 PLC 模块可互为备用，便于备品备件的采购和管理；统一的功能及编程方法也有利于技术力量的培训、技术水平的提高和功能的开发；配置上位计算机后还可把各独立控制系统的多台 PLC 联成一个多级分布式控制系统，外部设备通用，资源还可以共享，这样便于相互通信，集中管理。

(二) 硬件选择与配置

(1) 输入/输出（I/O）的选择与配置 PLC 是一种工业控制系统，它的控制对象是工业生产设备或工业生产过程，工作环境是工业生产现场。它与工业生产过程的联系是通过 I/O 接口模块来实现的。

1）确定 I/O 点数。确定 I/O 点数，即确定 PLC 的控制规模。根据控制系统的要求确定所需要的 I/O 点数时，应考虑到以后工艺和设备的改动，或 I/O 点的损坏、故障等，一般应增加 10%~20% 的备用量，以便随时增加控制功能。同时，应考虑 PLC 提供的内部继电器和寄存器的数量，以便节省 I/O 资源。对于一个控制对象，由于采用的控制方法不同，I/O 点数也会有所不同。

2）确定 I/O 模块的类型。I/O 模块有开关量输入/输出（DI 或 DO）、模拟量输入/输出（AI 或 AO），还有特殊功能输入/输出模块，如定位、高速计数输入、脉冲捕捉功能等。另外，不同的负载对 PLC 的输出方式有相应的要求。如频繁通断的感性负载，应选择晶体管或晶闸管输出型模块，而不应选用继电器输出型模块。但继电器输出型模块有许多优点，如导通压降小，有隔离作用，价格相对较便宜，承受瞬时过电压和过电流的能力较强，其负载电压灵活（可交流、可直流）且电压等级范围大等。所以动作不频繁的交、直流负载可以选择继电器输出型模块。

3）智能式 I/O 模块。当前，PLC 的生产厂家相继推出了一些智能式的 I/O 模块，如高速计数器、凸轮模拟器、单回路或多回路的 PID 调节器、RS-232C/422 接口模块等。一般智能式 I/O 模块本身带有处理器，可对输入或输出信号作预先规定的处理，并将处理结果送入 CPU 或直接输出，这样可提高 PLC 的处理速度并节省存储器的容量。

(2) 存储器类型及容量选择。PLC 系统所用的存储器基本上由 PROM、EEPROM 及

RAM 三种类型组成，存储容量则随机器的大小变化，一般小型机的最大存储能力低于 6KB，中型机的最大存储能力可达 64KB，大型机的最大存储能力可上兆字节。使用时可以根据程序及数据的存储需要来选用合适的机型，必要时也可专门进行存储器的扩充设计。

PLC 的存储器容量选择和计算有两种方法：一是根据编程使用的总点数精确计算存储器的实际使用容量。二是估算法，用户可根据控制规模和应用目的，按照表中的公式来估算。为了使用方便，一般应留有 25%～30% 的余量。获取存储容量的最佳方法是生成程序，即用了多少步，知道每条指令所用的步数，用户便可确定准确的存储容量。表 2-1-6 给出了存储器容量的估算方法。

表 2-1-6　　　　　　　　　存储器容量的估算方法

控制目的	估算公式
代替继电路	M =（10DI + 5DO）KB
模拟量控制	M =（10DI + 5DO + 100AI）KB
定时器/计数器	(3～5)/个
运算处理	(5～10)/量
通信处理	200 字/接口
多路采样控制	M =［10DI + 5DO + 100AI +（1 + 采样点 × 0.25）］KB

（3）电源选择。在校验 PLC 所用电源的容量时，要注意 PLC 系统所需电源一定要在电源限定电流之内。如果满足不了这个条件，解决的办法有三个：一是更换电源；二是调整 I/O 模块；三是更换 PLC 机型。如果电源干扰特别严重，可以选择安装一个变比为 1:1 的隔离变压器，以减少设备与地之间的干扰。

（4）通信接口选择。若 PLC 控制的系统需要联入工厂自动化网络，则 PLC 需要有通信联网功能，即要求 PLC 应具有连接其他 PLC、上位计算机及 CRT 等的接口。大、中型机都有通信功能，目前大部分小型机也具有通信功能。

（三）软件选择

1. 对 I/O 响应时间的选择

PLC 的 I/O 响应时间包括输入电路延迟、输出电路延迟和扫描工作方式引起的时间延迟（一般在 2～3 个扫描周期）等。对开关量控制的系统，PLC 的 I/O 响应时间一般都能满足实际工程的要求，可不必考虑 I/O 响应问题。但对模拟量控制的系统、特别是闭环控制系统就要考虑这个问题。

2. 指令集的选择

指令条数是衡量 PLC 软件功能强弱的主要指标，它决定实现软件任务的难易程度。可用的指令集将直接影响实现控制程序所需的时间和程序执行的时间。

3. 对在线和离线编程的选择

离线编程是指主机和编程器共用一个 CPU，通过编程器的方式选择开关来选择 PLC 的编程、监控和运行工作状态。在线编程是指主机和编程器各有一个 CPU，主机的 CPU 完成对现场的控制，在每一个扫描周期末尾与编程器通信，编程器把修改的程序发给主机，在下一个扫描周期主机将按新的程序对现场进行控制。对定型产品、工艺过程不变动的系统可以选择离线编程，以降低设备的投资费用。

（四）支撑技术条件的选择

选用 PLC 时，有无支撑技术条件同样是重要的选择依据。支撑技术条件包括下列内容。

1. 编程工具

（1）小型 PLC 控制规模小，程序简单，不需要运行监控功能时，可用手持编程器。而 CRT 编程器适用于大中型 PLC，除可用于编制和输入程序外，还具备编辑和打印程序文本、实时监控运行状况等功能。

（2）由于 IBM - PC 已得到普及推广，IBM - PC 及其兼容机编程软件包是 PLC 很好的编程工具。目前，PLC 厂商都在致力于开发适用自己机型的、功能日趋完善的 IBM - PC 及其兼容机编程软件包，并获得了成功。

2. 程序文本处理

（1）是否具有简单程序文本处理、梯形图打印以及参量状态和位置的处理等功能。

（2）程序注释，包括触点和线圈的赋值名、网络注释等，这对用户或软件工程师阅读和调试程序非常有用。

3. 程序储存方式

作为技术资料档案和备用资料，程序的储存方法有磁带、软磁盘或 EEPROM 存储程序盒等方式，具体选用哪种储存方式，取决于所选机型的技术条件。

4. 通信软件包

对于网络控制结构或需用上位计算机管理的控制系统，有无通信软件包是选用 PLC 的主要依据。通信软件包往往和通信硬件一起使用，如调制解调器等。

（五）PLC 的环境适应性

由于 PLC 通常直接用于工业控制，生产厂都把它设计成能在恶劣的环境条件下可靠地工作。尽管如此，每种 PLC 都有自己的环境技术条件，如温度、湿度等，选用时，特别是在设计控制系统时，对环境条件要给予充分的考虑。

【问题研讨】

1. 在复杂的电气控制中，采用 PLC 控制与传统的继电器-接触器控制比较，有哪些优越性？
2. 什么是可编程序控制器？它的特点是什么？
3. PLC 由哪几部分组成？各有什么作用？
4. PLC 开关量输出接口按输出开关器件的种类不同，有几种形式？
5. 简述 PLC 的扫描工作过程。

任务二　高压离心风机 PLC 控制系统的设计

一、任务目标

1. 了解高压离心风机的工作原理。

2. 学会 PLC 基本逻辑指令及常用功能指令的应用。
3. 掌握 PLC 的基本编程方法。
4. 能够运用 PLC 控制高压离心风机电气控制系统的运行。

二、任务描述

高压离心风机一般用于锻冶炉及高压强制通风系统，并可广泛用于输送物料，输送空气及无腐蚀性不自燃、不含黏性物质的气体。高压离心风机具有风压高、效率高、高效区宽，结构紧凑，运行可靠等优点。

一般的高压离心风机，其主要的动力设备是电动机，此外还包括用来控制风机风阀位置的电动或手动执行器、风机阀门限位开关等部件，其外形如图 2-2-1 所示。风机动力设备的传统控制方法是通过手动或继电器控制，存在可靠性和灵活性较差的问题。同时，由于电动机的容量大，存在启动时间长、启动电流大、运行安全可靠性差等问题。为了解决这些问题，需要在启动离心风机时减少启动负荷，故采用星形—三角形降压启动的方法来降低启动电流，并且要有安全互锁控制等措施。

图 2-2-1 高压离心风机外形图

三、任务要求

风机电动机的电气控制要求如下：

（1）电动机启动时绕组采用星形接法，待电动机达到正常的速度后切换为三角形接法，以达到限制降低启动电流的目的。

（2）系统设计有紧急停车按钮，防止启动或运行时意外事故的发生。

（3）当电动机绕组由星形切换为三角形时，因 PLC 运行速度快，内部切换时间短而接触器转换需要时间长，因此 PLC 内部程序设计上有防火花的内部锁定。

（4）电动机星形启动切换为三角形运转时相关接触器要有联锁保护，防止 PLC 误动作。

四、预备知识

（一）PLC 的软元件

1. 辅助继电器

PLC 内部有许多辅助继电器，它是一种内部的状态标志，相当于继电器控制系统中的中间继电器。它的常开、常闭接点在 PLC 的梯形图内可以无限次地自由使用，但是这些接点不能直接驱动外部负载，外部负载必须由输出继电器的外部硬接点来驱动。在逻辑运算中经常需要一些中间继电器作为辅助运算用，这些元件往往用作状态暂存、移位等运算，另外，辅助继电器还具有一些特殊功能。FX 系列 PLC 的辅助继电器如表 2-2-1 所示。

表 2-2-1　　　　　　　　　　FX 系列 PLC 的辅助继电器

PLC	FX_{1S}	FX_{1N}	FX_{2N}/FX_{2NC}
通用辅助继电器	384（M0~M383）	384（M0~M383）	500（M0~M499）
电池后备/锁存辅助继电器	128（M384~M511）	1152（M384~M1535）	2572（M500~M3071）
特殊辅助继电器		256（M8000~M8255）	

（1）通用辅助继电器。在 FX 系列 PLC 中，除了输入继电器和输出继电器的元件号采用八进制编号外，其他软元件的元件号均采用十进制。FX 系列 PLC 的通用辅助继电器没有断电保持功能。如果在 PLC 运行时电源突然中断，输出继电器和通用辅助继电器将全部变为 OFF。若电源再次接通，除了 PLC 运行时即为 ON 的以外，其余均为 OFF 状态。

（2）电池后备/锁存辅助继电器。某些控制系统要求记忆电源中断瞬时的状态，重新通电后再现其状态，电池后备/锁存辅助继电器可以用于这种场合。在电源中断时由锂电池保持 RAM 中映象寄存器的内容，或将它们保存在 EEPROM 中，它们只是在 PLC 重新通电后的第一个扫描周期保持断电瞬时的状态。为了利用它们的断电记忆功能，可以采用有记忆功能的电路。设图 2-2-2 中 X0 和 X1 分别是启动按钮和停止按钮，M500 通过 Y0 控制外部的电动机。如果电源中断时 M500 为 1 状态，因为电路的记忆作用，重新通电后 M500 将保持为 1 状态，使 Y0 继续为 ON，电动机重新开始运行；而对于 Y1，则由于 M0 没有停电保持功能，电源中断后重新通电时，Y1 无输出。

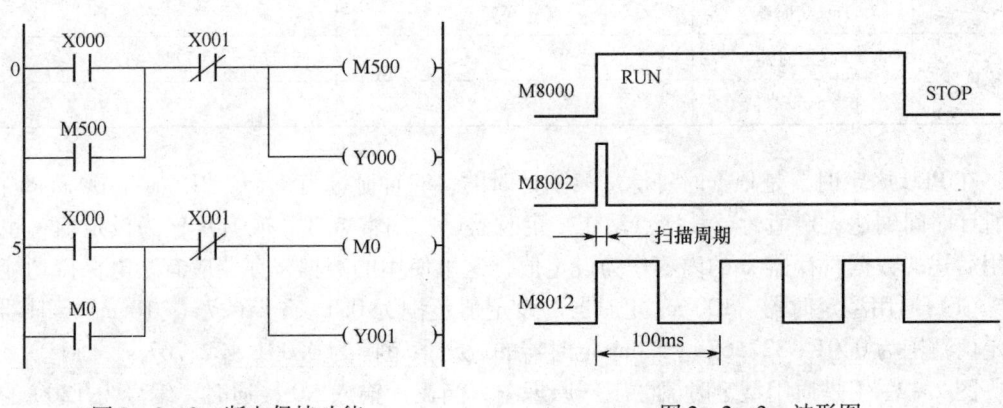

图 2-2-2　断电保持功能　　　　　　　图 2-2-3　波形图

（3）特殊辅助继电器。特殊辅助继电器共 256 点，它们用来表示 PLC 的某些状态，提供时钟脉冲和标志（如进位、借位标志等），设定 PLC 的运行方式，或者用于步进顺控、禁止中断、设定计数器是加计数还是减计数等。特殊辅助继电器分为以下两类。

1）只能利用其接点的特殊辅助继电器。线圈由 PLC 系统程序自动驱动，用户只可以利用其接点，例如：M8000 为运行监控，PLC 运行时 M8000 接通，其波形如图 2-2-3

所示。

M8002 为初始脉冲，仅在运行开始瞬间接通一个扫描周期，其波形如图 2-2-3 所示，因此，可以用 M8002 的常开触点来使有断电保持功能的元件初始化复位或给它们置初始值。

M8011~M8014 分别是 10 ms、100 ms、1s 和 1 min 的时钟脉冲特殊辅助继电器。

2) 可驱动线圈型特殊辅助继电器。由用户程序驱动其线圈，使 PLC 执行特定的操作，用户并不使用它们的触点，例如：

M8030 为锂电池电压指示特殊辅助继电器，当锂电池电压下降到某一值时，M8030 动作，指示灯亮，提醒 PLC 维修人员赶快更换锂电池；

M8033 为 PLC 停止时输出保持特殊辅助继电器；

M8034 为禁止输出特殊辅助继电器；

M8039 为定时扫描特殊辅助继电器。

需要说明的是未定义的特殊辅助继电器不可在用户程序中使用。

2. 定时器

FX 系列 PLC 的定时器如表 2-2-2 所示。定时器在 PLC 中的作用相当于 1 个时间继电器，它有 1 个设定值寄存器（1 个字长），1 个当前值寄存器（1 个字长）以及无限个接点（1 个位）。对于每一个定时器，这 3 个量使用同一名称，但使用场合不一样，其所指也不一样。

表 2-2-2　　　　　　　　　　FX 系列 PLC 的定时器

PLC		FX_{1S}	FX_{1N}，FX_{2N}/FX_{2NC}
通用型	100ms 定时器	63（T0~T62）	200（T0~T199）
	10ms 定时器	31（T32~T62）（M8028=1 时）	46（T200~T245）
	1ms 定时器	1（T63）	—
积算型	1ms 定时器	—	4（T246~T249）
	100ms 定时器	—	6（T250~T255）

在 PLC 内定时器是根据时钟脉冲累积计时的，时钟脉冲有 1 ms、10 ms、100 ms 3 挡，当所计时间到达设定值时，其接点动作。定时器可以用常数 K（或 H）作为设定值，也可以用后述的数据寄存器 D 的内容作为设定值，这里使用的数据寄存器应有断电保持功能。

（1）通用型定时器。100 ms 定时器的设定值范围为 0.1~3 276.7 s；10 ms 定时器的设定值范围为 0.01~327.67 s；1 ms 定时器的设定值范围为 0.001~32.767 s。

图 2-2-4 是通用型定时器的工作原理图，当驱动输入 X0 接通时，编号为 T200 的当前值计数器对 10 ms 时钟脉冲进行计数，当计数值与设定值 K123 相等时，定时器的常开接点就接通，其常闭接点就断开，即延时接点是在驱动线圈后的 123×0.01 s $= 1.23$ s 时动作。驱动输入 X0 断开或发生断电时，当前值计数器就复位，延时接点也复位。

（2）积累型定时器。积累定时器工作原理图如图 2-2-5 所示，当定时器线圈 T250 的驱动输入 X1 接通时，T250 的当前值计数器开始累积 100 ms 的时钟脉冲的个数，当该值与设定值 K345 相等时，定时器的常开接点接通，其常闭接点就断开。当计数值未到 345

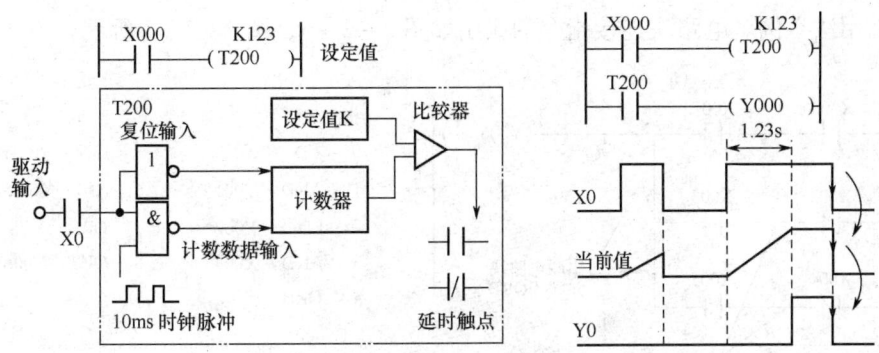

图 2-2-4 通用型定时器的工作原理

而驱动输入 X1 断开或停电时,当前值可保持;当驱动输入 X1 再接通或恢复供电时,计数继续进行。当累积时间为 0.1×345=34.5(s)时,延时接点动作。当复位输入 X2 接通时,计算器就复位,延时接点也复位。

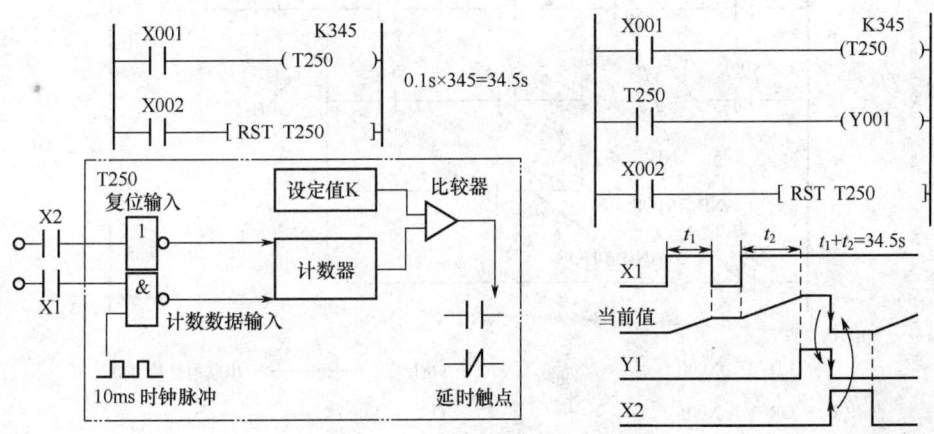

图 2-2-5 积累定时器工作原理

(二) PLC 的基本逻辑指令

1. 电路块连接指令 ORB/ANB

电路块连接指令如表 2-2-3 所示。

表 2-2-3 电路块连接指令表

符号、名称	功能	电路表示	操作元件	程序步
ORB 电路块或	串联电路块的并联连接	(Y005)	无	1
ANB 电路块与	并联电路块的串联连接	(Y005)	无	1

79

（1）用法举例。电路块连接指令的应用如图2-2-6、图2-2-7所示。

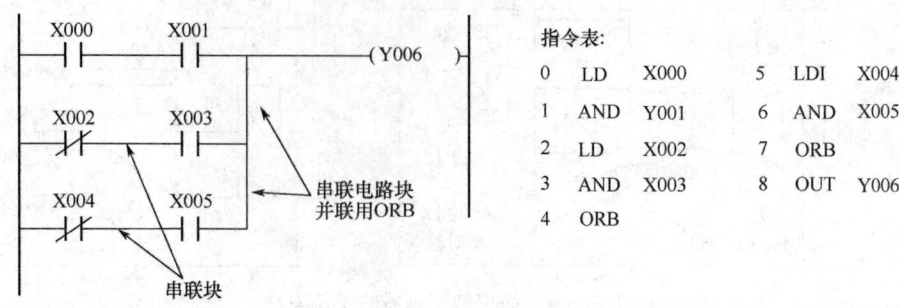

图2-2-6 串联电路块并联

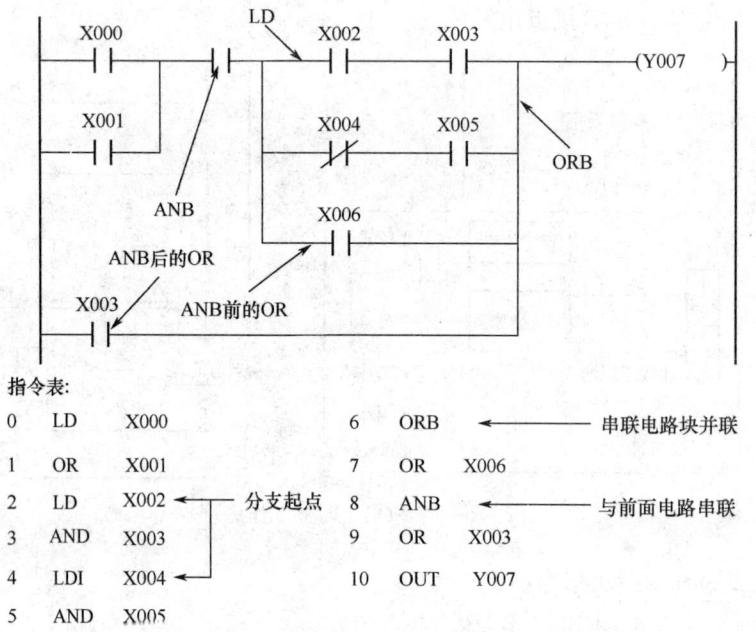

图2-2-7 并联电路块串联

（2）使用注意事项

1）ORB是串联电路块的并联连接指令，ANB是并联电路块的串联连接指令。它们都没有操作元件，可以多次重复使用。

2）ORB指令是将串联电路块与前面的电路并联，相当于电路块右侧的一段垂直连线。并联电路块的起始触点要使用LD或LDI指令，完成了电路块的内部连接后，用ORB指令将它与前面的电路并联。

3）ANB指令是将并联电路与前面的电路串联，相当于两个电路之间的串联连线。串联电路块的起始触点要使用LD或LDI指令，完成了电路块的内部连接后，用ANB指令将它与前面的电路串联。

4）ORB、ANB 指令可以多次重复使用，但是连续使用 ORB 时，应限制在 8 次以下。所以在写指令时，最好按图 2-2-6 和图 2-2-7 所示方法写指令。

2. 置位与复位指令 SET/RST

置位与复位指令如表 2-2-4 所示。

表 2-2-4　　　　　　　　　　置位与复位指令表

符号、名称	功能	电路表示	操作元件	程序步
SET 置位	令元件置位并且保持 ON	─┤ ├──[SET Y000]	Y、M、S	Y、M：1 S、特 M：2
RST 复位	令元件复位并且保持 OFF 或清除寄存器的内容	─┤ ├──[RST Y000]	Y、M、S、C、D、V、Z、积 T	Y、M：1 S、特 M、C、积 T：2 D、V、Z：3

（1）用法示例。置位与复位指令的应用如图 2-2-8 所示。

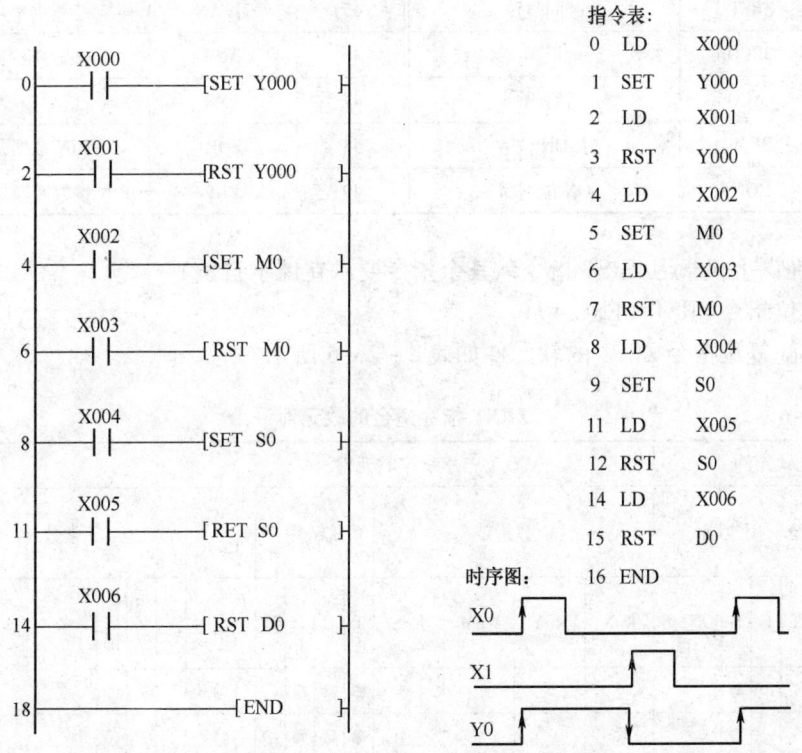

图 2-2-8　置位与复位指令用法图

（2）使用注意事项

1）图 2-2-8 中的 X0 接通，即使再变成断开，Y0 也保持接通；X1 接通后，即使再变成断开，Y0 也保持断开。对于 M、S 也是同样。

2）对同一元件可以多次使用 SET、RST 指令，顺序可任意，但对于外部输出，则只有最后执行的 1 条指令才有效。

3）要使数据寄存器 D、计数器 C、积累定时器 T 及变址寄存器 V、Z 的内容清零，也可用 RST 指令。

（三）PLC 的功能指令——数据处理指令

基本逻辑指令主要用于逻辑处理。作为工业控制用的计算机，仅仅进行逻辑处理是不够的，现代工业控制在许多场合需要进行数据处理，因此，还要学习功能指令（Functional Instruction），也称为应用指令。功能指令主要用于数据的运算、转换及其他控制功能，使 PLC 成为真正意义上的工业计算机。许多功能指令有很强大的功能，往往一条指令就可以实现几十条基本逻辑指令才可以实现的功能，还有很多功能指令具有基本逻辑指令难以实现的功能。实际上，功能指令是许多功能不同的子程序。

功能指令中的数据处理指令是可以进行复杂的数据处理和实现特殊用途的指令，如表 2-2-5 所示。

表 2-2-5　　　　　　　　　　数据处理指令

FNC NO	指令记号	指令名称	FNC NO	指令记号	指令名称
40	ZRST	区间复位	45	MEAN	求平均值
41	DECO	译码	46	ANS	信号报警器置位
42	ENCO	编码	47	ANR	信号报警器复位
43	SUM	求 ON 位数	48	SOR	BIN 数据开方运算
44	BON	ON 位判断	49	FLT	BIN 整数变换二进制浮点数

（我们在课上仅学习 ZRST 指令，其余指令要求在课下自学）

区间复位指令 ZRST（FNC 40）

适合区间复位指令 ZRST 的软元件如表 2-2-6 所示。

表 2-2-6　　　　　　　　　　ZRST 指令适合的软元件

操作数种类	位软元件						字软元件								其他				
	系统·用户						位数指定				系统·用户			特殊模块	变址		常数		实数	字符串	指针
	X	Y	M	T	C	S	D□.b	KnX	KnY	KnM	KnS	T	C	D	R	U□\G□	V Z	修饰	K	H	E	"□"	P
D1.		●	●			●						●	●	●	○	○		○					
D2.		●	●			●						●	●	●	○			○					

区间复位指令的表现形式有 ZRST、ZRSTP，分别占用 5 个程序步。

ZRST 指令的形式如图 2-2-9 所示。

ZRST 指令，可以将［D1］~［D2］指定的元件号范围内的同类元件成批复位。

在 ZRST 指令中，［D1］和［D2］必须是同一类元件，而且［D1］的编号要比［D2］

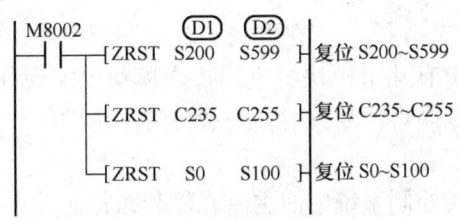

图2-2-9 ZRST指令的形式

小,如果[D1]的编号比[D2]大,则只有[D1]指定的元件复位。

此功能指令只有16位形式,但可以指定32位的计数器。

若要复位单个位元件,可以使用RST指令。

在指令后加"P"表示指令为脉冲执行型。

(四)PLC的编程方法(移植法、经验法编程)

1. PLC控制系统设计的一般步骤

在设计PLC控制系统时,可以将PLC想象成继电器控制系统中的一个控制箱,PLC的外部接线图描述了这个控制箱的外部接线,梯形图是这个控制箱的内部"线路图",梯形图中的输入继电器和输出继电器是这个控制箱与外部联系的"接口继电器"。

这样就可以用分析继电器电路图的方法来分析PLC控制系统,将继电器电路图转换成功能相同的PLC外接线图和梯形图的方法和步骤如下:

(1)了解和熟悉被控设备的工艺过程和机械的动作情况,根据继电器电路图分析和掌握控制系统的工作原理;

(2)将检测元件、控制元件(如行程开关、按钮)合理安排,接入PLC的输入口;

(3)将被控元件(如接触器线圈、继电器线圈)接入PLC的输出口;

(4)将时间继电器用PLC内部的定时器/计数器代替,将中间继电器用PLC内部的辅助继电器代替;

(5)根据上述对应关系画出梯形图。

2. PLC程序的设计方法

PLC程序设计是可编程控制器应用中最关键的问题,PLC梯形图程序设计常用方法有:经验设计法、移植设计法、顺序控制设计法和逻辑代数设计法等。

(1)经验设计法

1)经验设计法简介。PLC梯形图程序用"经验设计法"编写,是沿用了设计继电器电路图的方法来设计梯形图,即在某些典型电路的基础上,根据被控对象对控制系统的具体要求,不断地修改和完善梯形图。有时需要多次反复地进行调试和修改梯形图,不断地增加中间编程元件和辅助触点,最后才能得到一个较为满意的结果。因此,所谓的经验设计法是指利用已有的经验(一些典型的控制程序、控制方法等),对其进行重新组合或改造,再经过多次反复修改,最终得出符合要求的控制程序。

这种设计方法没有普遍的规律可以遵循,具有很大的试探性和随意性,最后的结果也不是唯一的,设计所用的时间、设计质量与设计者的经验有很大的关系,因此有人就称这种设计方法为经验设计法,它是其他设计方法的基础,用于较简单的梯形图程序设计。

2）经验设计法步骤

①控制模块划分（工艺分析）。在准确了解控制要求后，合理地对控制系统中的事件进行划分，得出控制要求有几个模块组成、每个模块要实现什么功能、因果关系如何、模块与模块之间怎样联络等内容。划分时，一般可将一个功能作为一个模块来处理，也就是说，一个模块完成一个功能。

②功能及端口定义。对控制系统中的主令元件和执行元件进行功能定义、代号定义与I/O口的定义（分配），画出I/O接线图。对于一些要用到的内部元件，也要进行定义，以方便后期的程序设计。在进行定义时，可用资源分配表的形式来合理安排元器件。

③功能模块梯形图程序设计。根据已划分的功能模块，进行梯形图程序的设计，一个模块，对应一个程序。这一阶段的工作关键是找到一些能实现模块功能的典型的控制程序，对这些控制程序进行比较，选择最佳的控制程序（方案选优），并进行一定的修改补充，使其能实现所需功能。这一阶段可由几个人一起分工编写程序。

④程序组合，得出最终梯形图程序。对各个功能模块的程序进行组合，得出总的梯形图程序。组合以后的程序，它只是一个关键程序，而不是一个最终程序（完善的程序），在这个关键程序的基础上，需要进一步地对程序进行补充、修改。经过多次反复的完善，最后要得出一个功能完整的程序。

因此，在程序组合时，一是要注意各个功能模块组合的先后顺序；二是要注意各个功能模块之间的联络信号；三是要注意线圈之间的联锁（互锁）信号；最后不要忘了程序结束时要有程序结束指令。

（2）移植设计法

1）移植设计法介绍。该方法根据原有的继电-接触器电路图来设计梯形图程序，显然是梯形图程序设计的一条捷径。因为原有的继电器电路图与梯形图在表示方法上有许多相似之处，因此可以根据继电器电路图来设计梯形图。即将继电器电路图"转换"为具有相同功能的PLC的外部硬接线图和梯形图。这种设计方法一般不需要改动控制面板，保持了系统原有的外部特性，操作人员不用改变长期养成的操作习惯。

2）移植设计法步骤。

①分析原有系统的工作原理。了解被控设备的工艺过程和机械的动作情况，根据继电器电路图分析和掌握控制系统的工作原理。

②PLC的I/O分配。确定系统的输入设备和输出设备，进行PLC的I/O分配，画出PLC外部接线图。

③建立其他元器件的对应关系。确定继电器电路图中的中间继电器、时间继电器等各器件与PLC中的辅助继电器和定时器的对应关系。

以上②和③两步建立了继电器电路图中所有的元器件与PLC内部编程元件的对应关系，对于移植设计法而言，这非常重要。在这过程中应该处理好以下几个问题：

（a）继电器电路中的执行元件应与PLC的输出继电器对应，如交直流接触器、电磁阀、电磁铁、指示灯等。

（b）继电器电路中的主令电器应与PLC的输入继电器对应，如按钮、位置开关、选择开关等。热继电器的触点可作为PLC的输入，也可接在PLC外部电路中，主要是看PLC的输入点是否富余。注意处理好PLC内、外触点的常开和常闭的关系。

（c）继电器电路中的中间继电器与PLC的辅助继电器对应；

（d）继电器电路中的时间继电器与PLC的定时器或计数器对应，但要注意：时间继电器有通电延时型和断电延时型两种，而定时器只有"通电延时型"一种。

④设计梯形图程序。根据上述的对应关系，将继电器电路图"翻译"成对应的"准梯形图"，再根据梯形图的编程规则将"准梯形图"转换成结构合理的梯形图。对于复杂的控制电路可化整为零，先进行局部的转换，最后再综合起来。

⑤仔细校对、认真调试。对转换后的梯形图一定要仔细校对、认真调试，以保证其控制功能与原图相符。

3）移植设计法使用中应注意的问题

①对常开、常闭按钮的处理。在继电器控制电路中，一般启动用常开按钮，停止用常闭按钮。用PLC控制时，启动和停止一般都用常开按钮。尽管使用哪种按钮都行，但画出的PLC梯形图却不同。

②对热继电器触点的处理。若PLC的输入点较富余，热继电器的常闭触点可占用PLC的输入点，若输入点较紧张，热继电器的信号可不输入PLC中，而接在PLC外部的控制电路中。

③对时间继电器的处理。物理的时间继电器可分为通电延时型和断电延时型。通电延时型时间继电器，其延时动作的触点有通电延时闭合和通电延时断开两种。断电延时型时间继电器，其延时动作的触点有断电延时闭合和断电延时断开两种。用PLC控制时，时间继电器可以用PLC的定时器/计数器来代替。PLC定时器的触点只有接通延时闭合和接通延时断开两种。但通过编程，可以设计出满足要求的时间控制程序。

④综合处理。上面只是转换控制电路的局部，对较复杂的控制电路可以化整为零，先进行局部的转换，最后再综合起来。

由继电器控制电路转换成PLC梯形图后，一定要仔细校对、认真调试，以保证其控制功能与原图相符。

当控制电路很复杂时，大量的中间继电器、时间继电器、计数器都可以用PLC的内部元件取代，复杂的控制逻辑可以用程序实现，这时，用PLC取代继电器控制的优越性就显而易见了。

（五）PLC梯形图的设计

1. 梯形图的特点

PLC的梯形图具有如下特点：

（1）梯形图格式中的继电器不是物理继电器，每个继电器和输入接点均为存储器中的一位，相应位为"1"态，表示继电器线圈通电或常开接点闭合或常闭接点断开。

（2）梯形图中流过的电流不是物理电流，而是"概念"电流，也称能流。它是用户程序解算中满足输出执行条件的形象表示方式。"概念"电流只能从左向右流动。

（3）梯形图中的继电器接点可在程序中无限次引用，既可常开又可常闭。

（4）梯形图中用户逻辑解算结果，可马上为后面用户程序的解算所利用。

（5）梯形图中输入接点和输出线圈不是物理接点和输出线圈，用户程序的解算是根据PLC内I/O映像区每位的状态，而不是解算时现场开关的实际状态。

（6）输出线圈只对应输出映像区的相应位，不能用该编程元件直接驱动现场机构，该位的状态必须通过 I/O 模板上对应的输出单元才能驱动现场执行机构。

2. 梯形图编程格式

设计梯形图时应注意梯形图编程的格式。每个梯形图程序由多个梯级组成，一个输出元素可构成一个梯级，每个梯级可由多个支路组成，如图 2-2-10 所示。每个支路通常可容纳 11 个编程元素，最右边的元素不能是触点。每个梯级最多允许 16 条支路。简单的编程元素只占用一条支路（如常开/常闭触点，继电器线圈等），有些编程元素要占用多条支路。在用梯形图编程时，只有在一个梯级编制完后才能继续后面的程序编程。PLC 的梯形图从上至下按行绘制，两侧的竖线类似电器控制图的电源线，称为母线，每一行左侧是触点，在图形符号上只用常开和常闭符号，而不计其物理属性。输出线圈用圆形或椭圆形表示。

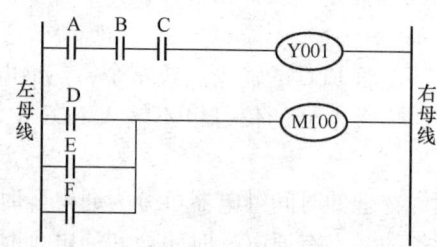

图 2-2-10 梯形图编程的格式

3. 梯形图设计的基本步骤

在应用梯形图设计控制系统的 PLC 程序时，一般按如下步骤进行：

（1）根据控制系统的控制要求和内容确定 PLC 机型。设计 PLC 控制系统，首先应分析被控对象的具体情况（生产过程、技术特点、工艺方法、环境条件），研究对控制系统的要求，然后确定以下内容：

1) 根据被控对象状态参数的数目和被采集信号的数目，确定 PLC 的 I/O 点数，以此作为选择 PLC 机型的条件；

2) 根据被采集及被控制信号的特点（数字量、模拟量）以及所需电源的情况，确定输入器件，输出执行器件及接线方式。结合上面的条件选择 PLC 的型号。

（2）设计 PLC 的 I/O 信号连接图。根据已确定的 PLC I/O 信号的特点和用电性质，分配所选 PLC 的 I/O 编号（地址）。设计并画出 PLC I/O 信号连接图。

由于每一种 PLC 的输入点和输出点编号都有严格的规定，用户必须根据所选用机型的规定作科学合理的分配，并注意保留若干输入点和输出点的余量。

（3）编写程序。采用一种编程语言（多数是梯形图语言）编写出符合控制要求（包括须完成的动作与顺序）的程序。

梯形图设计好后，有的 PLC 编程器可直接将梯形图图形及有关参数用键输入。大多数小型 PLC 的编程器为简易型，只能输指令代码，因此用户还需要将梯形图按指令语言编出指令代码程序，列出程序清单。

（4）输入并编辑程序。用编程器将指令语句编写的程序清单依次输入 PLC 中。按 PLC 的说明使用修改、删除、插入、搜索等功能进行程序编写。

(5) 程序调试。可先在调试板上进行模拟调试和修改，然后再进行现场调试。

(6) 程序存储。将已编辑、调试好的程序存储起来。

4. 梯形图设计规则

在设计梯形图程序时须遵守以下规则：

(1) 梯形图按 PLC 在一个扫描周期内扫描程序的顺序，从左到右、从上到下的顺序进行绘制。与右边线圈相连的全部支路组成一个逻辑行。逻辑行起于左母线，终于右母线（或终于线圈，或一特殊指令）。不能在线圈与右母线之间接其他元件。编程顺序如图 2-2-11 所示。一个逻辑行编程顺序则是从上到下，从左到右进行。

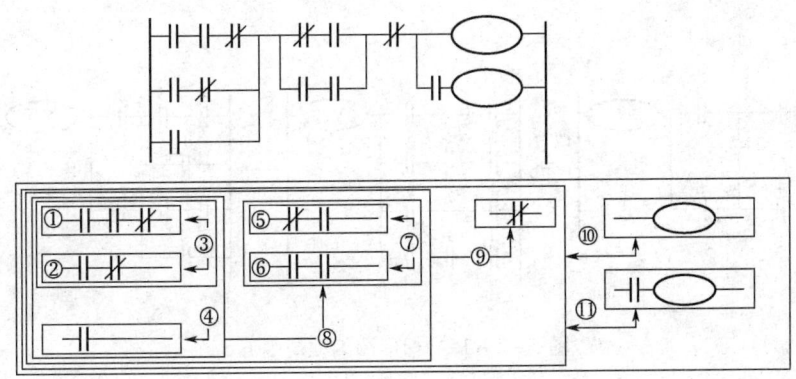

图 2-2-11　梯形图编程规则一

(2) 触点应画在水平支路上，不能画在垂直支路上。图 2-2-12（b）比图 2-2-12（a）逻辑关系要明确，编写指令程序时可对应编写。

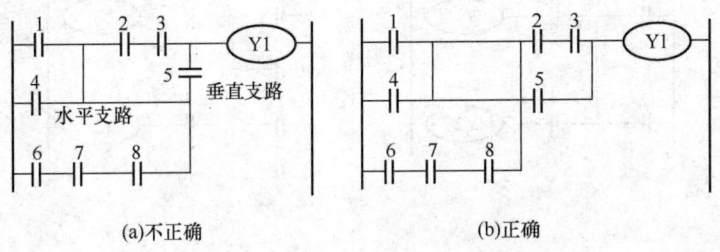

图 2-2-12　梯形图编程规则二

(3) 几条支路并联时，串联触点多的，安排在上面（先画），如图 2-2-13 所示；几个支路串联时，并联触点多的支路块安排在左面，如图 2-2-14 所示。这样可减少"块"的编写程序。

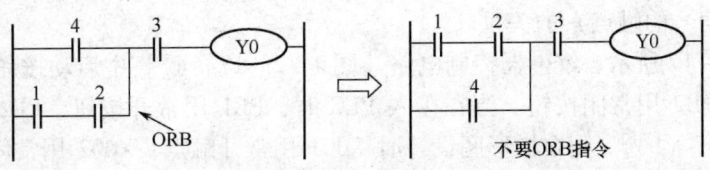

图 2-2-13　梯形图编程规则三

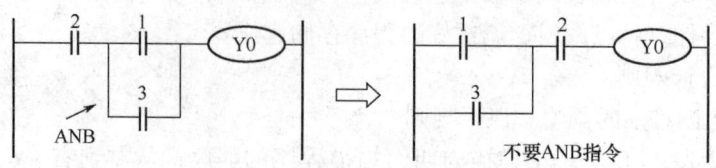

图 2-2-14 梯形图编程规则四

(4) 一个触点不允许有双向电流通过。当出现这种情况时,按图 2-2-15 的示例改画。

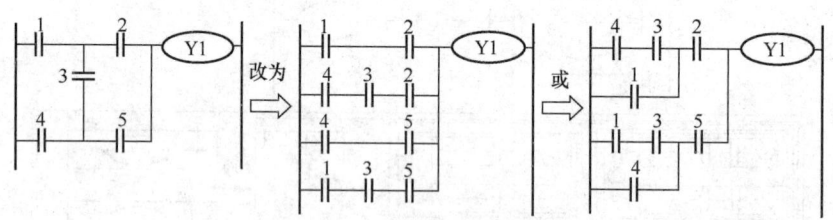

图 2-2-15 梯形图编程规则五

(5) 当两个逻辑行之间互有牵连时,如图 2-2-16 所示,可按图示的方法加以改画。

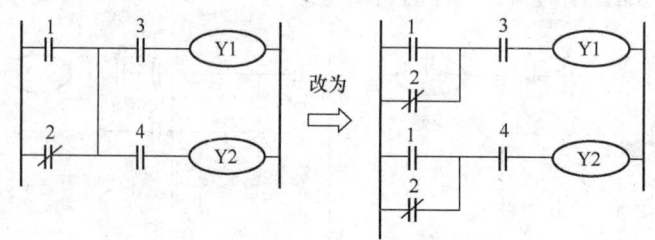

图 2-2-16 梯形图编程规则六

(6) 在梯形图中任一支路上的串联触点、并联触点以及内部并联线圈的个数一般不受限制,但有的 PLC 有规定,应注意看说明书。

(7) 若在顺序控制中进行线圈的双重输出(双线圈),则后面的动作优先执行。

(8) 绘图时应注意 PLC 外部所接"输入信号"的触点状态,与梯形图中所采用内部输入触点(X 编号的触点)的关系。

如图 2-2-17 所示,继电器控制电路 [图 2-2-17 (a)] 中启动按钮 PB1 用常开按钮,停止按钮 PB2 用常闭按钮。当在接入 PLC 时,PB1 用常开按钮,PB2 也用常开按钮时 [图 2-2-17 (b)],则在梯形图设计时 X001 用常开触点,X002 用常闭触点,梯形图的设计是正确的。如果在接入 PLC 时,PB1 用常开按钮,PB2 用常闭按钮 [图 2-2-17 (c)],则在梯形图设计时 X001 用常开触点,X002 也应用常开触点,这样梯形图才是正确的。图2-2-17（d）是对图2-2-17（b）和图2-2-17（c）具体等效电路的分析。

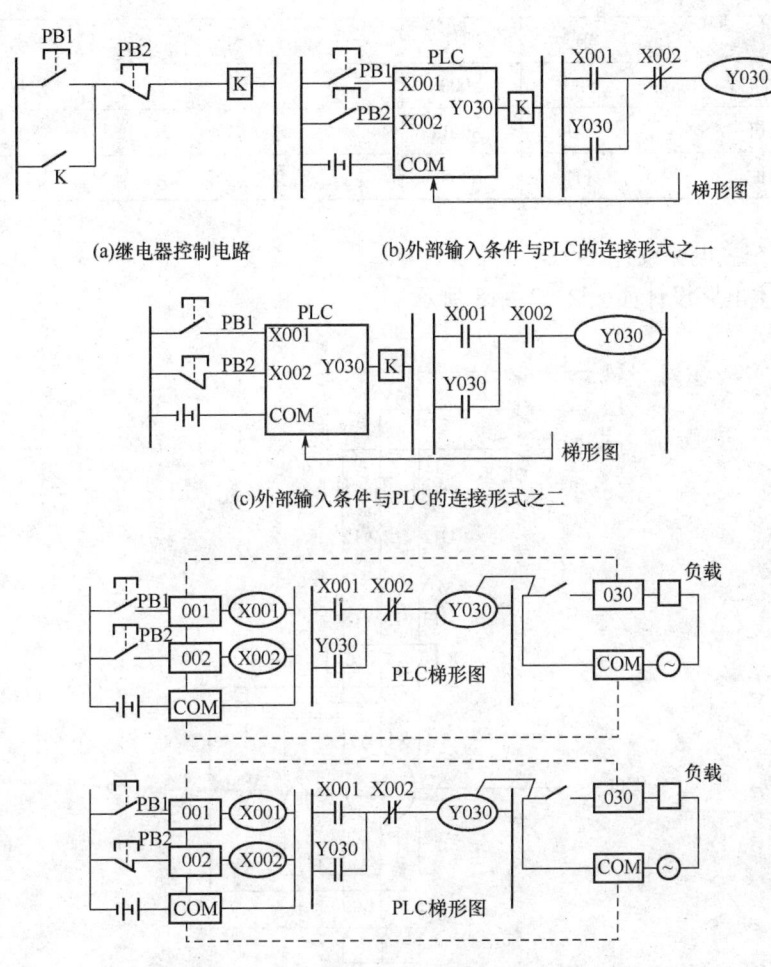

图 2-2-17 外部输入条件与梯形图编程的关系

五、任务实施

1. 制定设计方案

高压离心风机的控制即为一台三相笼型异步电动机 M1 的星形-三角形降压启动控制。由按钮 SB0 控制电动机星接启动，电动机启动 5s 后，自动转为角接运行；按钮 SB1 控制电动机停止；控制电动机 M1 星形转为三角形的接触器 KM1 与 KM2 应该在电气上互锁；热继电器 FR 为电动机 M1 的过载保护器件；FU 为电动机 M1 短路保护器件。

2. PLC 的 I/O 分配表

PLC 的 I/O 分配表见表 2-2-7。

表2-2-7　　　　　　　　　　PLC的I/O分配表

输入			输出		
名称	符号	地址	名称	符号	地址
启动按钮	SB0	X000	电源	KM	Y000
停止按钮	SB1	X001	星接启动	KM1	Y001
过载保护	FR	X002	角接运行	KM2	Y002

3. 控制系统主电路设计

控制系统主电路设计如图2-2-18所示。

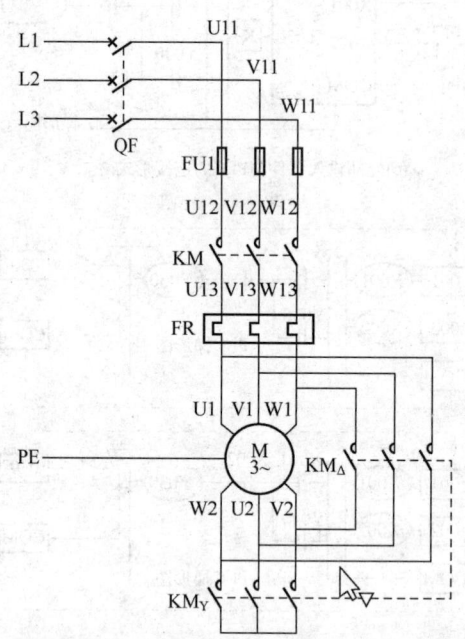

图2-2-18　高压离心风机电气控制系统主电路

4. PLC的外部接线图

PLC的外部接线图如图2-2-19所示。

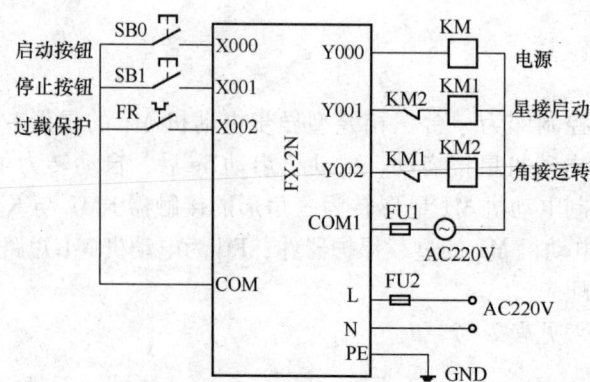

图2-2-19　高压离心风机电气控制系统PLC外部接线图

5. PLC 程序设计

方案一：利用"启-保-停"基本电路实现控制要求。

PLC 程序设计如图 2-2-20 所示。

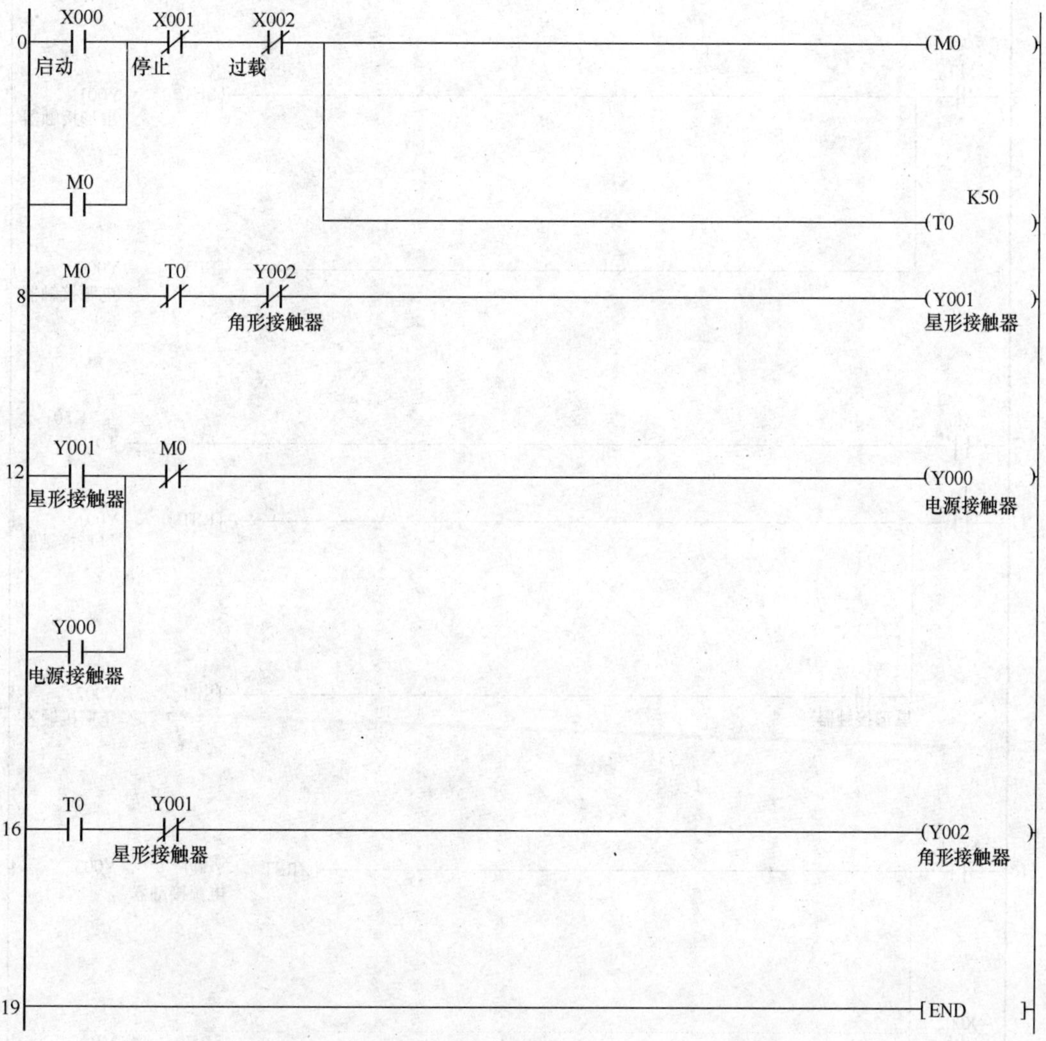

```
     X000   X001   X002
 0 ──┤├────┤/├────┤/├──────────────────────────────(M0)──
     启动   停止    过载

     M0
    ──┤├──                                          K50
                                                  ─(T0)──

     M0    T0    Y002
 8 ──┤├────┤/├───┤/├──────────────────────────────(Y001)──
           角形接触器                                星形接触器

     Y001   M0
12 ──┤├────┤/├────────────────────────────────────(Y000)──
     星形接触器                                      电源接触器

     Y000
    ──┤├──
     电源接触器

     T0    Y001
16 ──┤├────┤/├────────────────────────────────────(Y002)──
           星形接触器                                角形接触器

19 ──────────────────────────────────────────────[END]──
```

图 2-2-20 高压离心风机电气控制系统"启-保-停"结构梯形图（参考）

方案二：利用"置位与复位指令"实现控制要求。

PLC 程序设计如图 2-2-21 所示。

6. 高压离心风机电气控制系统的模拟调试

（1）训练器材。

1）可编程控制器实训装置 1 台。

2）PLC 主机模块 1 个。

3）计算机 1 台。

4）导线若干。

（2）训练内容与步骤。

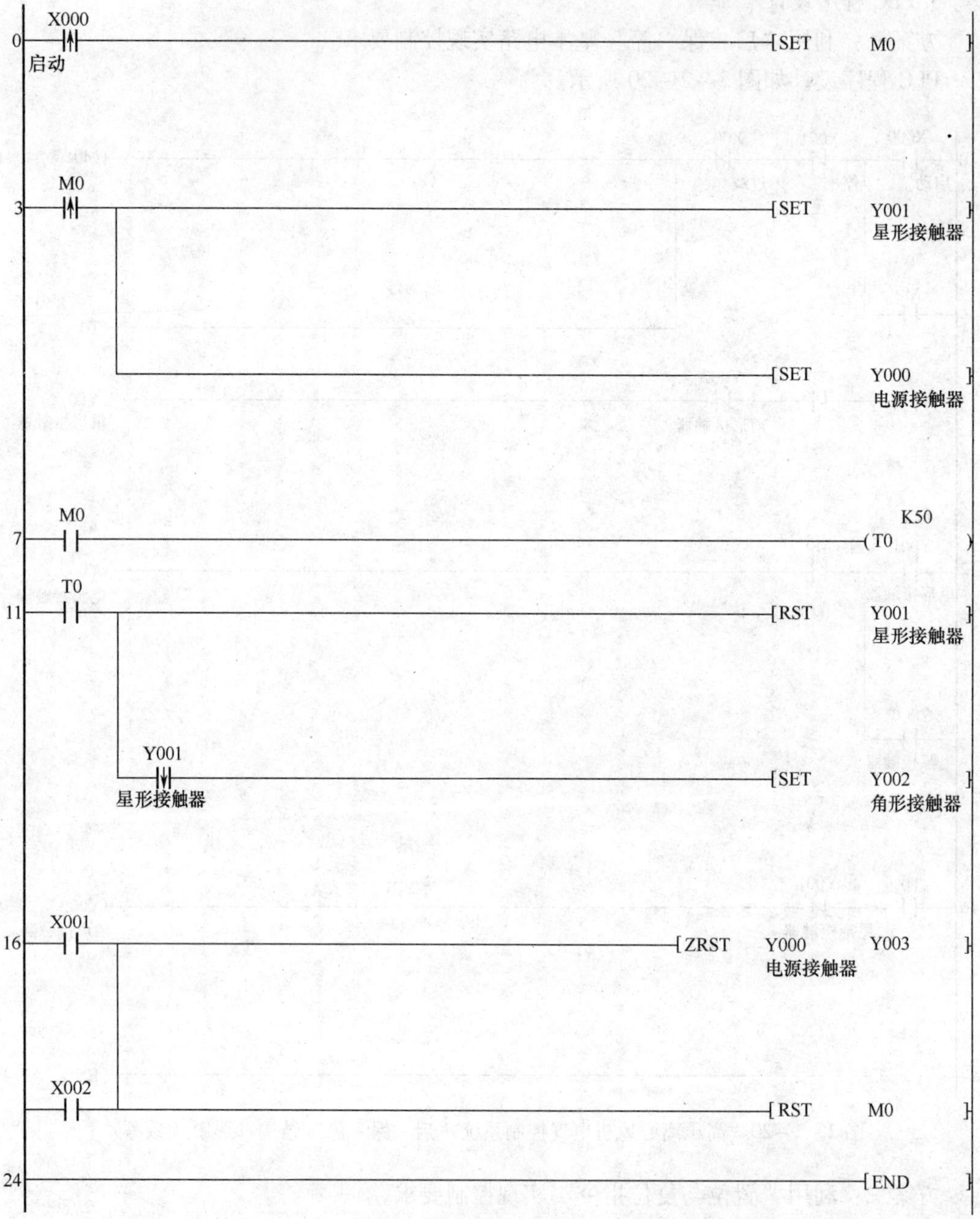

```
 0  ──┤X000├──────────────────────────────[SET  M0]
       启动

 3  ──┤M0├────────────────────────────────[SET  Y001]
      │                                         星形接触器
      │
      │
      └───────────────────────────────────[SET  Y000]
                                                电源接触器

                                                    K50
 7  ──┤M0├────────────────────────────────( T0 )

11  ──┤T0├────────────────────────────────[RST  Y001]
      │                                         星形接触器
      │
      │  ┤/Y001├
      └──星形接触器─────────────────────────[SET  Y002]
                                                角形接触器

16  ──┤X001├─────────────────────[ZRST  Y000  Y003]
      │                                电源接触器
      │
      │
      ┤X002├───────────────────────────────[RST  M0]

24  ──────────────────────────────────────[END]
```

图 2-2-21 高压离心风机电气控制系统"置位与复位指令"结构梯形图（参考）

1）程序录入训练：正确使用编程软件，完成图 2-2-20、图 2-2-21 的程序录入。

2）硬件接线训练：按照 PLC 外部接线图，完成 PLC 的 I、O 口与电源的接线。

3）模拟调试训练：将 PLC 置于 RUN 运行模式，分别将输入信号 X000、X001、X002 按照给定的控制要求置于 ON 或 OFF，观察 PLC 的输出结果，并做好记录。

4）整理实训操作结果，分析 Y000、Y001、Y002 在什么情况下得电，在什么情况下失电，并分析其原因。

六、任务评价

本项任务的评价标准如表 2-2-8 所示。任务评价由学生自评、小组互评与教师评价相结合,其中学生自评占总成绩的 20%、小组互评占总成绩的 30%、教师评价占总成绩的 50%。

表 2-2-8　　　　　PLC 控制系统的设计、安装与调试的评价标准

考核项目	序号	考核内容	评分要点及得分(最高为该项配分值)	配分	得分 自评	得分 互评	得分 教师评价
职业能力	1	编程软件的基本应用	1. 文件不能保存或保存路径不对,扣 2.5 分 2. 不能对程序文件进行文件名的修改,扣 2.5 分 3. 不能修改 PLC 的型号参数,扣 5 分 4. 不会使用剪切、复制、粘贴等基本命令,每处扣 2 分	20			
职业能力	2	程序的录入	1. 程序录入有错误,不符合语法规则,每处扣 3 分 2. 不能找到相应的编程指令,每个扣 5 分 3. 编程中元件地址使用有错误,每处扣 2 分	10			
职业能力	3	仿真软件的使用	1. 不能将程序导出 PLC 编程软件,扣 5 分 2. 不能将程序导入 PLC,扣 5 分 3. 不会利用仿真软件调试程序,扣 5 分	15			
职业能力	4	调试结果	1. 熟练调试过程,调试步骤一处错误扣 3 分 2. 观察程序工作现象并判断正确与否。判断错误,每次扣 5 分	20			
职业素质	1	安全文明操作	1. 损坏设备一次,扣 10 分 2. 引发安全事故,扣 10 分 3. 未作相应的职业保护措施,扣 2 分	10			
职业素质	2	团队协作精神	1. 分工不合理,承担任务少扣 5 分 2. 小组成员不与他人合作,扣 3 分 3. 不与他人交流,扣 2 分	15			
职业素质	3	劳动纪律	1. 违反规章制度一次扣 2 分 2. 不做清洁整理工作,扣 5 分 3. 清洁整理效果差,酌情扣 2~5 分	10			

续表

考核项目	序号	考核内容	评分要点及得分（最高为该项配分值）	配分	得分		
					自评	互评	教师评价
		合计		100			
		训练时间记录					
备注		自评学生签字：		自评成绩			
		互评学生签字：		互评成绩			
		指导老师签字：		教师评价成绩			
				总成绩			

【训练小课题】

设计内容：按照所给的控制要求，设计 PLC 控制系统的 I/O 分配表、PLC 的外部接线图与梯形图，完成线路的模拟调试。

1. 试设计符合技术要求的 PLC 控制系统，并进行模拟调试。

工艺要求：按下启动按钮 SB1 后，输出线圈立即接通，按下停止按钮后，输出线圈延时 10s 后断开。

2. 试设计符合技术要求的 PLC 控制系统，并进行模拟调试。

工艺要求：有一台电动机，根据所拖动负载的电气控制要求，有以下控制特点：

（1）电动机启动要求采用按照时间原则实现控制的定子绕组串电阻降压启动。

（2）电动机停车为惯性停车。

（3）电动机应具有短路保护、过载保护、失压和欠压保护。

3. 试设计符合技术要求的 PLC 控制系统，并进行模拟调试。

工艺要求：有三台联控电动机，在电气控制上要满足下列要求：

（1）M1、M2 同时启动；

（2）M1、M2 启动后，M3 才能够启动；

（3）停止时，M3 必须先停止，隔 6s 后，M1、M2 才同时停止；

（4）电动机应具有短路保护、过载保护、失压和欠压保护。

4. 试设计符合技术要求的 PLC 控制系统，并进行模拟调试。

工艺要求：有一台电动机，根据所拖动负载的电气控制要求，有以下控制特点：

（1）电动机要求直接启动，能够实现正反转运行；

（2）该电动机拖动的工作台需要实现自动运行，具体要求如下，电动机只能正转启动，由按钮操作电动机正转启动后，运行 10s，自动转为反转运行；反转运行到达指定位置后，由行程开关控制其停车；

（3）电动机设有急停按钮，在任何运行阶段都可以控制电动机停车；

（4）电动机应具有短路保护、过载保护、失压和欠压保护。

【知识链接】

PLC 的基本逻辑指令

（一）多重输出电路指令 MPS/MRD/MPP

多重输出电路指令如表 2-2-9 所示。

表 2-2-9　　　　　　　　　　　　多重输出电路指令表

符号、名称	功能	电路表示	操作元件	程序步
MPS 进栈	进栈	─┤├─MPS─┤├─(Y004)	无	1
MRD 读栈	读栈	MRD─┤├─(Y005)	无	1
MPP 出栈	出栈	MPP─┤├─(Y006)	无	1

1. 用法示例

多重输出电路指令的应用如图 2-2-22 和图 2-2-23 所示。

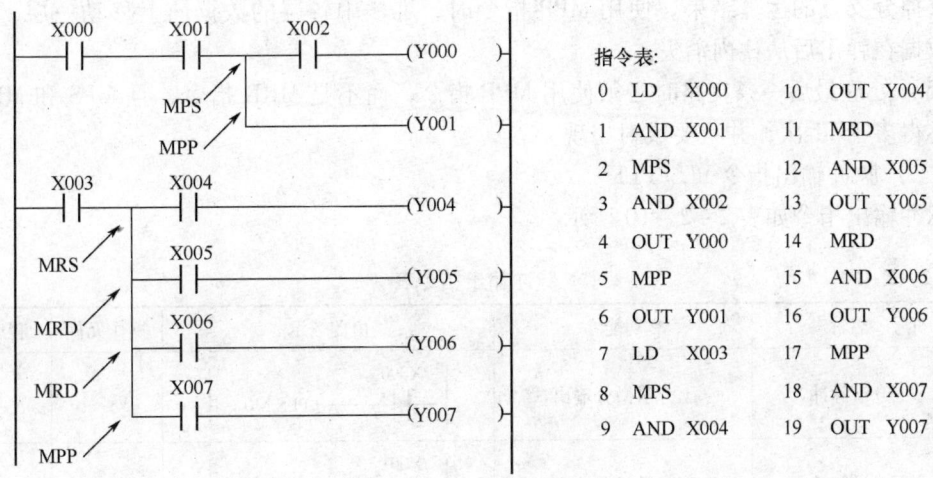

图 2-2-22　简单 1 层栈

2. 使用注意事项

（1）MPS 指令可将多重电路的公共触点或电路块先存储起来，以便后面的多重输出支路使用。多重电路的第一个支路前使用 MPS 进栈指令，多重电路的中间支路前使用 MRD 读栈指令，多重电路的最后一个支路前使用 MPP 出栈指令。该组指令没有操作元件。

（2）FX 系列 PLC 有 11 个存储中间运算结果的堆栈存储器，堆栈采用先进后出的数据存取方式。每使用 1 次 MPS 指令，当时的逻辑运算结果在堆栈的第一层，堆栈中原来的数据依次向下一层推移。

95

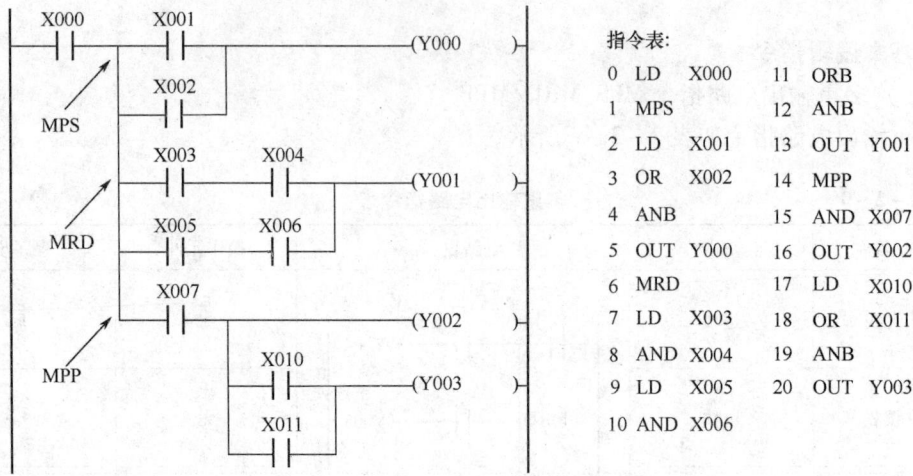

图 2-2-23 复杂 1 层栈

（3）MRD 指令读取存储在堆栈最上层（即电路分支处）的运算结果，将下一个触点强制性地连接到该点。读栈后堆栈内的数据不会上移或下移。

（4）MPP 指令弹出堆栈存储器的运算结果，首先将下一触点连接到该点，然后从堆栈中去掉分支点的运算结果。使用 MPP 指令时，堆栈中各层的数据向上移动一层，最上层的数据在弹出后从栈内消失。

（5）处理最后一条支路时必须使用 MPP 指令，而不是 MRD 指令，且 MPS 和 MPP 的使用不得多于 11 次，并且要成对出现。

（二）脉冲输出指令 PLS/PLF

脉冲输出指令如表 2-2-10 所示。

表 2-2-10　　　　　　　　　脉冲输出指令表

符号、名称	功能	电路表示	操作元件	程序步
PLS 上升沿脉冲	上升沿微分输出	─┤X000├─[PLS M0]─	Y、M	2
PLF 下降沿脉冲	下降沿微分输出	─┤X001├─[PLF M1]─	Y、M	2

1. 用法示例

脉冲输出指令的应用如图 2-2-24 所示。

2. 使用注意事项

（1）PLS 是脉冲上升沿微分输出指令，PLF 是脉冲下降沿微分输出指令。PLS 和 PLF 指令只能用于输出继电器 Y 和辅助继电器 M（不包括特殊辅助继电器）。

（2）图 2-2-24 中，M0 仅在 X0 的常开触点由断开变为接通（即 X0 的上升沿）时的 1 个扫描周期内为 ON，M1 仅在 X1 的常开触点由接通变为断开（即 X1 的下降沿）时

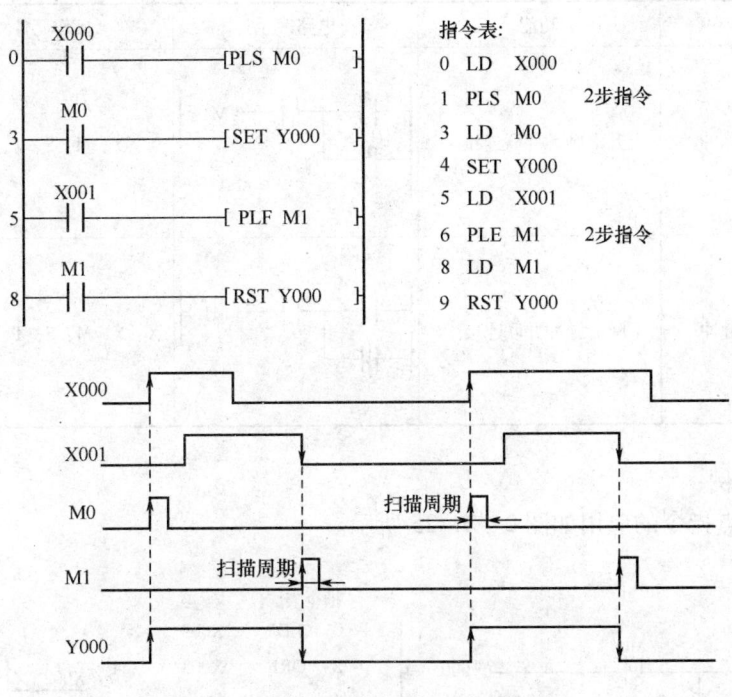

图 2-2-24 脉冲输出指令用法图

的 1 个扫描周期内为 ON。

（3）图 2-2-24 中，在输入继电器 X0 接通的情况下，PLC 由停机→运行时，PLS M0 指令将输出 1 个脉冲。然而，如果用电池后备/锁存辅助继电器代替 M0，其 PLS 指令在这种情况下不会输出脉冲。

（三）脉冲式触点指令 LDP/LDF/ANDP/ANDF/ORP/ORF

脉冲式触点指令如表 2-2-11 所示。

表 2-2-11　　　　　　　　　脉冲式触点指令表

符号、名称	功能	电路表示	操作元件	程序步
LDP 取上升沿脉冲	上升沿脉冲逻辑运算开始	⊢↑⊢—(M1)	X、Y、M、S、T、C	2
LDF 取下降沿脉冲	下降沿脉冲逻辑运算开始	⊢↓⊢—(M1)	X、Y、M、S、T、C	2
ANDP 与上升沿脉冲	上升沿脉冲串联连接	⊢⊢↑⊢—(M1)	X、Y、M、S、T、C	2
ANDF 与下降沿脉冲	下降沿脉冲串联连接	⊢⊢↓⊢—(M1)	X、Y、M、S、T、C	2

续表

符号、名称	功能	电路表示	操作元件	程序步
ORP 或上升沿脉冲	上升沿脉冲并联连接	⊢↑⊣—(M1)	X、Y、M、S、T、C	2
ORF 或下降沿脉冲	下降沿脉冲并联连接	⊢↓⊣—(M1)	X、Y、M、S、T、C	2

1. 用法示例

脉冲式触点指令的应用如图 2-2-25 所示。

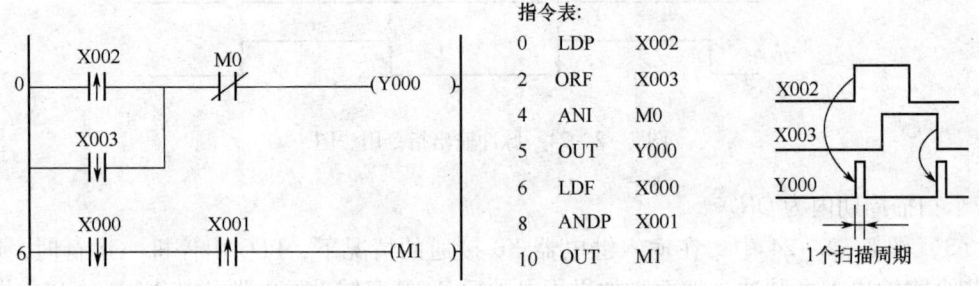

图 2-2-25 脉冲式触点指令用法图

2. 使用注意事项

(1) LDP、ANDP 和 ORP 指令是用来作上升沿检测的触点指令,触点的中间有 1 个向上的箭头,对应的触点仅在指定位元件的上升沿(由 OFF 变为 ON)时接通 1 个扫描周期。

(2) LDF、ANDF 和 ORF 是用来作下降沿检测的触点指令,触点的中间有一个向下的箭头,对应的触点仅在指定位元件的下降沿(由 ON 变为 OFF)时接通 1 个扫描周期。

(3) 脉冲式触点指令的操作元件有 X、Y、M、T、C 和 S。在图 2-2-25 中,X2 的上升沿或 X3 的下降沿出现时,Y0 仅在 1 个扫描周期为 ON。

(四) 主控触点指令 MC/MCR

在编程时,经常会遇到许多线圈同时受 1 个或 1 组触点控制的情况,如果在每个线圈的控制电路中都串入同样的触点,将占用很多存储单元,主控指令可以解决这一问题。使用主控指令的触点称为主控触点,它在梯形图中与一般的触点垂直,主控触点是控制 1 组电路的总开关。主控触点指令如表 2-2-12 所示。

表 2-2-12　　　　　　　　　　主控触点指令表

符号、名称	功能	电路表示及操作元件	程序步
MC 主控	主控电路块起点	─┤├────[MC N0 Y或M] N0 ─┤├── Y或M 不允许使用特M	3
MCR 主控复位	主控电路块终点	────────[MCR N0]	2

1. 用法示例

主控触点指令的应用如图 2-2-26 所示。

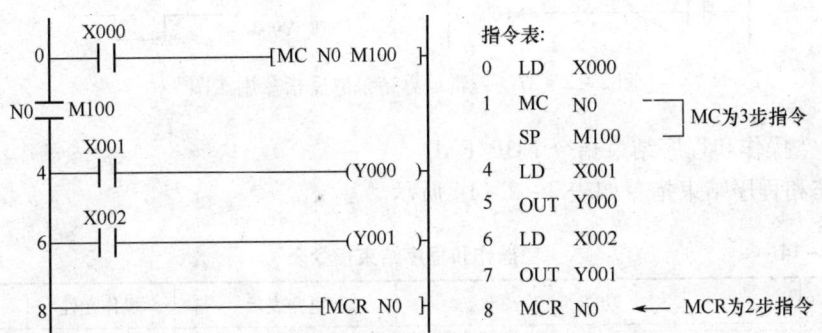

图 2-2-26　主控触点指令用法图

2. 使用注意事项

（1）MC 是主控起点，操作数 N（0~7 层）为嵌套层数，操作元件为 M、Y，特殊辅助继电器不能用作 MC 的操作元件。MCR 是主控结束，主控电路块的终点，操作数 N（0~7）为嵌套层数。MC 与 MCR 必须成对使用。

（2）与主控触点相连的触点必须用 LD 或 LDI 指令，即执行 MC 指令后，母线移到主控触点的后面，MCR 使母线回到原来的位置。

（3）图 2-2-26 中，X0 的常开触点接通时，执行从 MC 到 MCR 之间的指令；MC 指令的输入电路（X0）断开时，不执行上述区间的指令。其中的积累定时器、计数器、用复位/置位指令驱动的软元件保持其当时的状态，其余的元件被复位，如非积累定时器和用 OUT 指令驱动的元件变为 OFF。

（4）在 MC 指令内再使用 MC 指令时，称为嵌套，嵌套层数 N 的编号依顺次增大；主控返回时用 MCR 指令，嵌套层数 N 的编号依顺次减小。

（五）逻辑运算结果取反指令 INV

逻辑运算结果取反指令，如表 2-2-13 所示。

表2-2-13　　　　　　　　　　　逻辑运算结果取反指令表

符号、名称	功能	电路表示	操作元件	程序步
INV 取反	逻辑运算结果取反	─┤X000├─／─(Y000)─	无	1

INV 指令在梯形图中用 1 条 45°的短斜线来表示，它将使无该指令时的运算结果取反，如运算结果为 0 时则将它变为 1，如运算结果为 1 时则将它变为 0。

逻辑运算结果取反指令的应用如图 2-2-27 所示。图中，如果 X0 为 ON，则 Y0 为 OFF；反之则 Y0 为 ON。

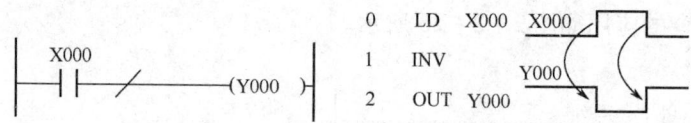

图 2-2-27　逻辑运算结果取反指令用法图

（六）空操作和程序结束指令 NOP/END

空操作和程序结束指令如表 2-2-14 所示。

表2-2-14　　　　　　　　　　　空操作和程序结束指令表

符号、名称	功能	电路表示	操作元件	程序步
NOP 空操作	无动作	无	无	1
END 结束	输入输出处理，程序回到第 0 步	─[END]─	无	1

1. 空操作指令 NOP

（1）若在程序中加入 NOP 指令，则改动或追加程序时，可以减少步序号的改变。

（2）若将 LD、LDI、ANB、ORB 等指令换成 NOP 指令，电路构成将有较大幅度的变化，如图 2-2-28 所示。

（3）执行程序全清除操作后，全部指令都变成 NOP。

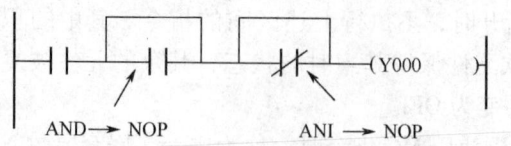

图 2-2-28　用 NOP 指令短路触点

2. 程序结束指令 END

PLC 按照循环扫描的工作方式，首先进行输入处理，然后进行程序处理，当处理到 END 指令时，即进行输出处理。所以，若在程序中写入 END 指令，则 END 指令以后的程序就不再执行，直接进行输出处理；若不写入 END 指令，则从用户程序存储器的第 0 步执行到最后1步。因此，若将 END 指令放在程序结束处，则只执行第0步至 END 之间的程序，可以缩短扫描周期。在调试程序时，可以将 END 指令插在各段程序之后，从第1段开始分段调试，调试好以后必须删去程序中间的 END 指令，这种方法对程序的查错也很有用处，而且执行 END 指令时，也刷新警戒时钟。

【问题研讨】

1. PLC 输入端有什么作用？PLC 输入端内部电路为什么用光电耦合器？
2. PLC 输出端有什么作用？PLC 输出端有哪几种形式？各适用于什么性质的负载？
3. 输入、输出继电器中存在 X8、X9 或 Y8、Y9 地址编码吗？
4. 将编好的程序写入 PLC 时，PLC 必须处于什么模式？
5. 通用计时器和积算计时器有什么区别？定时时间分别为多少？

任务三　皮带运输机 PLC 控制系统的设计

一、任务目标

1. 了解皮带运输机的工作流程。
2. 学会 PLC 基本逻辑指令及常用功能指令的应用。
3. 掌握 PLC 的顺序控制设计编程方法。
4. 能够运用 PLC 控制皮带运输机电气控制系统的运行。

二、任务描述

皮带运输机是一种有牵引件的连续运输设备，主要用在煤炭、冶金、有色金属和水泥等矿山中，车辆的运输成本快速增高，带式输送机越来越显示出它的集约化、自动化、连续化、高速化、简单化、清洁化、环保化、安全化等突出的综合优势。主要用来运送块状、粒状和散状等物料和成件的货物，广泛地应用于工业生产中。

本任务要求完成由三条皮带组成的皮带运输机电气控制系统设计，工作示意图如图2-3-1所示。皮带运输机控制系统由三条皮带组成，电动机 M1 控制 1#皮带机、电动机 M2 控制 2#皮带机、电动机 M3 控制 3#皮带机；皮带运输机属于长期工作，不需调速，不需反转，故采用三相笼型异步电动机；为了避免货物在皮带上堆积而造成皮带机的过载，三条皮带机要求顺序启动、逆序停止。

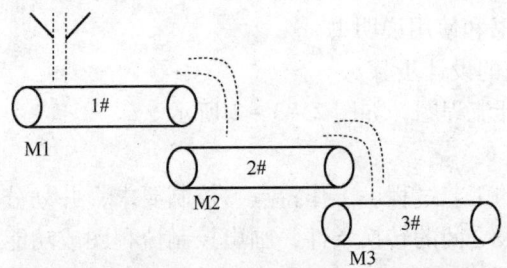

图 2-3-1　三条皮带运输机工作示意图

三、任务要求

三条皮带运输机的电气控制要求如下：

（1）有延时启动预警功能：蜂鸣器 HZ 发出警报信号，之后方允许主机启动。

（2）启动时，顺序为 3#→2#→1#，每个皮带机启动之间要有一定的时间间隔，以免货物在皮带上堆积，造成后面皮带重载启动。

（3）停车时，顺序为 1#→2#→3#，每个皮带机停机之间要有一定的时间间隔，以保证停车后，皮带上不残存货物。

（4）不论 2#皮带或 3#皮带出故障，1#皮带也必须停车，以免继续进料，造成货物堆积。

（5）要有必要的联锁及保护措施：短路保护、过载保护、失压欠压保护。

四、预备知识

（一）PLC 控制系统的设计原则

在了解了 PLC 的基本工作原理和指令系统之后，可以结合实际进行 PLC 的设计，PLC 的设计包括硬件设计和软件设计两部分，PLC 设计的基本原则是：

（1）充分发挥 PLC 的控制功能，最大限度地满足被控制的生产机械或生产过程的控制要求。

（2）在满足控制要求的前提下，力求使控制系统经济、简单，维修方便。

（3）保证控制系统安全可靠。

（4）考虑到生产发展和工艺的改进，在选用 PLC 时，在 I/O 点数和内存容量上适当留有余地。

（5）软件设计主要是指编写程序，要求程序结构清楚，可读性强，程序简短，占用内存少，扫描周期短。

（二）PLC 控制系统的设计内容

（1）根据设计任务书，进行工艺分析，并确定控制方案，它是设计的依据。

（2）选择输入设备（如按钮、开关、传感器等）和输出设备（如继电器、接触器、指示灯等执行机构）。

（3）选定 PLC 的型号（包括机型、容量、I/O 模块和电源等）。

（4）分配 PLC 的 I/O 点，绘制 PLC 的 I/O 硬件接线图。

（5）编写程序并调试。

（6）设计控制系统的操作台、电气控制柜等以及安装接线图。

（7）编写设计说明书和使用说明书。

（三）PLC 控制系统的设计步骤

PLC 控制系统的设计流程图，如图 2-3-2 所示。

1. 工艺分析

深入了解控制对象的工艺过程、工作特点、控制要求，并划分控制的各个阶段，归纳各个阶段的特点和各阶段之间的转换条件，画出控制流程图或功能流程图。

2. 选择合适的 PLC 类型

在选择 PLC 机型时，主要考虑下面几点：

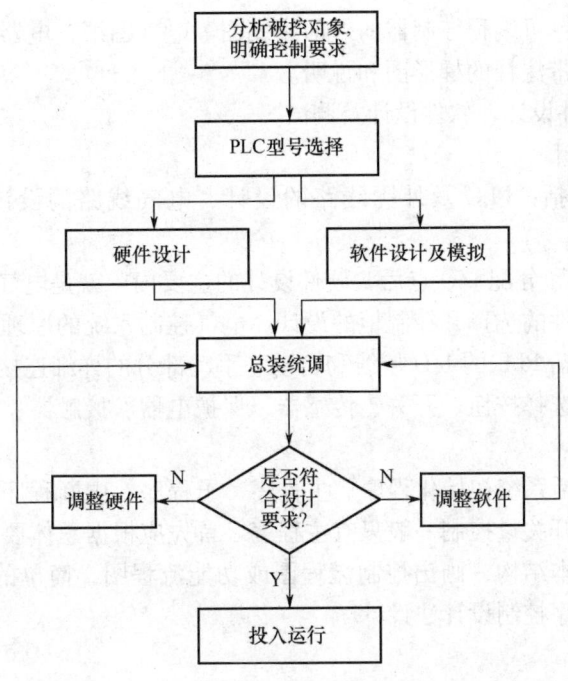

图 2-3-2 PLC 控制系统的设计流程图

(1) 功能的选择。对于小型的 PLC 主要考虑 I/O 扩展模块、A/D 与 D/A 模块以及指令功能（如中断、PID 等）。

(2) I/O 点数的确定。统计被控制系统的开关量、模拟量的 I/O 点数，并考虑以后的扩充（一般加上 10%~20% 的备用量），从而选择 PLC 的 I/O 点数和输出规格。

(3) 内存的估算。用户程序所需的内存容量主要与系统的 I/O 点数、控制要求、程序结构长短等因素有关。一般可按下式估算：存储容量 = 开关量输入点数×10 + 开关量输出点数×8 + 模拟通道数×100 + 定时器/计数器数量×2 + 通信接口个数×300 + 备用量。

3. 分配 I/O 点

分配 PLC 的输入/输出点，编写输入/输出分配表或画出输入/输出端子的接线图，接着就可以进行 PLC 程序设计，同时进行控制柜或操作台的设计和现场施工。

4. 程序设计

对于较复杂的控制系统，根据生产工艺要求，画出控制流程图或功能流程图，然后设计出梯形图，再根据梯形图编写语句表程序清单，对程序进行模拟调试和修改，直到满足控制要求为止。

5. 控制柜或操作台的设计和现场施工

设计控制柜及操作台的电器布置图及安装接线图；设计控制系统各部分的电气互锁图；根据图纸进行现场接线并检查。

6. 应用系统整体调试

如果控制系统由几个部分组成，则应先作局部调试，然后再进行整体调试；如果控制程序的步序较多，则可先进行分段调试，然后连接起来总调。

7. 编制技术文件

技术文件应包括：可编程控制器的外部接线图等电气图纸，电器布置图，电器元件明细表，顺序功能图，带注释的梯形图和说明。

(四) PLC 的硬件设计、软件设计及调试

1. PLC 的硬件设计

PLC 硬件设计包括：PLC 及外围线路的设计、电气线路的设计和抗干扰措施的设计等。

选定 PLC 的机型和分配 I/O 点后，硬件设计的主要内容就是电气控制系统的原理图的设计，电气控制元器件的选择和控制柜的设计。电气控制系统的原理图包括主电路和控制电路。控制电路中包括 PLC 的 I/O 接线和自动、手动部分的详细连接等。电器元件的选择主要是根据控制要求选择按钮、开关、传感器、保护电器、接触器、指示灯、电磁阀等。

2. PLC 的软件设计

PLC 软件设计包括系统初始化程序、主程序、子程序、中断程序、故障应急措施和辅助程序的设计，小型开关量控制一般只有主程序。首先应根据总体要求和控制系统的具体情况，确定程序的基本结构，画出控制流程图或功能流程图，简单的可以用经验法设计，复杂的系统一般用顺序控制设计法设计。

3. 软件硬件的调试

调试分模拟调试和联机调试。

(1) 软件设计好后一般先作模拟调试。模拟调试可以通过仿真软件来代替 PLC 硬件在计算机上调试程序。如果有 PLC 硬件，可以用小开关和按钮模拟 PLC 的实际输入信号（如启动、停止信号）或反馈信号（如限位开关的接通或断开），再通过输出模块上各输出位对应的指示灯，观察输出信号是否满足设计的要求。需要模拟量信号 I/O 时，可用电位器和万用表配合进行。在编程软件中可以用状态图或状态图表监视程序的运行或强制某些编程元件。

(2) 硬件部分的模拟调试主要是对控制柜或操作台的接线进行测试。可在操作台的接线端子上模拟 PLC 外部的开关量输入信号，或操作按钮的指令开关，观察对应 PLC 输入点的状态。用编程软件将输出点强制 ON/OFF，观察对应的控制柜内 PLC 负载（指示灯、接触器等）的动作是否正常，或对应的接线端子上的输出信号的状态变化是否正确。

(3) 联机调试时，把编制好的程序下载到现场的 PLC 中。调试时，主电路一定要断电，只对控制电路进行联机调试。通过现场的联机调试，还会发现新的问题或对某些控制功能的改进。

(五) 顺序控制设计法

若一个控制任务可以分解成几个独立的控制动作，且这些动作严格地按照先后次序执行才能使生产过程正常实施，这种控制称为顺序控制或步进控制。在工业控制领域中，顺序控制应用广泛，尤其在机械制造行业，几乎都利用顺序控制来实现加工过程的自动循环。

顺序控制设计法就是针对顺序控制系统的一种专门设计方法。该设计方法对初学者易于接受，对于有经验的工程师，也会提高编程效率，便于程序的调试、修改与阅读。PLC 的设计者们为顺序控制系统的程序编制提供了大量通用和专用的编程元件，开发了专门供

编制顺序控制程序的功能图，使这种先进的设计方法成为当前 PLC 应用程序设计的主要方法。

1. 采用顺序控制设计法进行程序设计的基本步骤及内容

（1）步的划分。顺序控制设计法最基本的思想是将系统的一个工作周期划分为若干个顺序相连的阶段，这些阶段称为步，并且用编程元件（内部辅助继电器）来代表各步。

如图2-3-3（a）所示，步是根据 PLC 输出状态的变化来划分的，在任何一步之内，各输出状态不变，但是相邻步之间输出状态是不同的。步的这种划分方法使代表各步的编程元件与 PLC 各输出状态之间有着极为简单的逻辑关系。

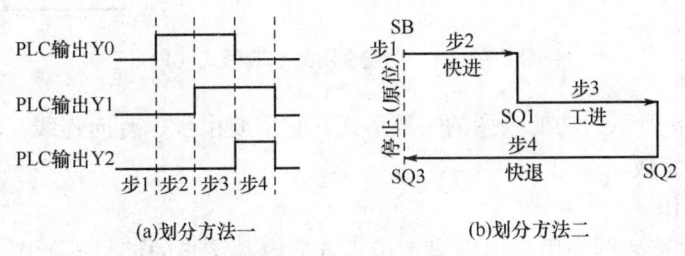

图2-3-3 步的划分

步也可根据被控对象工作状态的变化来划分，但被控对象工作状态的变化应该是由 PLC 输出状态变化引起的。如图2-3-3（b）所示，某液压滑台的整个工作过程可划分为停止（原位）、快进、工进、快退四步。但这四步的状态改变都必须是由 PLC 输出状态的变化引起的，否则就不能这样划分，例如从快进转为工进与 PLC 输出无关，那么快进和工进只能算一步。

（2）转换条件的确定。使系统由当前步转入下一步的信号称为转换条件。

转换条件可能是外部输入信号，如按钮、指令开关、限位开关的接通/断开等，也可能是 PLC 内部产生的信号，如定时器、计数器触点的接通/断开等，转换条件也可能是若干个信号的与/或、非逻辑组合。如图2-3-3（b）所示的 SB、SQ1、SQ2、SQ3 均为转换条件。

顺序控制设计法用转换条件控制代表各步的编程元件，让它们的状态按一定的顺序变化，然后用代表各步的编程元件去控制各输出继电器。

（3）功能表图的绘制。根据以上分析和被控对象工作内容、步骤、顺序和控制要求画出功能表图。绘制功能表图是顺序控制设计法中最为关键的一个步骤。

（4）梯形图的编制。根据功能表图，按某种编程方式写出梯形图程序。如果 PLC 支持功能表图语言，则可直接使用该功能表图作为最终程序。

2. 功能表图的绘制

功能表图又称作状态转移图，它是描述控制系统的控制过程、功能和特性的一种图形，也是设计 PLC 的顺序控制程序的有力工具。功能表图并不涉及所描述的控制功能的具体技术，它是一种通用的技术语言，可以用于进一步设计和不同专业的人员之间进行技术交流。

各个 PLC 厂家都开发了相应的功能表图，各国家也都制定了功能表图的国家标准。

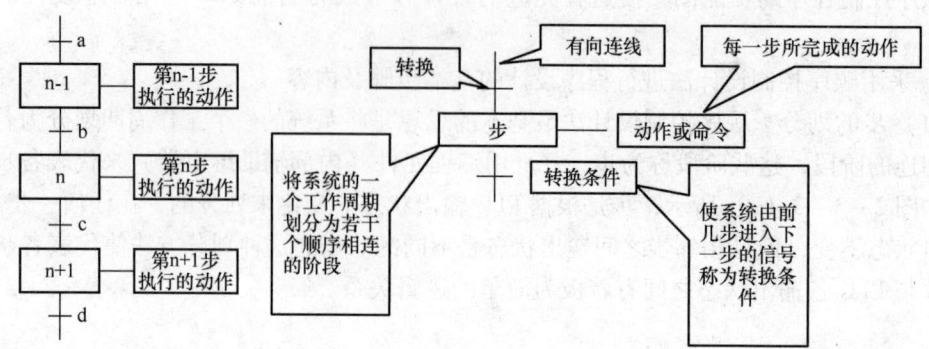

图 2-3-4 功能表图的一般形式（1）

如图 2-3-4 所示为功能表图的一般形式，它主要由步、有向连线、转换、转换条件和动作（命令）组成。

（1）步与动作。

1）步。在功能表图中用矩形框表示步，方框内是该步的编号。如图 2-3-4 所示各步的编号为 n-1、n、n+1。编程时一般用 PLC 内部编程元件来代表各步，因此经常直接用代表该步的编程元件的元件号作为步的编号，如 M10 等，这样在根据功能表图设计梯形图时较为方便。

2）初始步。与系统的初始状态相对应的步称为初始步。初始状态一般是系统等待起动命令的相对静止的状态。初始步用双线方框表示，每一个功能表图至少应该有一个初始步，如图 2-3-5 所示。

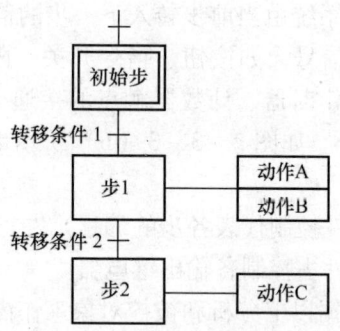

图 2-3-5 步、动作、有向连线、转移条件的关系

3）动作。一个控制系统可以划分为被控系统和施控系统，例如在数控车床系统中，数控装置是施控系统，而车床是被控系统。对于被控系统，在某一步中要完成某些"动作"，对于施控系统，在某一步中则要向被控系统发出某些"命令"，将动作或命令简称为动作，并用矩形框中的文字或符号表示，该矩形框应与相应的步的符号相连。如果某一步有几个动作，可以用如图 2-3-6 所示的两种画法来表示，但是图中并不隐含这些之间的任何顺序。

4）活动步。当系统正处于某一步时，该步处于活动状态，称该步为"活动步"。步

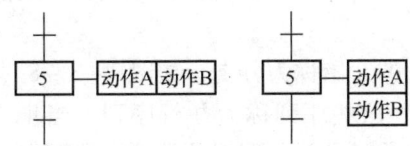

图 2-3-6 多个动作的表示

处于活动状态时,相应的动作被执行。若为保持型动作,则该步不活动时继续执行该动作,若为非保持型动作则指该步不活动时,动作也停止执行。一般在功能表图中保持型的动作应该用文字或助记符标注,而非保持型动作不要标注。

(2) 有向连线、转换与转换条件。

1) 有向连线。在功能表图中,随着时间的推移和转换条件的实现,将会发生步的活动状态的顺序进展,这种进展按有向连线规定的路线和方向进行。在画功能表图时,将代表各步的方框按它们成为活动步的先后次序顺序排列,并用有向连线将它们连接起来。活动状态的进展方向习惯上是从上到下或从左至右,在这两个方向有向连线上的箭头可以省略。如果不是上述的方向,应在有向连线上用箭头注明进展方向。

2) 转换。转换是用有向连线上与有向连线垂直的短画线来表示,转换将相邻两步分隔开。步的活动状态的进展是由转换的实现来完成的,并与控制过程的发展相对应。

3) 转换条件。转换条件是与转换相关的逻辑条件,转换条件可以用文字语言、布尔代数表达式或图形符号标注在表示转换的短线的旁边。转换条件 X 和 $\overline{X}$ 分别表示在逻辑信号 X 为 "1" 状态和 "0" 状态时转换实现。符号 X↑ 和 X↓ 分别表示当 X 从 0→1 状态和从 1→0 状态时转换实现。使用最多的转换条件表示方法是布尔代数表达式,如转换条件 $(X0+X3)\cdot\overline{CO}$。

(3) 功能表图的基本结构。

1) 单序列。单序列由一系列相继激活的步组成,每一步的后面仅接有一个转换,每一个转换的后面只有一个步,如图 2-3-7 (a) 所示。

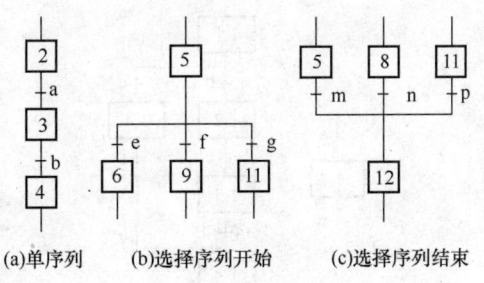

图 2-3-7 单序列与选择序列

2) 选择序列。选择序列的开始称为分支,如图 2-3-7 (b) 所示,转换符号只能标在水平连线之下。如果步 2 是活动的,并且转换条件 e=1,则发生由步 5→步 6 的进展;如果步 5 是活动的,并且 f=1,则发生由步 5→步 9 的进展。在某一时刻一般只允许选择一个序列。选择序列的结束称为合并,如图 2-3-7 (c) 所示。如果步 5 是活动步,并且转换条件 m=1，则发生由步 5→步 12 的进展；如果步 8 是活动步，并且 n=1，则发生由步 8→步 12 的进展。

3）并行序列。并行序列的开始称为分支，如图 2-3-8（a）所示，当转换条件的实现导致几个序列同时激活时，这些序列称为并行序列。当步 4 是活动步，并且转换条件 a=1、3、7、9 这三步同时变为活动步，同时步 4 变为不活动步。为了强调转换的同步实现，水平连线用双线表示。步 3、7、9 被同时激活后，每个序列中活动步的进展将是独立的。在表示同步的水平双线之上，只允许有一个转换符号。

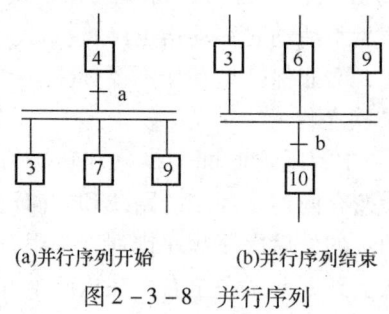

(a)并行序列开始　　(b)并行序列结束

图 2-3-8　并行序列

并行序列的结束称为合并，如图 2-3-8（b）所示，在表示同步的水平双线之下，只允许有一个转换符号。当直接连在双线上的所有前级步都处于活动状态，并且转换条件 b=1 时，才会发生步 3、6、9 到步 10 的进展，即步 3、6、9 同时变为不活动步，而步 10 变为活动步。并行序列表示系统的几个同时工作的独立部分的工作情况。

4）子步。如图 2-3-9 所示，某一步可以包含一系列子步和转换，通常这些序列表示整个系统的一个完整的子功能。子步的使用使系统的设计者在总体设计时容易抓住系统的主要矛盾，用更加简洁的方式表示系统的整体功能和概貌，而不是一开始就陷入某些细节之中。设计者可以从最简单的对整个系统的全面描述开始，然后画出更详细的功能表图，子步中还可以包含更详细的子步，这使设计方法的逻辑性很强，可以减少设计中的错误，缩短总体设计和查错所需要的时间。

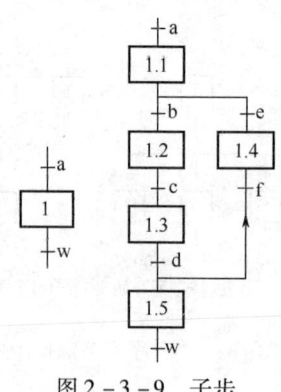

图 2-3-9　子步

（4）转换实现的基本规则。

1）转换实现的条件。在功能表图中，步的活动状态的进展是由转换的实现来完成的。转换实现必须同时满足两个条件：

①该转换所有的前级步都是活动步。

②相应的转换条件得到满足。

如果转换的前级步或后续步不止一个,转换的实现称为同步实现,如图2-3-10所示。

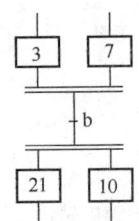

图2-3-10 转换的同步实现

2)转换实现应完成的操作。转换的实现应完成两个操作:

①使所有由有向连线与相应转换符号相连的后续步都变为活动步。

②使所有由有向连线与相应转换符号相连的前级步都变为不活动步。

(5)绘制功能表图应注意的问题。

1)两个步绝对不能直接相连,必须用一个转换将它们隔开。

2)两个转换也不能直接相连,必须用一个步将它们隔开。

3)功能表图中初始步是必不可少的,它一般对应于系统等待起动的初始状态,这一步可能没有什么动作执行,因此很容易遗漏这一步。如果没有该步,无法表示初始状态,系统也无法返回停止状态。

4)只有当某一步所有的前级步都是活动步时,该步才有可能变成活动步。如果用无断电保持功能的编程元件代表各步,则PLC开始进入RUN方式时各步均处于"0"状态,因此必须要有初始化信号,将初始步预置为活动步,否则功能表图中永远不会出现活动步,系统将无法工作。

3. 梯形图的编制

根据顺序功能图,采用某种编程方式设计出梯形图。

常用的设计方法有三种:启动-保持-停止电路设计法、以转换为中心设计法、步进顺控指令设计法。这里主要学习前两种梯形图的设计方法。

(1)单序列结构的编程。

1)使用启保停电路的编程方法,如图2-3-11所示。

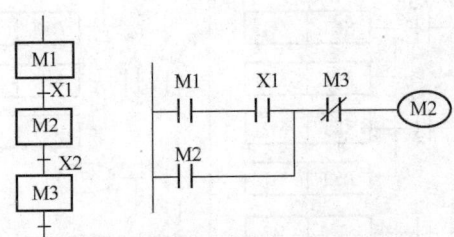

图2-3-11 使用启保停电路的编程方法

2）使用以转换为中心的编程方法，如图2-3-12所示。

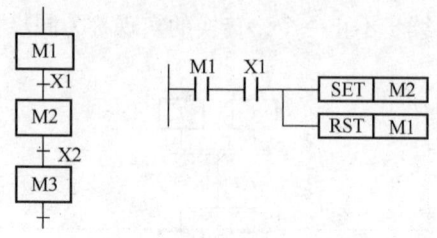

图2-3-12 使用以转换为中心的编程方法

3）举例说明：单序列结构顺序功能图如图2-3-13所示，单序列结构梯形图如图2-3-14、图2-3-15所示。

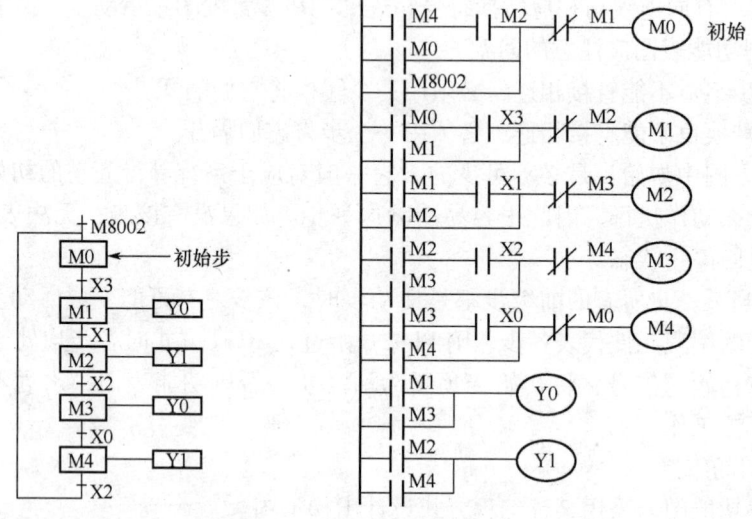

图2-3-13 单序列结构顺序功能图绘制　　图2-3-14 单序列结构梯形图绘制（使用启保停电路的编程方法）

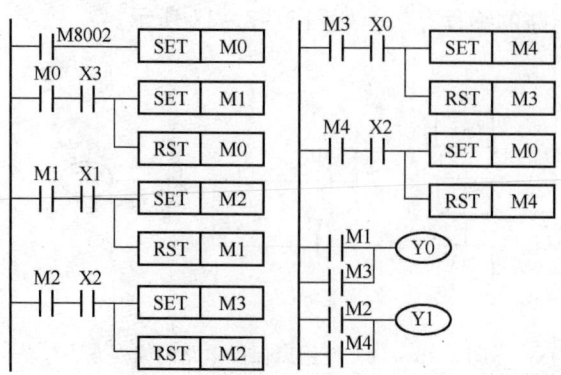

图2-3-15 单序列结构梯形图绘制（使用以转换为中心的编程方法）

（2）选择序列结构的编程。举例说明：

选择序列结构的顺序功能图如图2-3-16所示，选择序列结构梯形图如图2-3-17、图2-3-18所示。

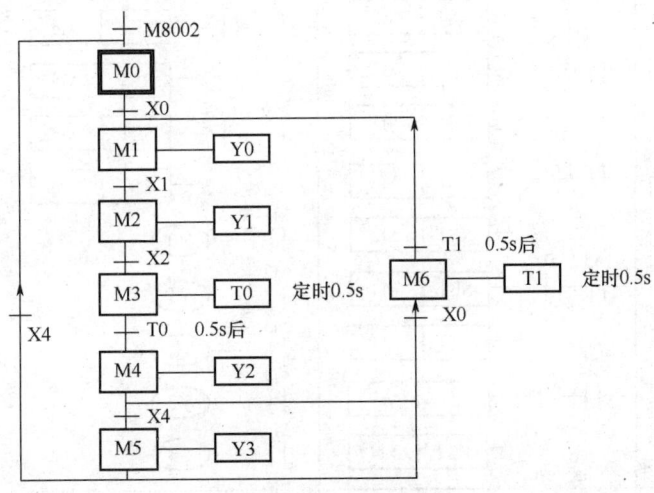

图2-3-16 选择序列结构顺序功能图绘制

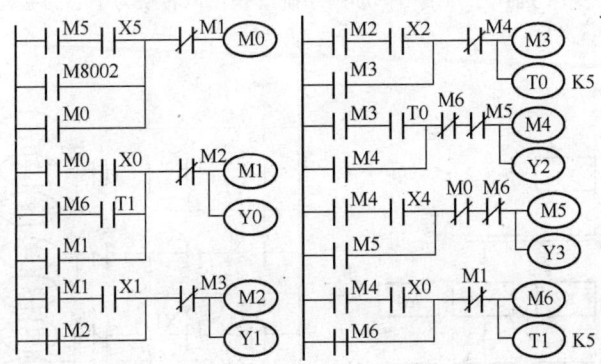

图2-3-17 选择序列结构梯形图绘制（使用启保停电路的编程方法）

（3）并行序列结构的编程。举例说明：

并行序列结构的顺序功能图如图2-3-19所示，并行序列结构梯形图如图2-3-20、图2-3-21所示。

（4）仅有两步的闭环处理。如果在顺序功能图中有仅由两步组成的小闭环，如图2-3-22（a）所示，用启动、保持、停止电路设计的梯形图不能正常工作。例如在M2和X2均为ON时，M3的启动电路接通，但是这时与它串联的M2的常闭触点却是断开的，如图2-3-22（b）所示，所以M3的线圈不能"通电"。

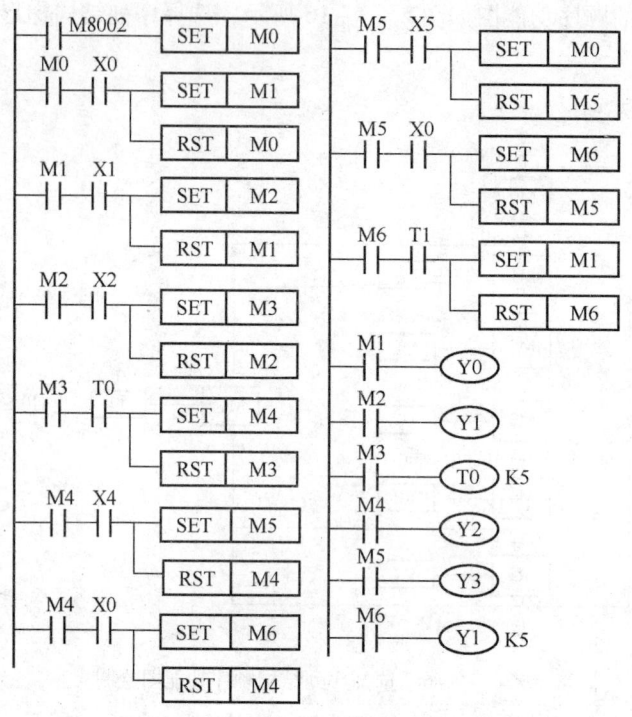

图 2-3-18 选择序列结构梯形图绘制（使用以转换为中心的编程方法）

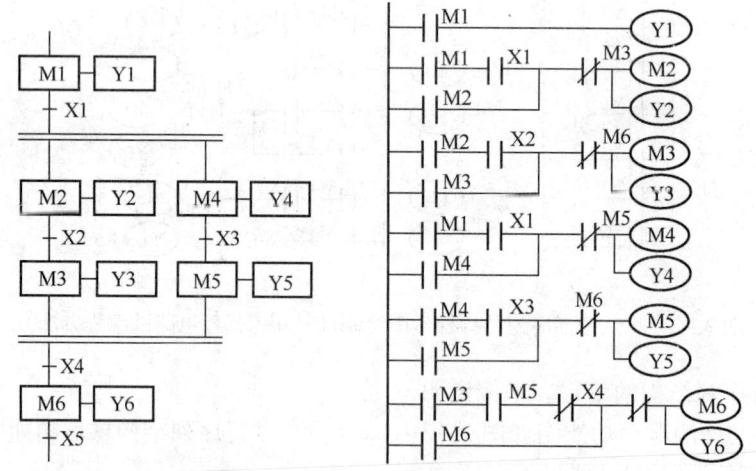

图 2-3-19 并行序列结构顺序　　图 2-3-20 并行序列结构梯形图绘制
　　　　　功能图绘制　　　　　　（使用启保停电路的编程方法）

出现上述问题的根本原因在于步 M2 既是步 M3 的前级步，又是它的后续步。在小闭环中增设一步就可以解决这一问题，如图 2-3-22（c）所示，这一步没有什么操作，它后面

112

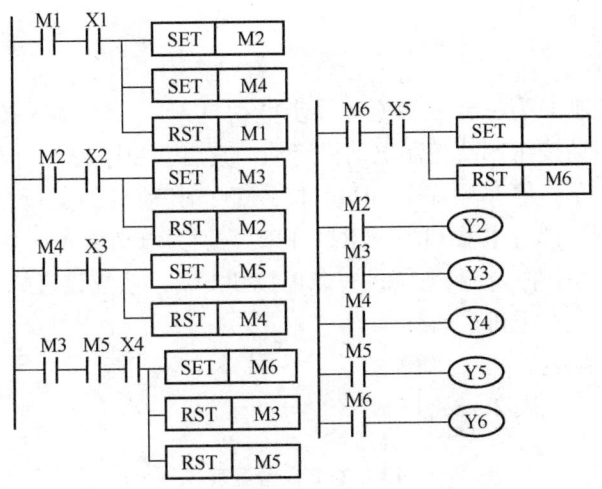

图 2-3-21 并行序列结构梯形图绘制（使用以转换为中心的编程方法）

的转换条件"=1"相当于逻辑代数中的常数 1，即表示转换条件总是满足的，只要进入步 M10，将马上转换到步 M2 去。如图 2-3-22（d）是根据图如图 2-3-22（c）画出的梯形图。

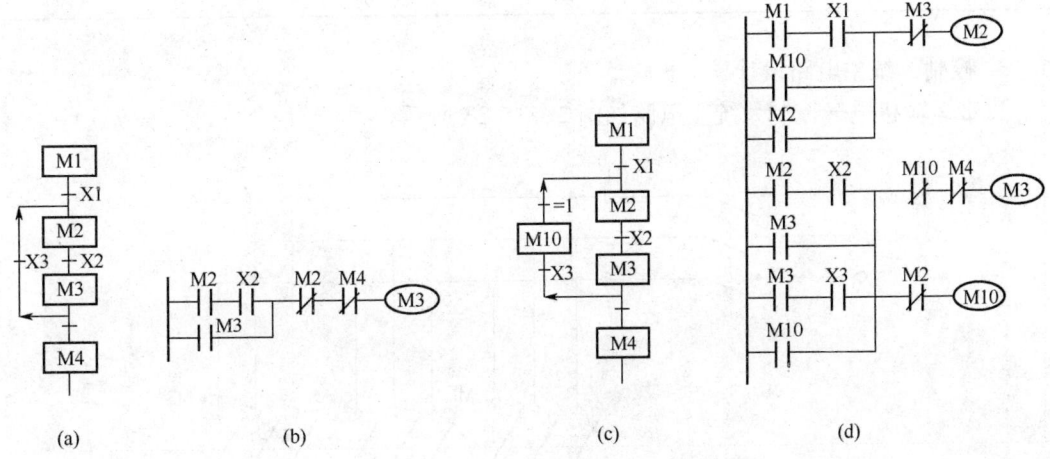

图 2-3-22 仅有两步组成的闭环处理

4. 顺序功能流程图程序设计的特点

（1）以功能为主线，条理清楚，便于对程序操作的理解和沟通。

（2）对大型的程序，可分工设计，采用较为灵活的程序结构，可节省程序设计时间和调试时间。

（3）常用于系统的规模较大，程序关系较复杂的场合。

（4）只有在活动步的命令和操作被执行后，才对活动步后的转换进行扫描，因此，整个程序的扫描时间可大大缩短。

五、任务实施

1. 制定设计方案

皮带运输机的控制即为三台三相笼型异步电动机 M1、M2、M3 按时间原则顺序启动逆序停止的控制。启动按钮 SB0 控制电动机启动，其启动顺序为 M3、M2、M1；停止按钮 SB1 控制电动机的停车，停车顺序为 M1、M2、M3；电动机的运行分别由接触器 KM1、KM2、KM3 实现控制；热继电器 FR1、FR2、FR3 分别为电动机 M1、M2、M3 的过载保护器件；FU 为短路保护器件；控制系统设有急停按钮 SB2；系统设有蜂鸣器，当蜂鸣器 HZ 发出警报信号之后方允许主机启动。

2. PLC 的 I/O 分配表

PLC 的 I/O 分配表见表 2-3-1。

表 2-3-1　　　　　　　　　　PLC 的 I/O 分配表

输入			输出		
名称	符号	地址	名称	符号	地址
启动	SB0	X000	电机 M1	KM1	Y000
停止	SB1	X001	电机 M2	KM2	Y001
急停	SB2	X002	电机 M3	KM3	Y002
过载保护	FR1、FR2、FR3	X003	蜂鸣器	HZ	Y003

3. 控制系统主电路设计

皮带运输机电气控制系统主电路如图 2-3-23 所示。

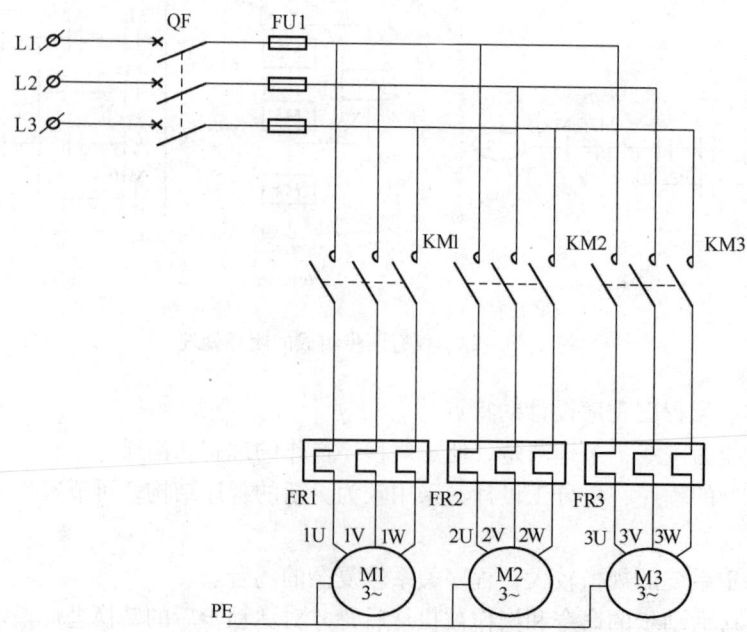

图 2-3-23　皮带运输机电气控制系统主电路

4. PLC 的外部接线图

PLC 的外部接线图如图 2-3-24 所示。

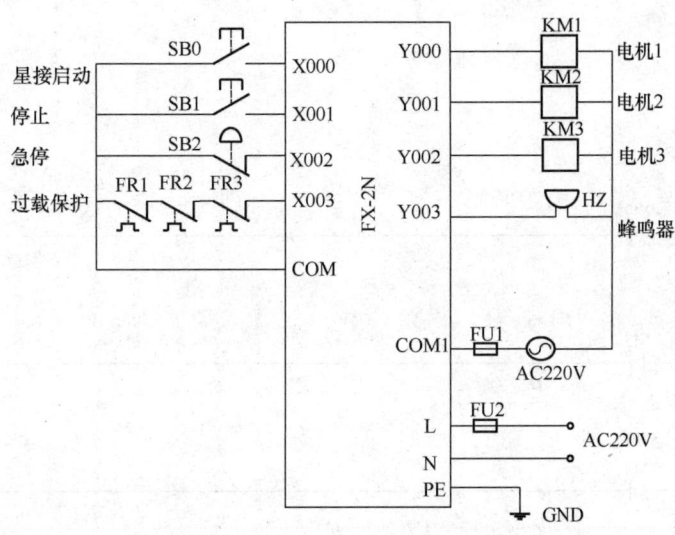

图 2-3-24　皮带运输机电气控制系统 PLC 外部接线图

5. PLC 程序设计

PLC 程序设计如图 2-3-25、图 2-3-26 所示。

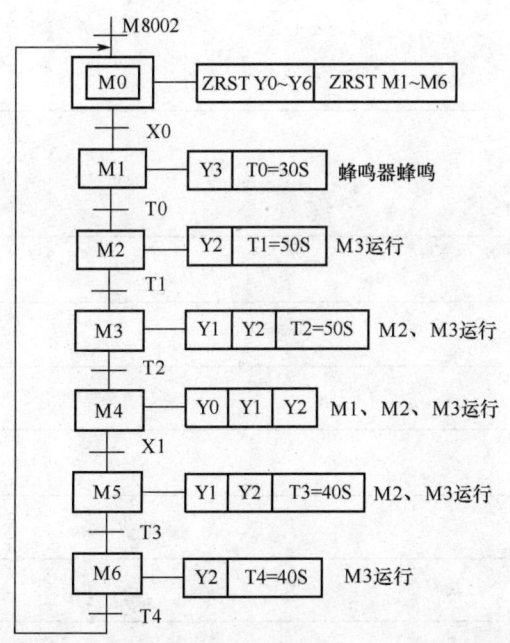

图 2-3-25　皮带运输机电气控制系统顺序功能图

```
 0 ──┬─┤M8002├──┤/├M1──────────────────────────────(M0)
     ├─┤M6├─┤T4├─┤
     ├─┤/├X003─┤
     ├─┤/├X002─┤
     └─┤M0├────┘

 9 ──┬─┤M0├─┤X000├─┤/├M2──────────────────────────(M1)
     └─┤M1├─┘

14 ──┬─┤M1├─┤T0├─┤/├M3────────────────────────────(M2)
     └─┤M2├─┘

19 ──┬─┤M2├─┤T1├─┤/├M4────────────────────────────(M3)
     └─┤M3├─┘

24 ──┬─┤M3├─┤T2├─┤/├M5────────────────────────────(M4)
     └─┤M4├─┘

29 ──┬─┤M0├─┤X001├─┤/├M6──────────────────────────(M5)
     └─┤M1├─┘

34 ──┬─┤M5├─┤T3├─┤/├M0────────────────────────────(M6)
     └─┤M6├─┘

39 ───┤M0├──────────────────────[ZRST  Y000  Y006]
                                [ZRST  M1    M6  ]

50 ───┤M1├────────────────────────────────(T0  K300)
54 ───┤M2├────────────────────────────────(T1  K500)
58 ───┤M3├────────────────────────────────(T2  K500)
62 ───┤M5├────────────────────────────────(T3  K400)
66 ───┤M6├────────────────────────────────(T4  K400)
70 ───┤M1├────────────────────────────────(Y003)
```

```
72 ┤├─M2──────────────────────(Y002)
   ├─M3─┤
   ├─M4─┤
   ├─M5─┤
   └─M6─┘
78 ┤├─M3──────────────────────(Y001)
   ├─M4─┤
   └─M5─┘
82 ┤├─M4──────────────────────(Y000)
84 ────────────────────────────[END]
```

图2-3-26 皮带运输机电气控制系统梯形图（参考）

6. 皮带运输机电气控制系统的模拟调试

（1）训练器材。

1）可编程控制器实训装置1台。

2）PLC主机模块1个。

3）计算机1台。

4）导线若干。

（2）训练内容与步骤。

1）程序录入训练：正确使用编程软件，完成图2-3-26的程序录入。

2）硬件接线训练：按照PLC外部接线图，完成PLC的I、O口与电源的接线。

3）模拟调试训练：将PLC置于RUN运行模式，分别将输入信号X000、X001、X002、X003按照给定的控制要求置于ON或OFF，观察PLC的输出结果，并做好记录。

4）整理实训操作结果，分析Y000、Y001、Y002、Y003在什么情况下得电，在什么情况下失电，并分析其原因。

5）根据控制要求，利用以转换为中心的编程方法，完成皮带运输机的程序设计。

六、任务评价

本项任务的评价标准如表2-3-2所示。任务评价由学生自评、小组互评与教师评价相结合，其中学生自评占总成绩的20%、小组互评占总成绩的30%、教师评价占总成绩的50%。

表 2-3-2　　PLC 控制系统的设计、安装与调试的评价标准

考核项目	序号	考核内容	评分要点及得分（最高为该项配分值）	配分	得分		
					自评	互评	教师评价
职业能力	1	PLC 控制系统的设计	1. 理解 PLC 控制系统的控制工艺要求，功能图画错扣 5 分 2. 主电路设计一处错误扣 1 分，I/O 电路一处错误扣 5 分 3. PLC 程序设计有误，每处扣 2 分 4. 根据电路图提出主要器件单，器件单有误每处扣 1 分	20			
	2	元件安装与仪器仪表的使用	1. 按电路图要求进行元件安装，不合理、不整齐者每处扣 1 分 2. 能在调试过程中正确使用万用表，根据所测数据判断电路是否出现故障，错误一次扣 2 分	10			
	3	实际接线操作	1. 接线要符合安全性、规范性、正确性、美观性，否则一处错误扣 3 分 2. PLC 端口接线有误，每处扣 3 分	15			
	4	调试结果	1. 熟练调试过程，调试步骤一处错误扣 3 分 2. 观察线路工作现象并判断正确与否，判断有误一次扣 5 分	20			
职业素质	1	安全文明操作	1. 损坏元件一次，扣 2 分 2. 引发安全事故，扣 10 分 3. 未作相应的职业保护措施，扣 2 分	10			
	2	团队协作精神	1. 分工不合理，承担任务少扣 5 分 2. 小组成员不与他人合作，扣 3 分 3. 不与他人交流，扣 2 分	15			
	3	劳动纪律	1. 违反规章制度一次扣 2 分 2. 不做清洁整理工作，扣 5 分 3. 清洁整理效果差，酌情扣 2~5 分	10			
		合计		100			
		训练时间记录					
备注		自评学生签字：		自评成绩			
		互评学生签字：		互评成绩			
		指导老师签字：		教师评价成绩			
				总成绩			

【训练小课题】

设计内容：按照所给的控制要求，设计 PLC 控制系统的 I/O 分配表、PLC 的外部接线图与梯形图，完成线路的模拟调试。

1. 试设计符合技术要求的 PLC 控制系统，并进行模拟调试。

控制要求：按下启动按钮，第一台电动机 M1 启动；运行 4s 后，第二台电动机 M2 启动；再运行 15s 后，第三台电动机 M3 启动。按下停止按钮，3 台电动机全部停止。

2. 试设计符合技术要求的 PLC 控制系统，并进行模拟调试。

控制要求：当拨动开关将 X0 接通，启动脉冲发生器。延时 2s 后 Y0 接通，再延时 1s 后 Y0 断开。这一过程周期性地重复。Y0 输出一系列脉冲信号，其周期为 3s，脉宽为 1s。

3. 试设计符合技术要求的 PLC 控制系统，并进行模拟调试。

控制要求：实现采用一个按钮控制启动和停止。在停止的情况下，第一次按动按钮，启动；第二次按动按钮，停止；……

4. 试设计符合技术要求的 PLC 控制系统，并进行模拟调试。

控制要求：传送带卡阻检测与报警控制程序。当产品 P 传送经过光电传感器 PH1 后，正常情况下 1min 内必定到达光电传感器 PH2 处；若 1min 内不能从 PH1 处到达 PH2 处，则说明传送带发生了卡阻现象，应立即发出故障报警信号；要求故障报警蜂鸣器以 0.5s 通、0.5s 断的频率断续工作，直到外部报警复位按钮 SB1 闭合才停止故障报警（图 2-3-27）。

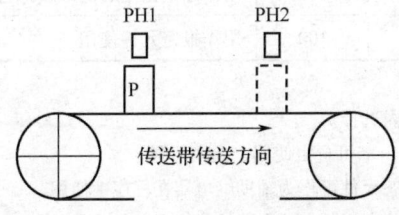

图 2-3-27 产品带传动控制示意图

5. 试设计符合技术要求的 PLC 控制系统，并进行模拟调试。

控制要求：如图 2-3-28 所示，运料小车在左边装料处（X2 限位）从 a、b 两种原料中选择一种装入，然后右行，自动将原料对应卸在 A（X3 限位）、B（X4 限位）处，然后返回装料处。用开关 X0 的状态选择在何处卸料，当 X0 = 1 时，选择卸在 A 处；当 X0 = 0 时，选择卸在 B 处。

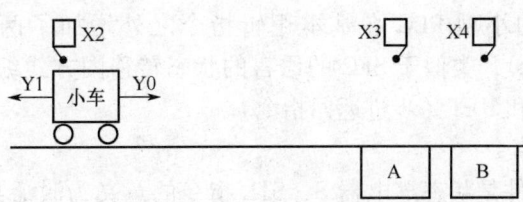

图 2-3-28 运料小车控制示意图

6. 试设计符合技术要求的 PLC 控制系统，并进行模拟调试。

控制要求：十字路口交通灯控制。

开关合上后，东西绿灯亮 5s 后，闪 3s，灭；黄灯亮 2s 后，灭；红灯亮 10s；绿灯亮……循环。对应东西绿黄灯亮时南北红灯亮 10s，接着绿灯亮 5s 后，闪 3s，灭；黄灯亮 2s 后，红灯又亮……如此循环。

开关断开后，程序执行完当前循环，回到初始位置停止。

【知识链接】

一、PLC 的软元件——状态继电器

FX 系列 PLC 的状态继电器如表 2 – 3 – 3 所示。状态继电器是构成状态转移图的重要软元件，它与后述的步进顺控指令配合使用。状态继电器的常开和常闭接点在 PLC 梯形图内可以自由使用，且使用次数不限。不用步进顺控指令时，状态继电器 S 可以作为辅助继电器 M 在程序中使用。

表 2 – 3 – 3 　　　　　　　　FX 系列 PLC 的状态继电器

类别	元件编号	个数	用途及特点
初始状态	S0 ~ S9	10	用作初始状态
返回原点状态	S10 ~ S19	10	多运行模式中，用作返回原点的状态
一般状态	S20 ~ S499	480	用作中间状态
掉电保持状态	S500 ~ S899	400	用作停电恢复后需继续执行的场合
信号报警状态	S900 ~ S999	100	用作报警元件使用

注：
（1）状态的编号必须在指定范围内选择。
（2）各状态元件的触点，在 PLC 内部可自由使用，次数不限。
（3）在不用步进顺控指令时，状态元件可作为辅助继电器在程序中使用。
（4）通过参数设置，可改变一般状态元件和掉电保持状态元件的地址分配。

二、步进指令 STL、RET

IECl 131—3 标准中定义的 SFC（Sequential Function Chart）语言是一种通用的状态转移图语言，用于编制复杂的顺控程序，主要不同厂家生产的可编程控制器中用 SFC 语言编制的程序极易相互变换。利用这种先进的编程方法，初学者也很容易编出复杂的程序，熟练的电气工程师用这种方法后也能大大提高工作效率。另外，这种方法也为调试、试运行带来许多方便。三菱的小型 PLC 在基本逻辑指令之外增加了两条简单步进顺控指令（STL，意为 Step Ladder），类似于 SFC 的语言的状态转移图方式编程。步进指令有两条：STL（步进接点指令）和 RET（步进返回指令）。

1. STL：步进接点指令

STL 指令的操作元件是状态继电器 S，STL 指令的意义为激活某个状态。在梯形图上体现为从主母线上引出的状态接点。STL 指令有建立子母线的功能，以使该状态的所有操作均在子母线上进行。STL 指令的应用如图 2 – 3 – 29 所示。

我们可以看到，在状态转移图中状态有状态任务（驱动负载）、转移方向（目标）和转移条件三个要素，其中转移方向（目标）和转移条件是必不可少的，而驱动负载则视具

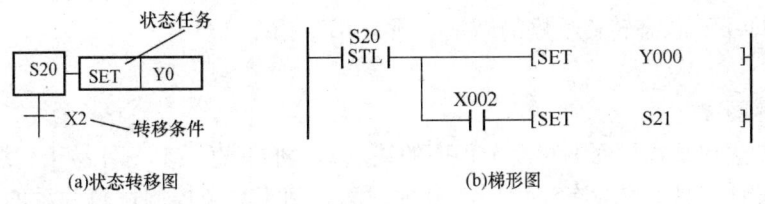

图 2-3-29 STL 指令应用

体情况,也可能不进行实际的负载驱动。图 2-3-29 为状态转移图和梯形图的对应关系。其中 SET Y000 为状态 S20 的状态任务(驱动负载),S21 为其转移的目标,X002 为其转移条件。图 2-3-29 的指令表程序如下:

STL	S20	使用 STL 指令,激活状态继电器 S20
SET	Y000	驱动负载
LD	X002	转移条件
SET	S21	转移方向(目标)处理
STL	S21	使用 STL 指令,激活状态继电器 S21

步进顺控的编程思想是:先进行负载驱动处理,然后进行状态转移处理。从程序中可以看出,首先要使用 STL 指令,这样保证负载驱动和状态转移均是在子母线上进行,并激活状态继电器 S20;然后进行本次状态下的负载驱动,SET Y001;最后,如果转移条件 X2 满足,使用 SET 指令将状态转移到下一个状态继电器 S21。

步进接点只有常开触点,没有常闭触点。步进接点接通,需要用 SET 指令进行置位。步进接点闭合,其作用如同主控触点闭合一样,将左母线移到新的临时位置,即移到步进接点右边,相当于子母线,这时,与步进接点相连的逻辑行开始执行,与子母线相连的触点可以采用 LD 指令或者 LDI 指令。

2. RET:步进返回指令

RET 指令没有操作元件。RET 指令的功能是:当步进顺控程序执行完毕时,使子母线返回到原来主母线的位置,以便非状态程序的操作在主母线上完成,防止出现逻辑错误。RET 指令的应用如图 2-3-30 所示。

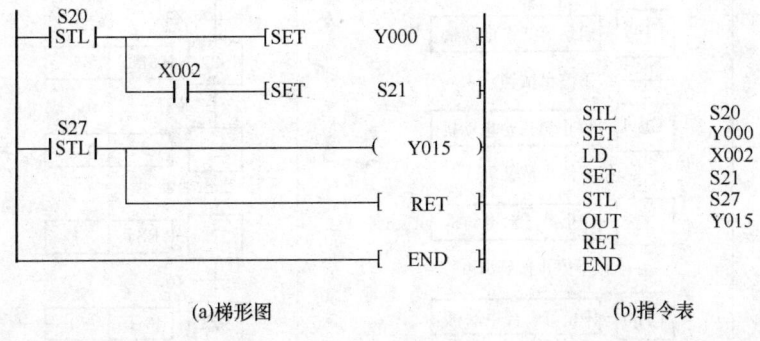

图 2-3-30 RET 指令的应用

在每条步进指令后面，不必都加一条 RET 指令，只需在一系列步进指令的最后接一条 RET 指令即可。状态转移程序的结尾必须有 RET 指令。

三、状态转移图

基于经验法和基本指令编写复杂程序的缺点，人们一直寻求一种易于构思、易于理解的图形程序设计工具。它应有流程图的直观，又有利于复杂控制逻辑关系的分解与综合，这种图就是状态转移图。为了说明状态转移图，现将三台电动机顺序控制的流程各个控制步骤用工序表示，并按工作顺序将工序连接成如图 2-3-31 所示的工序图，这就是状态转移图的雏形。

从图 2-3-31 可看到，该图有以下特点：

（1）将复杂的任务或过程分解成若干个工序（状态）。无论多么复杂的过程均能分化为小的工序，有利于程序的结构化设计。

（2）相对某一个具体的工序来说，控制任务实现了简化，给局部程序的编制带来了方便。

（3）整体程序是局部程序的综合，只要弄清楚工序成立的条件、工序转移的条件和方向，就可进行这类图形的设计。

（4）这种图很容易理解，可读性很强，能清晰地反映全部控制工艺过程。

其实将图中的"工序"更换为"状态"，就得到了状态转移图——状态编程法的重要工具。状态编程的一般思想为：将一个复杂的控制过程分解为若干个工作状态，弄清楚每个状态的工作细节（状态的功能、转移条件和转移方向），再依据总的控制顺序要求，将这些状态联系起来，即形成状态转移图，如图 2-3-32 所示。

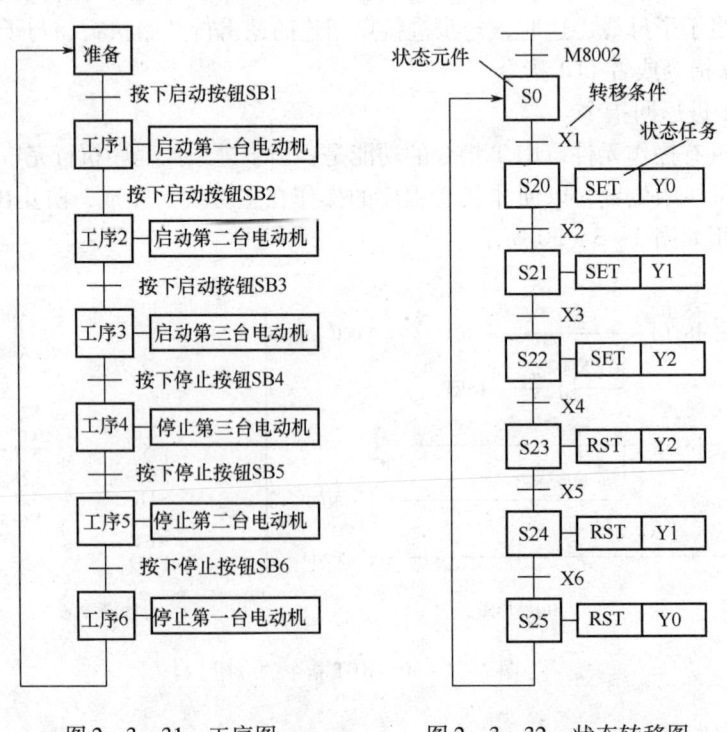

图 2-3-31　工序图　　　　图 2-3-32　状态转移图

在状态转移图中,一个完整的状态包括以下三部分:
(1) 状态任务,即本状态做什么;
(2) 状态转移条件,即满足什么条件实现状态转移;
(3) 状态转移方向,即转移到什么状态去。

四、步进顺序控制

1. 单流程步进顺序控制

所谓单流程,是指状态转移只可能有一种顺序。电动机顺序控制过程只有一种顺序:启动电动机1→启动电动机2→启动电动机3→停止电动机3→停止电动机2→停止电动机1,没有其他可能,所以叫单流程。

下面仍以电动机顺序控制为例,说明运用状态编程思想编写步进顺序控制程序的方法和步骤。

(1) 状态转移图的设计。

1) 将整个工作过程按任务要求分解,其中的每个工序均对应一个状态,并分配状态元件。

①准备(初始状态)　　S0　　　⑤停止电动机3　　S23
②启动电动机1　　　　S20　　　⑥停止电动机2　　S24
③启动电动机2　　　　S21　　　⑦停止电动机1　　S25
④启动电动机3　　　　S22

注意:不同工序,状态继电器编号也不同。一个状态(步)用一个矩形框来表示,中间写上状态元件编号用以标识。一个步进顺控程序必须要有一个初始状态,一般状态和初始状态的符号如图2-3-33所示。

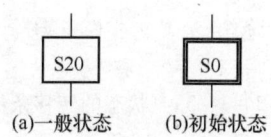

图2-3-33　状态(步)的符号

2) 弄清每个状态的状态任务(驱动负载)。

S0　　PLC上电做好工作准备　　　　S23　　停止电动机3(RST Y2)
S20　　启动电动机1(SET Y0)　　　　S24　　停止电动机2(RST Y1)
S21　　启动电动机2(SET Y1)　　　　S25　　停止电动机1(RST Y0)
S22　　启动电动机3(SET Y2)

用右边的一个矩形框表示该状态对应的状态任务,多个状态任务对应多个矩形框。各状态的功能是通过PLC驱动其各种负载来完成的。负载可由状态元件直接驱动,也可由其他软元件触点的逻辑组合驱动,如图2-3-34所示。

3) 找出每个状态的转移条件。即在什么条件将下个状态"激活"。状态转移图就是

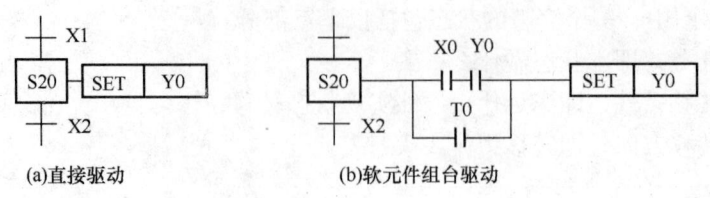

图 2-3-34 负载的驱动

状态和状态转移条件及转移方向构成的流程图,经分析可知,本例中各状态的转移条件如下:

S0	转移条件	按下 SB1	S22	转移条件	按下 SB4
S20	转移条件	按下 SB2	S23	转移条件	按下 SB5
S21	转移条件	按下 SB3	S24	转移条件	按下 SB6

用一个有向线段来表示状态转移的方向,从上向下画时可以省略箭头,当有向线段从下向上画时,必须画上箭头,以表示方向。状态之间的有向线段上再用一段横线表示这一转移的条件。状态的转移条件可以是单一的,也可以有多个元件的串、并联组合,如图 2-3-35 所示。

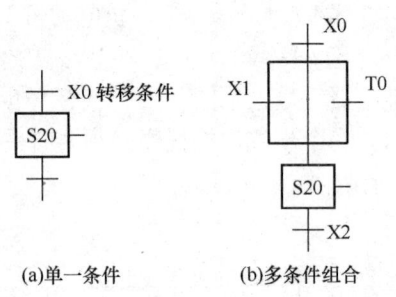

图 2-3-35 状态的转移条件

经过以上三步,可得到电动机顺序控制的状态转移图,如图 2-3-36 所示。

(2) 单流程状态转移图的编程要点。

1)状态编程的基本原则是:激活状态,先进行负载驱动,再进行状态转移,顺序不能颠倒。

2)当使用 STL 指令将某个状态激活,该状态下的负载驱动和转移才有可能。若对应状态是关闭的,则负载驱动和状态转移不可能发生。

3)除初始状态下,其他所有状态只有在其前一个状态被激活且转移条件满足时才能被激活,同时一旦下一个状态被激活,上一个状态自动关闭。因此,对于单流程状态转移图来说,同一时间,只有一个状态是处于激活状态的。

4)若为顺序连续转移(即按状态继电器元件编号顺序向下),使用 SET 指令进行状态转移;若为顺序不连续转移,不能使用 SET 指令,应改用 OUT 指令进行状态转移,如

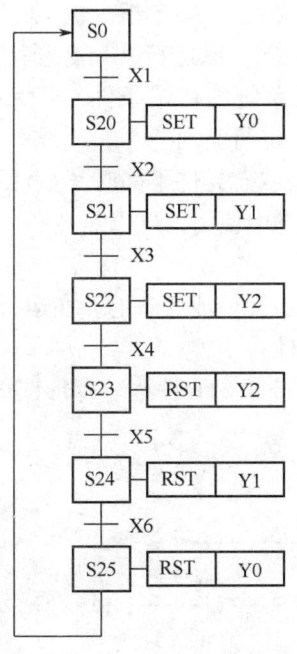

图 2-3-36 电动机顺序控制系统状态转移图

图 2-3-37 所示。

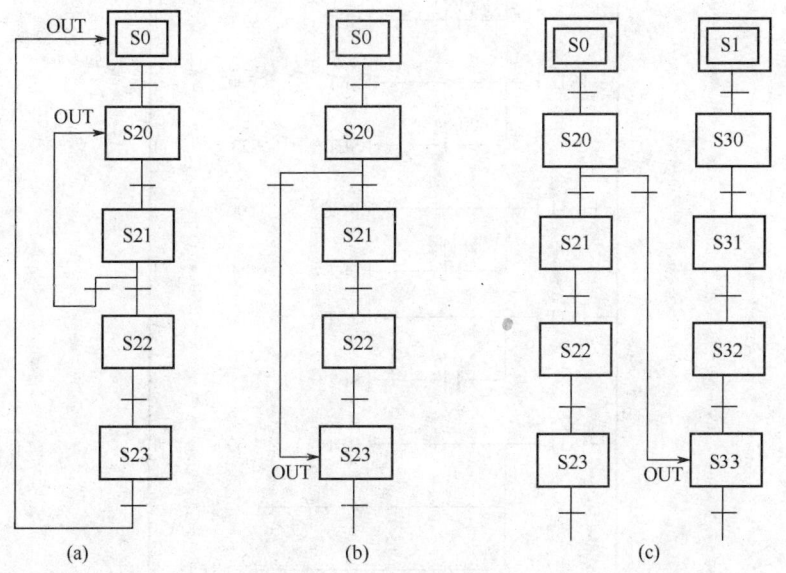

图 2-3-37 非顺序连续转移图

5）状态的顺序可自用选择，不一定非要按 S 编号的顺序选用，但在一系列的 STL 指令的最后，必须写入 RET 指令。

6) 在 STL 电路不能使用 MC 指令，MPS 指令也不能紧接着 STL 触点后使用。

7) 初始状态可有其他状态驱动，但运行开始必须用其他方法预先做好驱动，否则状态流程不可能向下进行。一般用系统的初始条件，若无初始条件，可用 M8002（PLC 从 STOP→RUN 切换时的初始脉冲）进行驱动。

8) 在步进程序中，允许同一状态元件不同时"激活"的"双线圈"是允许的。同一定时器和计数器不要在相邻的状态中使用，可以隔开一个状态使用。在同一程序段中，同一状态继电器也只能使用一次。

9) 状态元件 S500~S899 是由锂电池后备的，在运行中途发生停电、再通电时要继续运行的场合，请使用这些状态元件。

(3) 三台电动机顺序控制系统的 STL 编程。梯形图如图 2-3-38 所示，指令表程序见图 2-3-39。

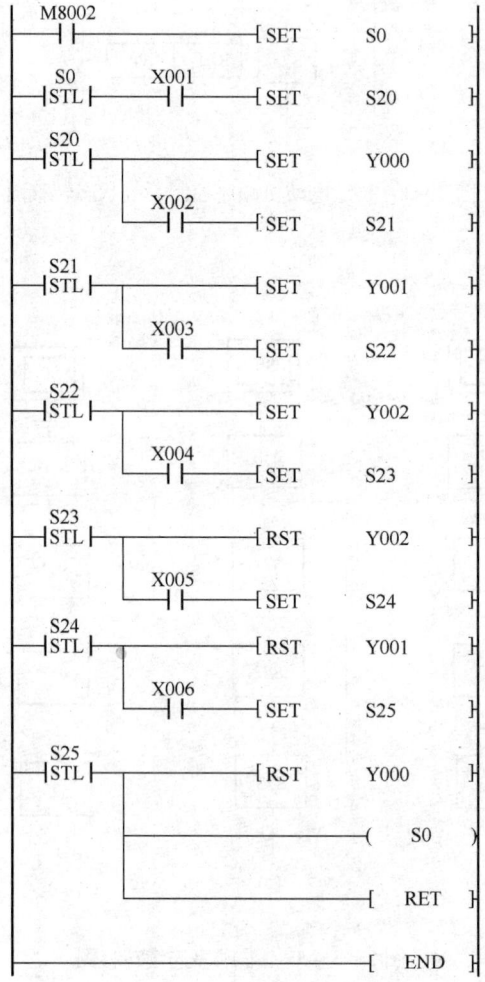

图 2-3-38 电动机顺序控制步进梯形图（参考）

LD	M8002	初始脉冲		LDP	X004	转移条件 X4
SET	S0	状态转移 S0		SET	S23	状态转移 S23
STL	S0	激活初始状态 S0		STL	S23	激活状态 S23
LD	X001	转移条件 X1		RST	Y002	驱动负载
SET	S20	状态转移 S20		LDP	X005	转移条件 X5
STL	S20	激活状态 S20		SET	S24	状态转移 S24
SET	Y000	驱动负载		STL	S24	激活状态 S24
LDP	X002	转移条件 X2		RST	Y001	驱动负载
SET	S21	状态转移 S21		LDP	X006	转移条件 X6
STL	S21	激活状态 S21		SET	S25	状态转移 S25
SET	Y001	驱动负载		STL	S25	激活状态 S25
LDP	X003	转移条件 X3		RST	Y000	驱动负载
SET	S22	状态转移 S22		OUT	S0	状态转移 S0
STL	S22	激活状态 S22		RET		状态返回指令
SET	Y002	驱动负载		END		结束

图 2-3-39 电动机顺序控制指令表程序

2. 选择性流程步进顺序控制

（1）选择性分支简介。存在多种工作顺序的状态流程图分为分支、汇合流程图。分支流程可分为选择性分支和并行性分支，从多个流程顺序中选择执行哪一个流程，称为选择性分支。

图 2-3-40 所示为传送机分拣大小球系统。如果电磁铁吸住大的金属球，则将其送到大球的球箱里；如果电磁铁吸住小的金属球，则将其送到小球的球箱里。

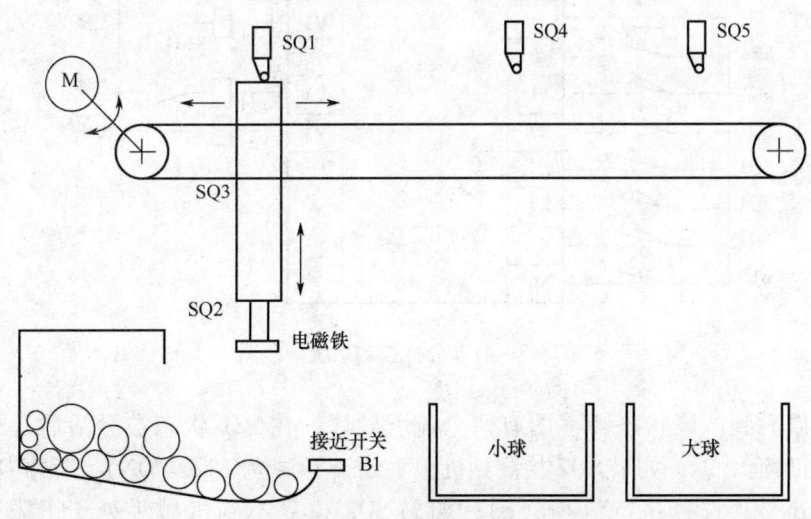

图 2-3-40 传送机分拣大小球系统

工作过程如下：传送机的机械手臂上升、下降运动由电动机驱动，机械手臂的左行、右行运动由另一台电动机驱动。机械手臂停在原位时，按下启动按钮，手臂下降到球箱中，如果压合下限行程开关 SQ2，电磁铁线圈通电后，将吸住小铁球，然后手臂上升，右行到行程开关 SQ4 位置，手臂下降，将小球放进球箱中，最后，手臂回到原位。如果手臂由原位下降后未碰到下限行程开关 SQ2，则电磁铁吸住的是大铁球，将大球放到大球的球箱中。PLC 输入输出地址见表 2-3-4。

表 2-3-4　　　　　　　　　　　　PLC I/O 地址表

输入			输出		
元件	作用	输入继电器	元件	作用	输入继电器
SB1	启动按钮	X0	HL	指示灯	Y0
SQ1	球箱定位行程开关	X1	KM1	接触器（上升）	Y1
SQ2	下限行程开关	X2	KM2	接触器（下降）	Y2
SQ3	上限行程开关	X3	KM3	接触器（左移）	Y3
SQ4	小球球箱定位行程开关	X4	KM4	接触器（右移）	Y4
SQ5	大球球箱定位行程开关	X5	YA	电磁铁	Y5
B1	接近开关	X6			

分拣控制系统接线图如图 2-3-41 所示，状态转移图如图 2-3-42 所示。

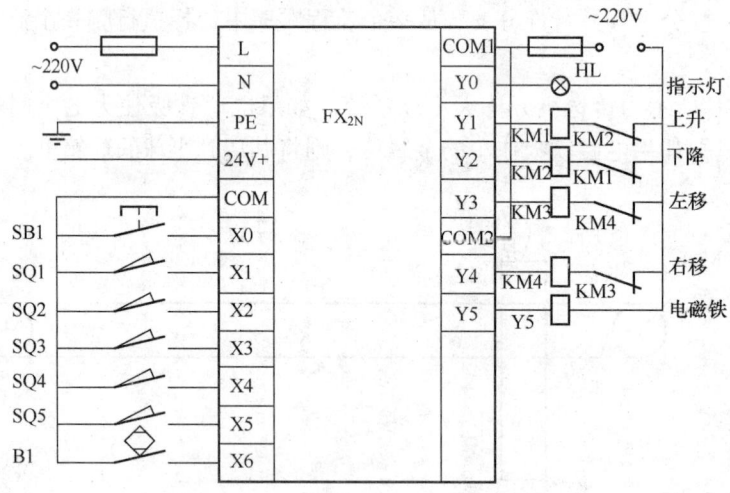

图 2-3-41　分拣控制系统接线图

我们可以看到，该状态转移图有两个流程顺序，在 S21 状态被激活后，驱动负载：OUT Y2，同时延时 2s，如果 SQ2 检测到机械手处于下限位（X2 = ON），程序判断机械手臂抓住的是小球，选择执行流程（a）；如果 SQ2 检测不到机械手处于下限位（X2 = OFF），程序判断机械手臂抓住的是大球，选择执行流程（b），且两个分支的选择条件

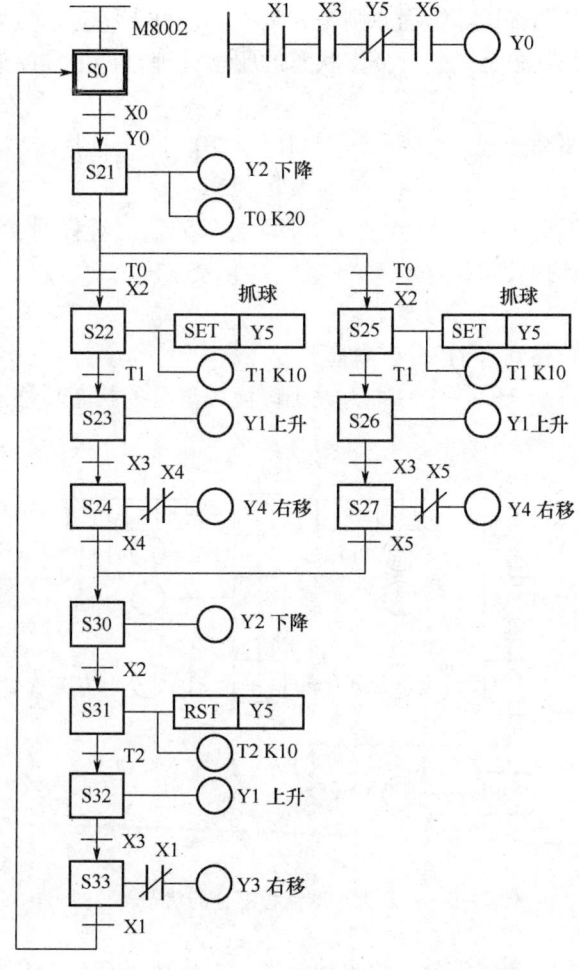

图 2-3-42 分拣控制系统状态转移图

（X2 = ON 或 X2 = OFF）具有唯一性。

（2）选择性分支、汇合的编程。

1）选择性分支编程。从多个流程顺序中选择执行哪一个流程，称为选择性分支。图 2-3-43 所示为大小球流程选择的状态转移图。

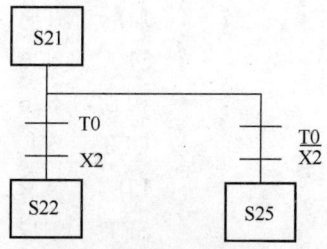

图 2-3-43 大小球流程选择的状态转移图

S21 的分支有两条，分别是大球流程开始步 S22 和小球流程开始步 S25，根据 X2 的状态，选择执行其中的一个流程。编程原则是先集中处理分支状态，然后再集中处理汇合状态。选择性分支的编程方法是先进行分支状态的驱动处理，再依顺序进行转移处理。程序如下。

STL	S21	驱动处理	LD	T0	选择转移条件
OUT	Y002		ANI	X2	
OUT	T0	K20	SET	S25	转移到（b）分支状态
LD	T0	选择转移条件			
AND	X2				
SET	S22	转移到（a）分支状态			

2）汇合状态的编程。图 2-3-44 为大小球流程汇合的状态转移图。

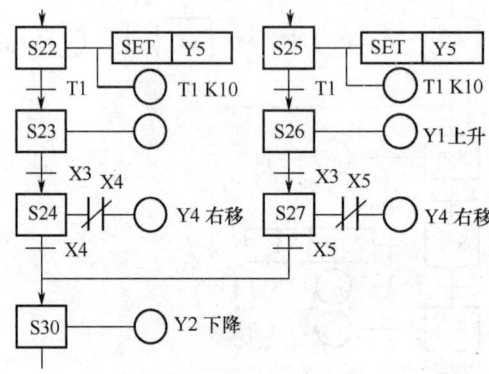

图 2-3-44 大小球流程汇合的状态转移图

编程方法是先进行汇合前各分支的驱动处理，再依次进行向汇合状态的转移处理。依次将 S22、S23、S24、S25、S26、S27 的输出进行处理，然后按顺序进行从 S22（a 分支）、S25（b 分支）向汇合点 S30 的转移。程序如下：

STL	S22	（a）分支汇合前的驱动处理	OUT	Y4	（a）分支驱动处理结束
SET	Y5		STL	S25	（b）分支汇合前的驱动处理
OUT	T1	K10	SET	Y5	
LD	T1		OUT	T1	K10
SET	S23		LD	T1	
STL	S23		SET	S26	
OUT	Y1		STL	S26	
LD	X3		OUT	Y1	
SET	S24		LD	X3	
STL	S24		SET	S27	
LDI	X4		STL	S27	
LDI	X5		LD	X5	（a）分支转移条件

OUT　Y4　（a）分支驱动处理结束　　　SET　S30　由（a）分支转移到汇合点 S30

LD　X4　（a）分支转移条件

SET　S30　由（a）分支转移到汇合点 S30

3）程序状态分析。从图 2-3-42 所示的分拣机状态流程图可以看出，当行程开关 SQ1 和 SQ3 被压合，机械手臂电磁吸盘线圈未通电（Y5 常闭触点保持闭合状态）且球箱中存在铁球（接近开关动作 X6 常开闭合时，指示灯 HL 亮）时，此状态为分拣系统的机械原点。

按下启动按钮，机械手臂开始下降，由定时器 T0 控制下降时间，完成动作转换。为保证机械手臂抓住和松开铁球，采用定时器 T1 控制抓球时间，采用定时器 T2 控制放球时间。机械手臂抓球和放球动作是由电磁吸盘线圈通电后产生的电磁吸力将铁球吸住，线圈失电后，电磁吸力消失，铁球在重力作用下而下坠。为保证电磁吸盘在机械手运行中始终通电，采用 SET 指令控制电磁吸盘线圈得电，RST 指令使电磁吸盘线圈失电。

完整的梯形图程序见图 2-3-45，指令表程序见图 2-3-46。

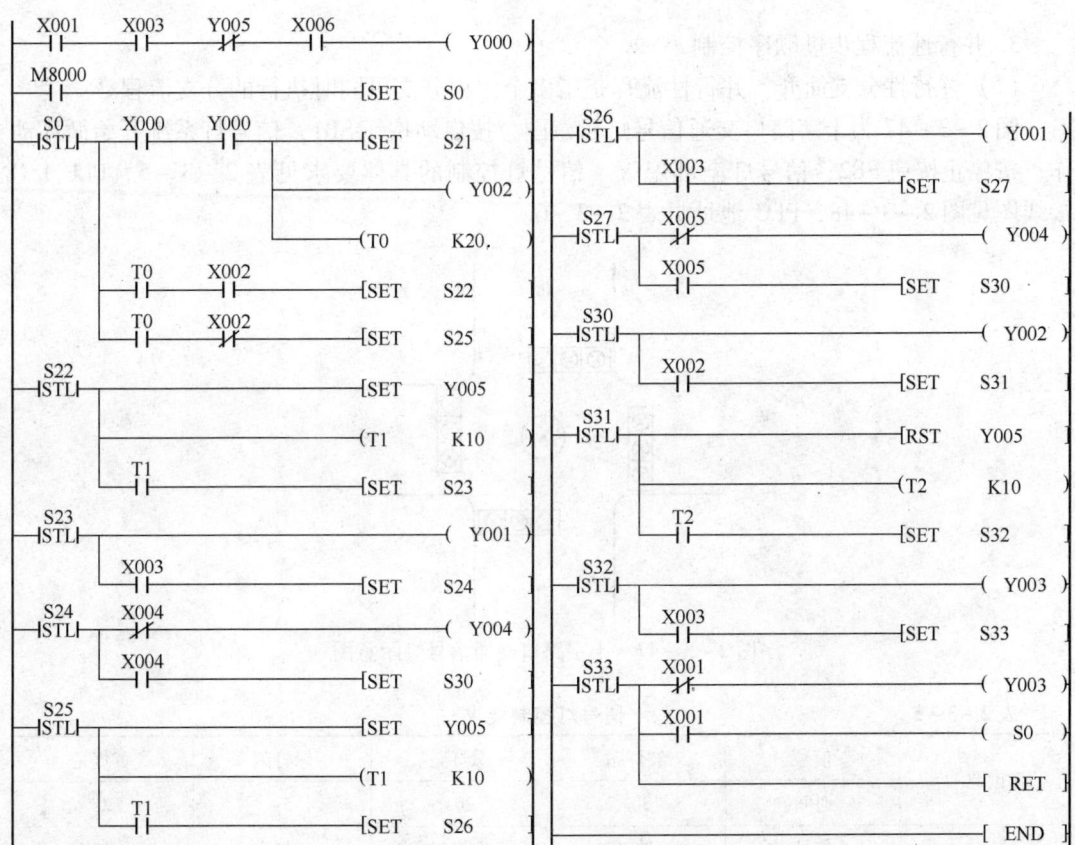

图 2-3-45　步进梯形图程序（参考）

LD X1	LD T0	SET S24	STL S27	LD T2
AND X3	AND X2	STL S24	LDI X5	SET S32
ANI Y5	SET S22	LDI X4	OUT Y4	STL S32
AND X6	LD T0	OUT Y4	LD X4	OUT Y1
OUT Y0	ANI X2	SET S30	SET S30	LD X3
LD M8000	SET S25	STL S25	LD X5	SET S33
SET S0	STL S22	SET Y5	SET S30	STL S33
STL S0	SET Y5	OUT T1 K10	STL S30	LDI X1
LD X0	OUT T1 K10	LD T1	OUT Y2	OUT Y3
AND Y0	LD T1	SET S26	LD X2	LD X1
SET S21	SET S23	STL S26	SET S31	OUT S0
STL S21	STL S23	OUT Y1	STL S31	RET
OUT Y002	OUT Y1	LD X3	RST Y5	END
OUT T0 K20	LD X3	SET S27	OUT T2 K10	

图 2-3-46 指令表程序

3. 并行性流程步进顺序控制

（1）并行性分支简介。并行性流程是指多个流程分支可同时执行的分支流程。

图 2-3-47 为十字路口交通信号灯示意图，按启动按钮 SB1，信号灯系统开始循环动作；按停止按钮 SB2，信号灯全部熄灭。信号灯控制的具体要求见表 2-3-5，PLC I/O 接线图见图 2-3-48，PLC 地址见表 2-3-6。

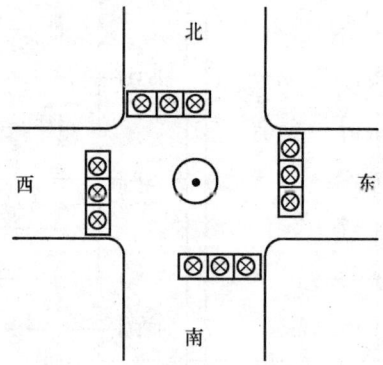

图 2-3-47 十字路口交通信号灯示意图

表 2-3-5　　　　　　　　　　信号灯控制要求

南北	信号	红灯亮	绿灯亮	绿灯闪	黄灯亮
	时间	30s	20s	5s	5s
东西	信号	绿灯亮	绿灯闪	黄灯亮	红灯亮
	时间	20s	5s	5s	30s

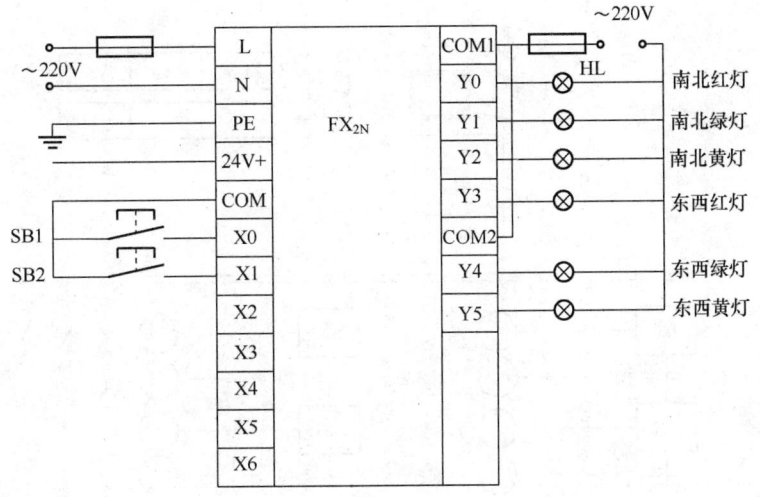

图 2-3-48 PLC I/O 接线图

表 2-3-6　　　　　　　　　　PLC 地址表

输入		输出			
X0	启动	Y0	南北红灯	Y3	东西红灯
X1	停止	Y1	南北绿灯	Y4	东西绿灯
		Y2	南北黄灯	Y5	东西黄灯

通过对信号灯控制具体要求的分析,可以发现一个运行周期是60s,每个周期分为四段双流程控制过程。以东西方向为例:绿灯亮时段(0~20 s)、绿灯闪烁时段(20~25 s)、黄灯亮时段(25~30 s)、红灯亮时段(30~60 s)。

根据控制要求,可以得出状态转移图,如图 2-3-49 所示。

S0 为分支状态,只不过其分支不是选择性的,也就是说一旦状态 S0 的转移条件 M0 为 ON,两个顺序流程同时执行,所以称之为并行分支。

(2)并行性分支编程。分支程序的编程原则是先集中进行并行分支处理,再进行汇合处理。

1)并行分支处理。如图 2-3-50 所示,以分支状态 S20 为例,如图所示为状态转移图,右图为对应的步进梯形图,可以看到,在原始状态 S0,应先进行状态任务处理,然后依次进行 S20、S30 的转移。程序如下:

```
STL   S0                    OR    T3
LD    X1         任务处理
ANI   X1
ZRST  S20   S33
ZRST  Y0    Y5
LD    X0         转移条件
SET   S20        向第一分支转移
```

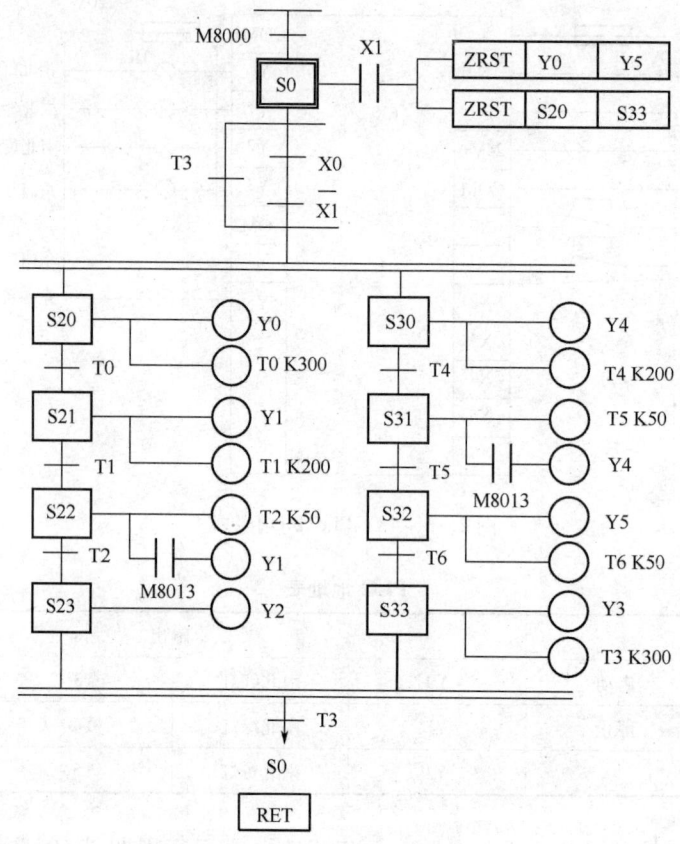

图 2-3-49 信号灯状态转移图

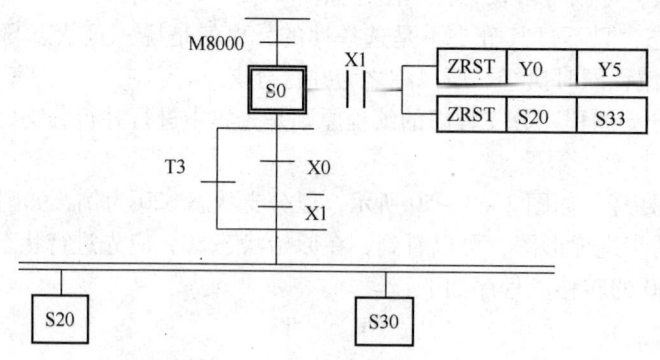

图 2-3-50 并行分支示意图

SET　S30　　向第二分支转移

2）并行汇合处理。编程方法是首先进行汇合前状态的驱动处理，然后按顺序进行汇合状态的转移处理，如图 2-3-51 所示。即按分支顺序对 S20、S21、S22、S23、S30、

S31、S32、S33 进行输出处理，然后依次进行从 S23、S24 的转移处理。指令表程序如图 2-3-52 所示。

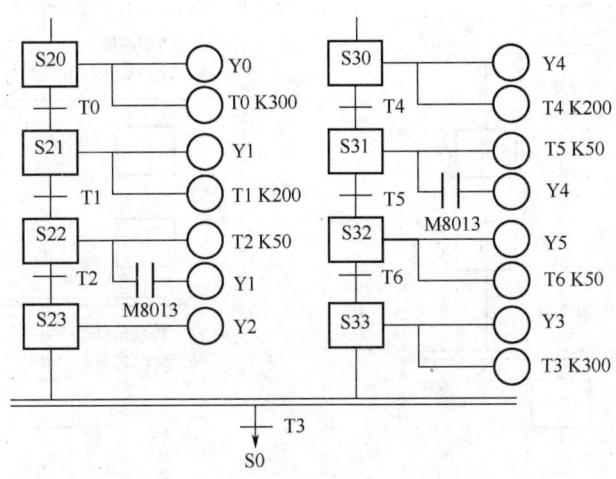

图 2-3-51 并行汇合示意图

STL S20 第一分支的输出处理	SET S23	STL S32
OUT Y0	STL S23	OUT Y5
OUT T0 K300	OUT Y2	OUT T6 K50
LD T0	STL S30 第二分支的输出处理	LD T6
SET S21	OUT Y4	SET S33
OUT Y1	OUT T4 K200	OUT Y3
OUT T1 K200	LD T4	OUT T3 K300
LD T1	SET S31	STL S23 第一分支汇合
SET S22	STL S31	STL S33 第二分支汇合
STL S22	OUT T5 K50	LD T3 汇合转移条件
OUT T2 K50	LD M8013	OUT S0 转移方向
LD M8013	OUT Y4	RET
OUT Y1	LD T5	END
LD T2	SET S32	

图 2-3-52 指令表程序

3）并行分支、汇合编程应注意的问题。

①并行分支的汇合最多能实现 8 个分支的汇合。

②并行分支和汇合流程中，转移条件应该在横线的外面，否则应该进行转化，如图 2-3-53 所示。

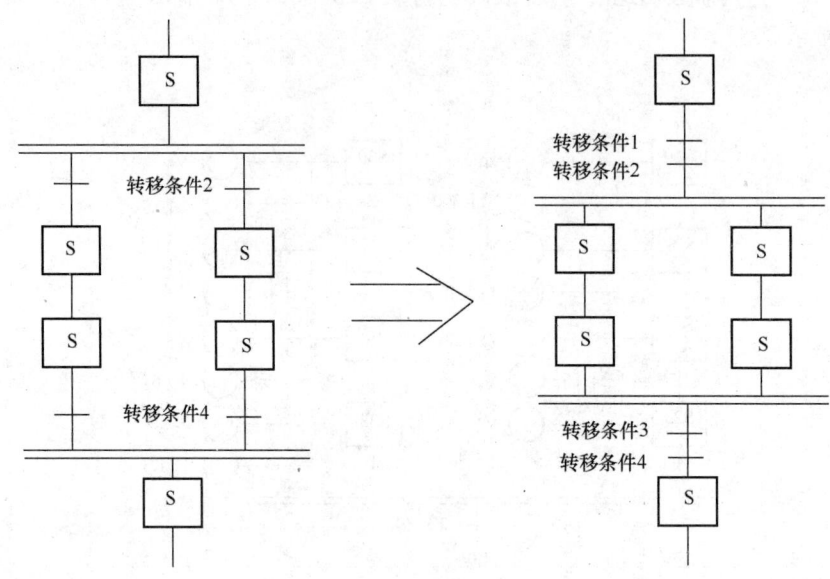

图 2-3-53 转移条件示意图

【问题研讨】

1. 状态器的作用是什么?
2. 在顺序控制中,系统的一般步(除初始步之外)被触发的条件是什么?
3. 顺序控制的状态转移图有哪几种类型?各有什么特点?

任务四　搬运机械手 PLC 控制系统的设计

一、任务目标

1. 了解搬运机械手控制系统的工作流程。
2. 学会 PLC 基本逻辑指令及常用功能指令的应用。
3. 能够运用 PLC 控制搬运机械手电气控制系统的运行。
4. 能够调试、排除各种机械手控制电路的常见故障。

二、任务描述

机械手是在机械工业中为实现加工、装配、搬运等工序的自动化而产生的。比如机床加工工件的装卸,特别是在自动化车床、组合机床上的使用机械手较为普遍;在装配作业中应用广泛,在电子行业中它可以用来装配印制电路板,在机械行业中它可以用来组装零部件;它可以在劳动条件差、单调重复易疲劳的工作环境工作,以代替人的劳动;它可以在危险的场合下工作,如军用品的装卸、危险品及有害物质的搬运等;还可用于宇宙及海洋的开发及军事工程和生物医学方面的研究和实验等。随着工业自动化的发展,机械手的出现大大减轻了人类的劳动,提高了生产效率。

本任务要求完成机械手搬运工件的电气控制系统设计，工作示意图如图2-4-1所示。搬运机械手是一个水平、垂直位移的机械设备，其操作是将工件从左工作台搬运到右工作台，由光电开关来检测左工作台有无工件。系统有工件才搬运，即使按下启动按钮，若检测到左工作台上无工件，系统也不能启动。其过程分为6个动作，分别为：上升与下降，左移与右移，夹紧与放松。搬运机械手的工作方式分为手动、单步、单周期及连续四种。

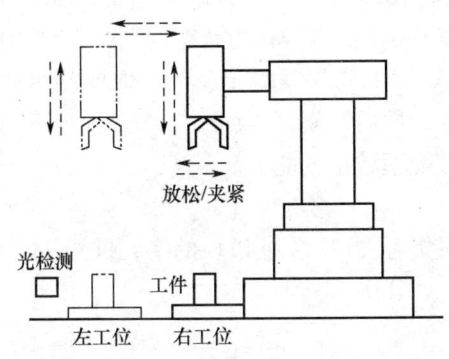

图2-4-1 搬运机械手动作示意图

三、任务要求

1. 搬运机械手控制要求

当搬运机械手处于原点（右上方位置）时，启动后机械手下移至A点（右工位），夹紧工件后，向上回到原点；然后左移、向下至B点（左工位），放下工件，再向上、向右回到原点，完成一次动作周期。

搬运机械手的操作方式分为手动操作和自动操作两种，自动操作方式又分为单步、单周期和连续操作方式。

（1）手动操作。操作按钮对搬运机械手的每一种移位运动单独进行控制。例如，当选择上/下运动方式后，按下操作按钮，搬运机械手上升；按下停车/复位按钮，搬运机械手下降。当选择左/右运动方式后，按下操作按钮，搬运机械手左移；按下停车/复位按钮，搬运机械手右移。当选择夹紧/放松运动方式后，按下操作按钮，搬运机械手夹紧；按下停车/复位按钮，搬运机械手放松。

（2）单步操作。每按下一次操作按钮，搬运机械手完成一个工作步，例如，按一下操作按钮搬运机械手开始下降，下到左工位压动下降限位开关自动停止，欲使之执行下一个工作步，必须再按一次操作按钮。

（3）单周期操作。搬运机械手从原点开始，按一下操作按钮，搬运机械手自动完成一个周期的动作后停止，即搬运一次。

（4）连续操作。搬运机械手从原点开始，按一下操作按钮，搬运机械手的动作将自动地、连续不断地周期性循环，即连续自动搬运。

2. 设计要求

根据搬运机械手工作流程，完成PLC控制系统的硬件和软件设计，并进行软、硬件的安装和调试。

四、预备知识

（一）位元件与字元件

1. 位元件

只具有接通或断开两种状态的元件称为位元件。常用的位元件有输入继电器 X，输出继电器 Y，辅助继电器 M 和状态继电器 S。例如 X0、Y5、M100 和 S20 等都是位元件。

对位元件只能逐个操作，例如，取 X0 的状态用取指令"LD　X0"完成。如果取多个位元件状态，例如取 X0~X7 的状态，就需要 8 条"取"指令语句，程序较烦琐。将多个位元件按一定规律组合成字元件后，便可以用一条功能指令语句同时对多个位元件进行操作，将大大提高编程效率和处理数据的能力。

2. 字元件

字元件是位元件的有序集合。FX 系列 PLC 的字元件最少 4 位，最多 32 位。字元件范围见表 2-4-1。

表 2-4-1　　　　　　　　　　字元件范围

符号	表示内容
KnX	输入继电器位元件组合的字元件，也称为输入位组件
KnY	输出继电器位元件组合的字元件，也称为输出位组件
KnM	辅助继电器位元件组合的字元件，也称为辅助位组件
KnS	状态继电器位元件组合的字元件，也称为状态位组件
T	定时器 T 的当前值寄存器
C	计数器 C 的当前值寄存器
D	数据寄存器
V、Z	变址寄存器

（1）位组件。多个位元件按一定规律的组合叫位组件。

例如输出位组件 KnY0：K 表示十进制；n 表示组数，n 的取值为 1~8，每组有 4 个位元件；Y0 是输出位组件的最低位。KnY0 的全部组合及适用指令范围见表 2-4-2。

表 2-4-2　　　　　　　　　　KnY0 的全部组合及适用范围

指令适用范围		KnY0	包含的位元件最高位~最低位	位元件个数
n 取值 1~8 适用 32 位指令	n 取值 1~4 适用 16 位指令	K1Y0	Y3 ~ Y0	4
		K2Y0	Y7 ~ Y0	8
		K3Y0	Y13 ~ Y0	12
		K4Y0	Y17 ~ Y0	16
	n 取值 5~8 只能使用 32 位指令	K5Y0	Y23 ~ Y0	20
		K6Y0	Y27 ~ Y0	24
		K7Y0	Y33 ~ Y0	28
		K8Y0	Y37 ~ Y0	32

位组件的最低位可以任选,但为了避免混乱,建议采用 0 结尾的位元件,例如用 X0、Y10、M50 等作为位组件的最低位。

(2) 数据寄存器 D、V、Z。数据寄存器主要用于存储运算数据,可以对数据寄存器进行"读出"和"写入"操作。FX 系列 PLC 的数据寄存器全是 16 位(最高位为正负符号位,0 表示正数,1 表示负数)。地址编号相邻的两个数据寄存器可以组合为 32 位(最高位为正负符号位),在指令语句中确定低位元件编号后,高位元件编号的数据寄存器自动被占用。通常低位数据寄存器用偶数地址编号,如图 2-4-2 所示。

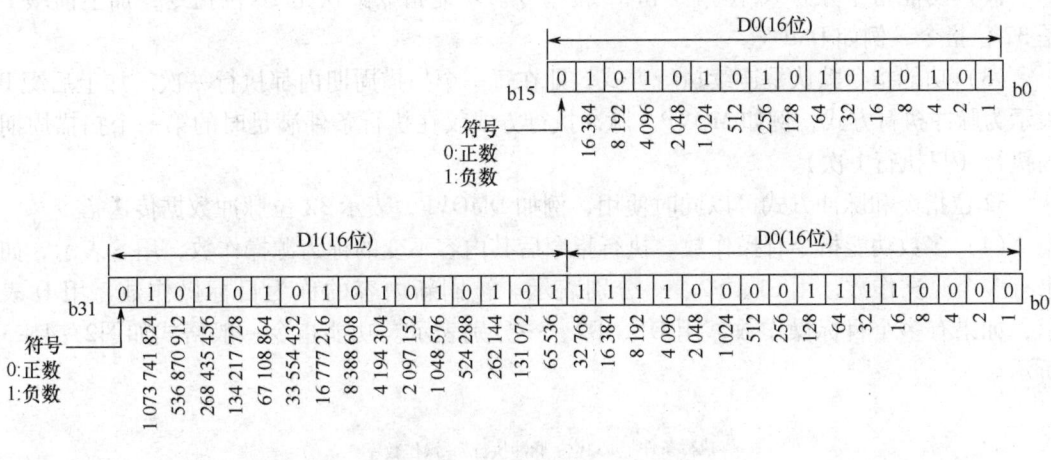

图 2-4-2 16 位与 32 位数据寄存器结构

FX$_{2N}$ 系列 PLC 数据寄存器元件编号与功能见表 2-4-3。

表 2-4-3　　　　　数据寄存器 D、V、Z 元件编号与功能表

通用	停电保持用 (可用程序变更)	停电保持专用 (不可变更)	特殊用	变址用
D0 ~ D199 共 200 点	D200 ~ D511 共 312 点	D512 ~ D7999 共 7488 点	D8000 ~ D8195 共 106 点	V7 ~ V0、Z7 ~ Z0 共 16 点

16 位数据寄存器所能表示的有符号数的范围为 K - 32 768 ~ 32 767,所能表示的十六进制数的范围为 H0 ~ HOFFFF。

32 位数据寄存器所能表示的有符号数的范围为 K - 2 147 483 648 ~ 2 147 483 647,所能表示的十六进制数的范围为 H0 ~ HOFFFF FFFF。K 表示十进制,H 表示十六进制。

(二) PLC 的功能指令

1. 数据传送指令 MOV

数据传送指令 MOV 的助记符、操作数等指令属性见表 2-4-4。

表2-4-4　　　　　　　　　　　　MOV指令

传送指令		操作数	
D（32位）	FNC12 MOV	S（源）	K、H、KnX、KnY、KnM、KnS、T、C、D、V、Z
P（脉冲型）		D（目标）	KnY、KnM、KnS、T、C、D、V、Z

功能指令的使用说明如下：

（1）FX_{2N}系列PLC功能指令编号为FNC0~FNC246，有些功能编号是预留的，实际有130个功能指令。

（2）功能指令分为16位指令和32位指令。功能指令默认是16位指令，加上前缀D是32位指令，例如DMOV。

（3）功能指令默认是连续执行方式，即在每一个扫描周期内都执行一次。加上后缀P表示为脉冲执行方式，例如MOVP。脉冲执行方式仅在执行条件满足时的第一个扫描周期内执行（只执行1次）。

32位指令和脉冲方式可以同时使用，例如DMOVP，表示32位脉冲数据传送指令。

（4）多数功能指令有操作数。执行指令后其内容不变的称为源操作数，用S表示，如果有多个源操作数，用S1、S2、…分别表示。被刷新内容的称为目标操作数，用D表示，如果有多个目标操作数，用D1、D2、…分别表示。功能指令一般格式如图2-4-3所示。

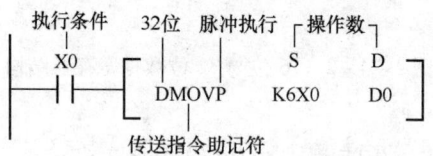

图2-4-3　功能指令格式

数据传送指令MOV的功能是将源操作数的数据传送到目标操作数中，也可以传送常数K、H。数据传送指令执行后，源操作数的数据不变，目标操作数的数据刷新。在PLC断电或下次刷新之前，即使执行条件不存在，目标操作数的数据也保持不变。数据传送指令MOV有32位操作方式，使用前缀D。有脉冲操作方式，使用后缀P。16位、32位数据传送指令分别占5个、9个程序步长。

2. 条件跳转指令

条件跳转指令的格式要求见表2-4-5。

表2-4-5　　　　　　　　　条件跳转指令的格式要求

指令名称	助记符	指令代码	操作数 n
条件跳转	CJ（P）	FNC00	00~127

条件跳转指令CJ的应用指令操作数为P0~P127，P63是END所在步序，不需要标

记，该指令占三个程序步，标号占一个程序步。

CJ 和 CJP 指令的作用是当满足一定条件时，程序跳转到指针 P×× 所标位置继续执行。由于被跳过梯形图不再被扫描，所以减少了扫描时间。

举例说明，当图 2-4-4 中的 X010 为 ON 时，程序跳到 P15 处，这时，不执行被跳过的那部分指令。如果 X010 为 OFF，不执行跳转，程序按原顺序执行。输入程序时，标号 P15 应放在指令"LD X015"之前。

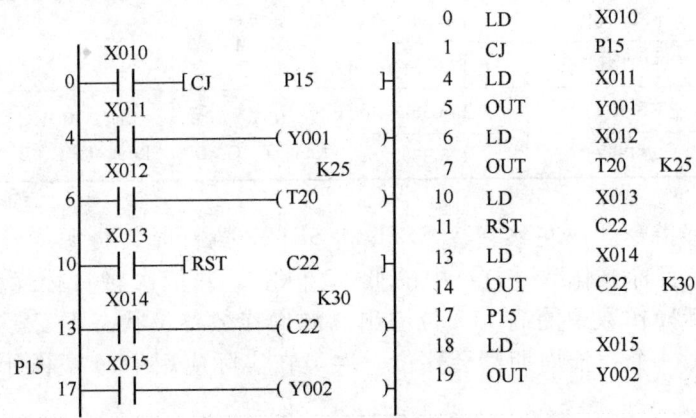

图 2-4-4 CJ 指令的应用（1）

在图 2-4-5 所示程序中，两个条件不同的跳转指令使用相同标号，当 X010 接通、X011 断开时，第一条跳转指令生效。若 X010 断开，X011 接通，则第二条跳转指令生效，程序跳到同一目标。在程序中，一个标号只允许出现一次，否则程序会出错。若采用 M8000 作为跳转条件，则称其为无条件跳转，因为 PLC 运行时，M8000 一直接通。

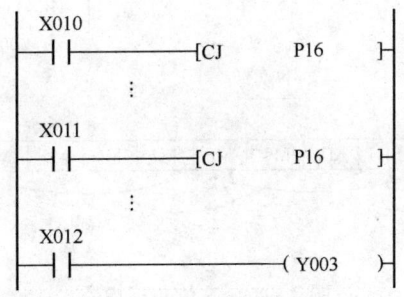

图 2-4-5 CJ 指令的应用（2）

CJ 指令可转移到主程序的任何地方或 FEND 指令后的任何地方，可向前跳，也可以向后跳。

在跳转执行期间，即使被跳过程序的驱动条件改变，其线圈仍保持跳转前的状态。如果在跳转开始时定时器和计数器已在工作，则在跳转执行期间它们将停止工作，到跳转条件不满足后再继续工作。但对于正在工作的定时器 T192~T199 和计数器 C235~C255，不管有无跳转仍连续工作。若积算定时器和计数器的复位指令在跳转区外，即使它们的线圈被跳转，对它们的复位仍然有效。

3. 移位指令

移位指令包括SFTR、SFTL、WSFR、WSFL。这些指令的格式要求见表2-4-6。

表2-4-6　　　　　　　　　　移位指令的格式要求

指令名称	助记符	指令代码	操作数 [S]	[D]	n1、n2
位右移	SFTR（P）	FNC34	X、Y、M、S	Y、M、S	K、H
位左移	SFTL（P）	FNC35			$n2 \leq n1 \leq 1024$
字右移	WSFR（P）	FNC36	KnX、KnY、KnM、KnS、T、C、D	KnY、KnM、KnS、T、C、D	K、H
字左移	WSFL（P）	FNC37			$n2 \leq n1 \leq 512$

（1）位左移指令。位左移指令SFTL和SFTLP执行时，将源操作数［S］中位元件的状态送入目标操作数［D］中的低n2位中，并依次将目标操作数向左（高位）移位，目标操作数中的高112位溢出。源操作数各位状态不变。在指令的连续执行方式中，每一个扫描周期都会移位一次。在实际应用中，常采用SFTLP脉冲执行方式。

如图2-4-6所示，当X000由OFF变为ON时，执行SFTLP指令，将源操作数X003~X000中的4个数送入目标操作数M的低4位M3~M0中去，并依次将M15~M0中的数顺次向左移，每次移4位。高4位M15~M12溢出。

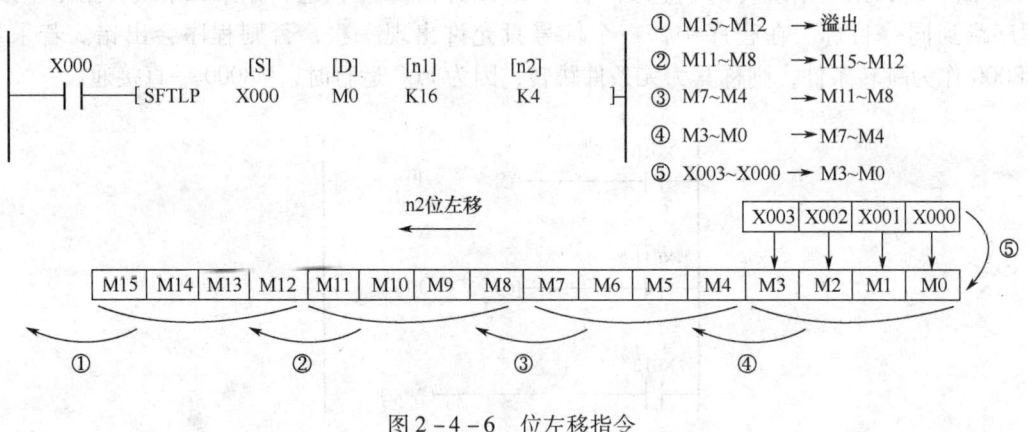

图2-4-6　位左移指令

举例说明：4盏流水灯每隔1s顺序点亮，并不断循环。由于输出是4盏灯，所以移位指令的长度是4位，每次移动1位，输出是Y000~Y003，其梯形图和指令语句表如图2-4-7所示。用定时器T0和T1构成周期为1s的脉冲，用T0的常开触点控制每次移位，由于只在1s内移动一次，所以用SFTLP指令实现。

（2）位右移指令。位右移指令SFTR和SFTRP执行时，将源操作数［S］中位元件的状态送入目标操作数［D］中的高n2位中，并依次将目标操作数向右（低位）移位，目标操作数中的低n2位溢出。源操作数各位状态不变。在指令的连续执行方式中，每一个

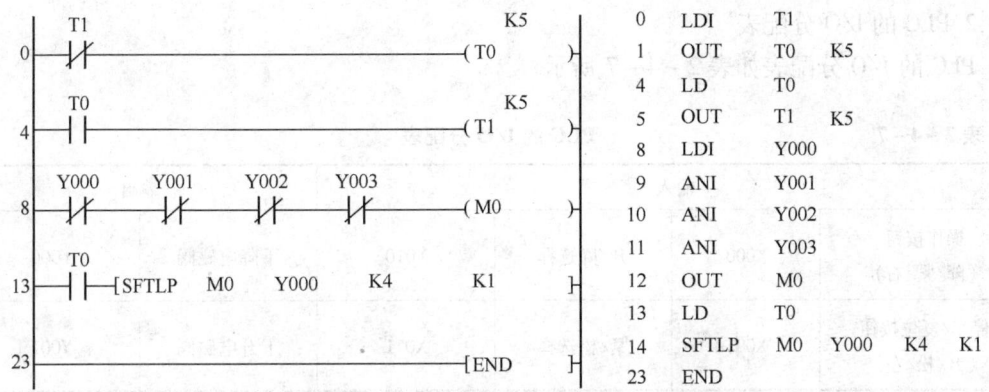

图 2-4-7 4盏流水灯循环点亮控制梯形图和指令语句表

扫描周期都会移位一次。在实际应用中，常采用 SFTRP 脉冲执行方式。

如图 2-4-8 所示，当 X000 由 OFF 变为 ON 时，执行 SFTR 指令，将源操作数 X003～X000 中的4个数送入目标操作数 M 的高4位 M15～M12 中去，并依次将 M15～M0 中的数顺次向右移，每次移4位。低4位 M3～M0 溢出。

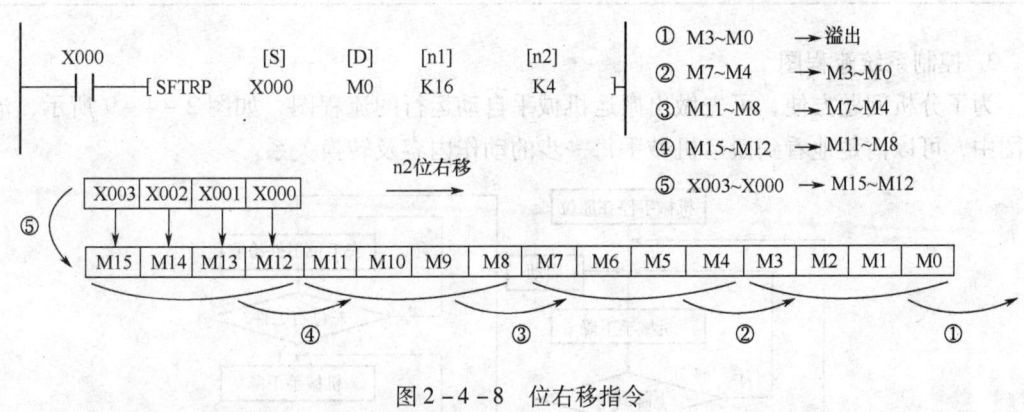

图 2-4-8 位右移指令

字移位指令 WSFR（WSFL）执行时，将指定的源操作数［S］中的二进制数向目标操作数［D］中以字（16 位二进制数）为单位向右（左）移位，n1 指定目标操作数的字数，n2 指定每次向前移动的字数。用位指定的元件进行字位移指令时，是以8位数为一组进行的。

五、任务实施

1. 制定设计方案

根据输入/输出继电器的个数，选择三菱公司生产的 FX_{2N} 小型 PLC 实现电气系统的控制。

搬运机械手的每一个工作位都安装有一个行程开关，系统有一个操作按钮、停车/复位按钮、动作选择开关、方式选择开关，为了确保在左工位没有工件时才能够开始下降，所以，在左工位设置有检测有无工件的光检测装置，这些都是 PLC 的输入元件。

搬运机械手的上升/下降电磁阀、紧/松电磁阀、左行/右行电磁阀、工作状态的指示灯，是 PLC 的输出执行元件。

2. PLC 的 I/O 分配表

PLC 的 I/O 分配表如表 2-4-7 所示。

表 2-4-7 PLC 的 I/O 分配表

输入				输出	
操作按钮（降/紧/右）	X000	升/降选择	X010	下降电磁阀	Y000
停车/复位按钮（升/松/左）	X001	紧/松选择	X011	上升电磁阀	Y001
下降限位	X003	左/右选择	X012	紧/松电磁阀	Y002
上升限位	X004	手动方式	X013	左行电磁阀	Y003
左行限位	X005	单步方式	X014	右行电磁阀	Y004
右行限位	X006	单周方式	X015	原位指示灯	Y005
光电开关	X007	连续方式	X016	夹紧指示灯	Y006
				放松指示灯	Y007

3. 控制系统流程图

为了分析问题方便，可先做出搬运机械手自动运行的流程图，如图 2-4-9 所示，流程图中，可以清楚地看到搬运机械手每一步的动作内容及转换关系。

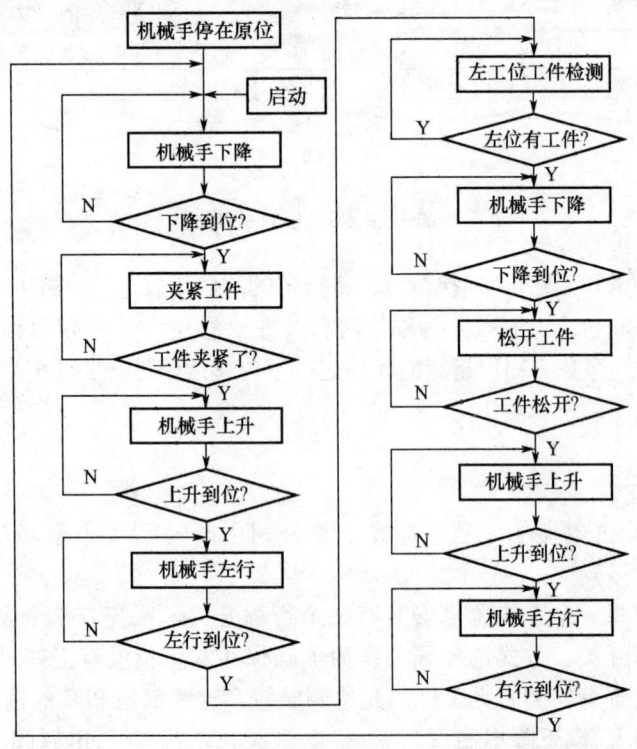

图 2-4-9 搬运机械手自动运行流程图

4. 应用程序的总体方案

用移位与跳转指令实现搬运机械手的 PLC 控制。

根据流程图，设计出应用程序的总体方案如图 2-4-10 所示。图中，把整个程序分为两大块，即手动和自动两部分。当选择开关拨到手动方式时，输入点 X013 为 ON，其常开触点接通，开始执行手动程序；当选择开关拨在单步、单周期或连续方式时，输入点 X013 为 OFF，其常闭触点闭合，开始执行自动程序。至于执行自动方式的哪一种，则取决于方式选择开关是拨在单步、单周期或连续的位置上。

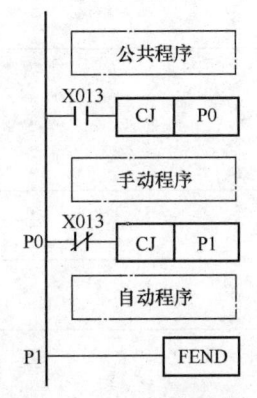

图 2-4-10 程序的总体方案

5. PLC 的 I/O 接线图

PLC 的 I/O 接线图，如图 2-4-11 所示。

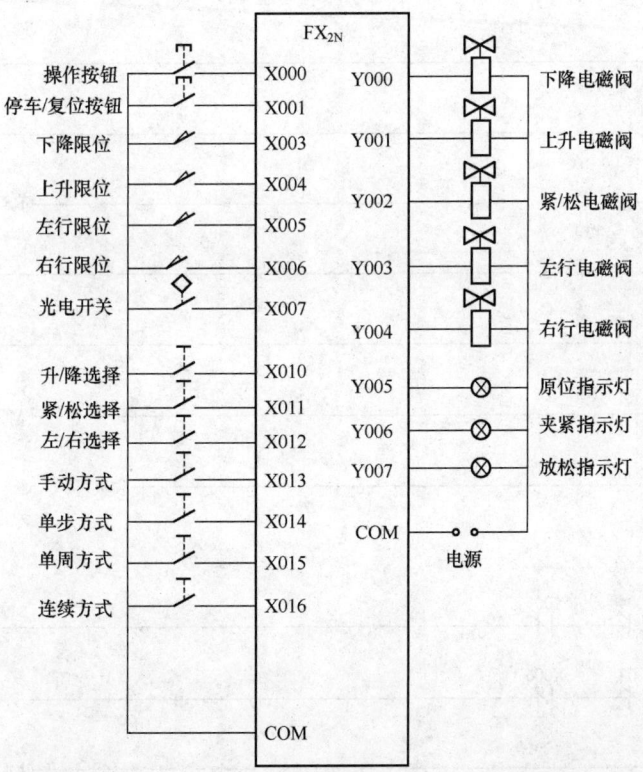

图 2-4-11 搬运机械手电气控制系统 PLC 的 I/O 接线图

6. PLC 程序设计

搬运机械手电气控制系统的梯形图如图 2-4-12 所示。

```
0  ──┤X013├──────────────────────────────────[CJ    P0 ]

4  ──┤/X013├─────────────────────────────────(M10)

6  ──┤X013├──────────────────────────[MOV   K0    K4M200]

12 ──┤X010├──────────────────────────────[MC    N0    M100]

N0─┤M100├

16 ──┤X000├──┤/Y001├──┤/X003├───────────────(Y000)

20 ──┤X001├──┤/Y000├──┤/X004├───────────────(Y001)

24 ─────────────────────────────────────────[MCR   N0]

26 ──┤X003├──┤X011├──────────────────────[MC    N1    M101]

N1─┤M101├

31 ──┤X000├──────────────────────────────────[SET   Y002]
                                                    K15
            ─────────────────────────────────(T0)
            ──┤/T0├──────────────────────────(Y006)

38 ──┤X001├──────────────────────────────────[RST   Y002]
                                                    K15
            ─────────────────────────────────(T1)
            ──┤/T1├──────────────────────────(Y007)

45 ─────────────────────────────────────────[MCR   N1]

47 ──┤X012├──────────────────────────[MC    N2    M102]

N2─┤M102├

51 ──┤X000├──┤/Y004├──┤/X005├───────────────(Y003)

55 ──┤X001├──┤/Y003├──┤/X006├───────────────(Y004)

59 ─────────────────────────────────────────[MCR   N2]
```

```
P0      X013
    61──┤ ├──────────────────────────────────[CJ   P1 ]

        M10   X014
    66──┤ ├──┤ ├─────────────────────────────[SET  M214]
                 │
                 ├────────────────────────────[RST  M215]
                 │
                 └────────────────────────────[RST  M216]

        M10   X015
    71──┤ ├──┤ ├─────────────────────────────[SET  M215]
                 │
                 ├────────────────────────────[RST  M214]
                 │
                 └────────────────────────────[RST  M216]

        M10   X016
    76──┤ ├──┤ ├─────────────────────────────[SET  M216]
                 │
                 ├────────────────────────────[RST  M214]
                 │
                 └────────────────────────────[RST  M215]

        X000  M216  X001  M214  M215
    81──┤ ├──┤ ├──┤/├──┤/├──┤/├──────────────(M217)
        M217
        ┤ ├

        X004  X006
    88──┤ ├──┤ ├─────────────────────────────(Y005)

        X013  M8002 M201
    91──┤/├──┤ ├──┤/├────────────────────────(M200)
        M211  X006
        ┤ ├──┤ ├
        M200
        ┤ ├
        X013
        ┤↓├

        M200  Y005  M216  M214  M217  M202
   101──┤ ├──┤ ├──┤ ├──┤/├──┤ ├──┤/├─────────(M201)
        M200  Y005  X000  M214  M215
        ┤ ├──┤ ├──┤ ├──┤/├──┤ ├
        X000  M200  Y005  M214
        ┤↑├──┤ ├──┤ ├──┤ ├
        M201
        ┤ ├
```

```
       M201   M214   X003           M203
121 ────┤├─────┤/├────┤├──────────────┤/├──────────────────────(M202)
       X000   M201   X003   M214                                K15
     ───┤↑├────┤├─────┤├─────┤├───┐                          ───(T2)
       M202                       │
     ───┤├────────────────────────┘

       M202   M214   T2             M204
136 ────┤├─────┤/├────┤├──────────────┤/├──────────────────────(M203)
       X000   M202   T2    M214
     ───┤↑├────┤├─────┤├─────┤├───┐
       M203
     ───┤├────────────────────────┘

       M203   M214   X004           M205
148 ────┤├─────┤/├────┤├──────────────┤/├──────────────────────(M204)
       X000   M203   X004   M214
     ───┤↑├────┤├─────┤├─────┤├───┐
       M204
     ───┤├────────────────────────┘

       M204   M214   X005           M206
160 ────┤├─────┤/├────┤├──────────────┤/├──────────────────────(M205)
       X000   M204   X005   M214
     ───┤↑├────┤├─────┤├─────┤├───┐
       M205
     ───┤├────────────────────────┘

       M205   M214   X007           M207
172 ────┤├─────┤/├────┤├──────────────┤/├──────────────────────(M206)
       X000   M214   M205   X007
     ───┤↑├────┤├─────┤├─────┤├───┐
       M206
     ───┤├────────────────────────┘

       M206   M214   X003           M210
184 ────┤├─────┤/├────┤├──────────────┤/├──────────────────────(M207)
       X000   M214   M206   X003                                K15
     ───┤↑├────┤├─────┤├─────┤├───┐                          ───(T3)
       M207
     ───┤├────────────────────────┘

       M207   M214   T3             M211
199 ────┤├─────┤/├────┤├──────────────┤/├──────────────────────(M210)
       X000   M214   M207   T3
     ───┤↑├────┤├─────┤├─────┤├───┐
       M210
     ───┤├────────────────────────┘
```

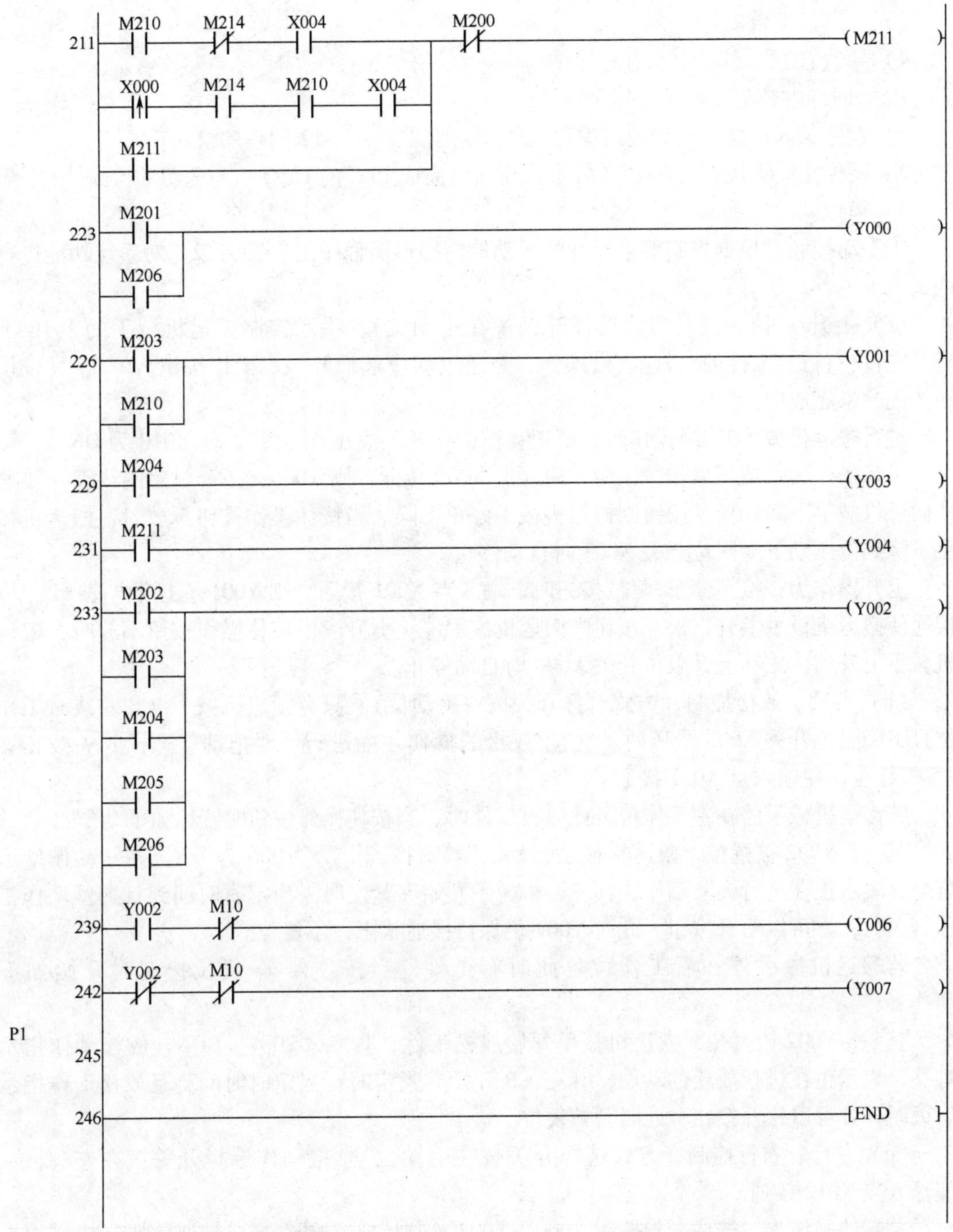

图 2-4-12 搬运机械手电气控制系统的梯形图

7. 搬运机械手电气控制系统的模拟调试
(1) 训练器材。
1) 可编程控制器实训装置 1 台。

2) PLC 主机模块 1 个。

3) 计算机 1 台。

4) 导线若干。

(2) 训练内容与步骤。

1) 程序录入训练：正确使用编程软件，完成图 2-4-12 的程序录入。

2) 硬件接线训练：按照 PLC 外部接线图，完成 PLC 的 I、O 口与电源的接线。

3) 模拟调试训练。

①手动控制。根据控制要求设计的手动控制梯形图程序图 2-4-12，对系统功能进行调试。

(a) 上升/下降控制（方式选择开关拨在手动位）。手动控制搬运机械手的上升/下降、左行/右行、工件的夹紧/放松操作，是通过动作选择开关、操作按钮、停车/复位按钮的配合来完成的。

进行搬运机械手升/降操作时，要把动作选择开关拨在升/降位，使 X010 为 ON。

下降操作为：按下操作按钮时，输入点 X000 接通，则 Y000（下降电磁阀线圈）接通使搬运机械手下降，松开按钮则搬运机械手停止下降。当按住操作按钮不放时，搬运机械手下降到位压动下降限位开关 X003 时自动停止。

上升操作为：按下停车/复位按钮时，输入点 X001 接通，则 Y001（上升电磁阀线圈）接通使搬运机械手上升，松开按钮则搬运机械手停止上升。当按住操作按钮不放时，搬运机械手上升到位压动上升限位开关 X004 时自动停止。

(b) 夹紧、放松控制（方式选择开关拨在手动位）。只有搬运机械手停在左或右工作位且下降限位开关 X003 受压时，夹紧/放松的操作才能进行。要把动作选择开关拨在夹紧/放松位，使输入点 X011 接通。

若搬运机械手停在左工作位且此时有工件时，当按住操作按钮时开始如下动作：

其一，Y002 被置位，搬运机械手开始夹紧工件；其二，Y006 为 ON，夹紧动作指示灯亮，表示正在进行夹紧动作；其三，机械手开始夹紧定时。当定时时间到且夹紧动作指示灯灭时，方可以松开按钮。此时 Y002 仍保持接通状态，不复位。

若搬运机械手停在右工作位且此时有工件，当按住停车/复位按钮时开始如下动作：

其一，Y002 被复位，搬运机械手开始放松工件；其二，Y007 为 ON，放松动作指示灯亮，表示正在进行放松的动作；其三，B 开始夹紧定时。当定时时间到且放松动作指示灯灭时，方可以松开按钮。此时乃被复位。

(c) 左行、右行控制（方式选择开关拨在手动位）。把动作选择开关拨在左/右位，使输入点 X012 接通。

左行的操作为：按住操作按钮 X000，Y003（左行电磁阀线圈）接通使搬运机械手左行，松开按钮则搬运机械手停止左行。当按住操作按钮不放时，搬运机械手左行，左行到位压动左行限位开关 X005 时自动停止。

右行的操作为：按住停车/复位按钮 X001，Y004（右行电磁阀线圈）接通使搬运机械手右行，松开按钮则搬运机械手停止右行。当按住停车/复位按钮不放时，搬运机械手右行，右行到位压动右行限位开关 X006 时自动停止。

②自动控制。根据控制要求设计的自动控制梯形图程序对系统功能进行调试。

（a）连续运行方式的控制（方式选择开关拨在连续位）。连续运行方式的启动必须从原位开始。如果搬运机械手没有停在原位，要用手动操作让搬运机械手返回原位。当搬运机械手返回原位时，原位指示灯亮。

当方式选择开关拨在连续位时，输入点 X016 接通，使 M210 置位。

由于搬运机械手在原位，上升限位开关和右行限位开关受压，其常开触点 X004 和 X006 都闭合。所以当按下操作按钮时 M200 置位，同时向移位寄存器发出第一个移位脉冲。第一次移位使 M201 为"1"，从而使 Y000 为 ON，搬运机械手开始下降，X004 变为 OFF。

当搬运机械手下降到右工位并压动下降限位开关时，X003 的常开触点闭合，于是移位寄存器移位一次。由于搬运机械手离开了原位，且串联在移位输入端的常开触点 X000 和 X004 都是断开的，所以这次移位使 M201 变为"0"，而 M202 为"1"。接下来的控制顺序由同学们自行分析。

（b）单周期运行方式的控制（方式选择开关拨在单周期位）。由于方式选择开关拨在单周期位时 X015 接通，其常开触点闭合使 M210 复位。所以当搬运机械手运行到一个循环的最后一步结束，且 M207 和右行限位开关 X006 为 ON 时，因 M200 已断开而使 SFTLP 的数据输入为 0，因此只能在一个周期结束时停止运行。要想进行下一个周期的运行，必须再按一下操作按钮。

（c）单步运行方式的控制（方式选择开关拨在单步位）。单步方式时，SFTLP 的移位输入端是常开触点 X014 和 X000 的串联，所以按一次操作按钮发一个移位脉冲，搬运机械手只完成一步动作就停止。例如，当 M201 接通搬运机械手下降到位时，X003 被接通，但此时若不再按一下操作按钮，则移位信号不能送到 SFTLP 的移位输入端，因此搬运机械手只能在一步结束时停止运行。

由于方式选择开关拨在单步位，X014 接通，其常开触点闭合，使 M210 被置位。当搬运机械手运行到一个循环的最后一步结束（即 M207 和 X006 为 ON）时，由于移位输入端的 M207 和 M210 接通，所以若再按一次操作按钮，将使 M201 再置位，即进入下一个周期的第一步。

（d）自动方式下误操作的禁止。连续、单周期、单步都属于自动方式的运行，为了防止误操作，这里编写了相应的程序。

（e）手动和自动方式转换时的复位问题。由于手动和自动的切换是由 CJ 指令实现的，当 CJ 的执行条件由 OFF 变为 ON 时，CJ 之间的各输出状态保持不变。所以在手动方式与自动方式切换时，一般要进行复位操作，以避免出现错误动作。

六、任务评价

本项任务的评价标准如表 2-4-8 所示。任务评价由学生自评、小组互评与教师评价相结合，其中学生自评占总成绩的 20%，小组互评占总成绩的 30%，教师评价占总成绩的 50%。

表 2-4-8　　PLC 控制系统的设计、安装与调试的评价标准

考核项目	序号	考核内容	评分要点及得分（最高为该项配分值）	配分	得分 自评	得分 互评	得分 教师评价
职业能力	1	PLC 控制系统的设计	1. 理解 PLC 控制系统的控制工艺要求，功能图画错扣 5 分 2. 主电路设计一处错误扣 1 分，I/O 电路一处错误扣 5 分 3. PLC 程序设计有误，每处扣 2 分 4. 根据电路图提出主要器件单，器件单有误每处扣 1 分	20			
职业能力	2	元件安装与仪器仪表的使用	1. 按电路图要求进行元件安装，不合理、不整齐者每处扣 1 分 2. 能在调试过程中正确使用万用表，根据所测数据判断电路是否出现故障，错误一次扣 2 分	10			
职业能力	3	实际接线操作	1. 接线要符合安全性、规范性、正确性、美观性，否则一处错误扣 3 分 2. PLC 端口接线有误，每处扣 3 分	15			
职业能力	4	调试结果	1. 熟练调试过程，调试步骤一处错误扣 3 分 2. 观察线路工作现象并判断正确与否，判断有误一次扣 5 分	20			
职业素质	1	安全文明操作	1. 损坏元件一次，扣 2 分 2. 引发安全事故，扣 10 分 3. 未作相应的职业保护措施，扣 2 分	10			
职业素质	2	团队协作精神	1. 分工不合理，承担任务少扣 5 分 2. 小组成员不与他人合作，扣 3 分 3. 不与他人交流，扣 2 分	15			
职业素质	3	劳动纪律	1. 违反规章制度一次扣 2 分 2. 不做清洁整理工作，扣 5 分 3. 清洁整理效果差，酌情扣 2～5 分	10			
		合计		100			
		训练时间记录					
备注	自评学生签字：			自评成绩			
备注	互评学生签字：			互评成绩			
备注	指导老师签字：			教师评价成绩			
备注				总成绩			

【训练小课题】

设计内容：按照所给的控制要求，设计 PLC 控制系统的 I/O 分配表、PLC 的外部接线图与梯形图，完成线路的模拟调试。

1. 试设计符合技术要求的 PLC 控制系统，并进行模拟调试。

控制要求：三相交流异步电动机星形－三角形降压启动 PLC 控制系统的设计。

（1）使用数据传送指令 MOV 完成设计。

（2）按时间控制原则实现控制。

2. 试设计符合技术要求的 PLC 控制系统，并进行模拟调试。

控制要求：有一台电动机，要求按下启动按钮后，电动机正转 3s，停 2s，反转 3s，停 2s，循环 3 次，电动机停止运转。

在电动机运行过程中，按下停止按钮时，电动机立即停止运转。

3. 试设计符合技术要求的 PLC 控制系统，并进行模拟调试。

控制要求：使用 PLC 控制 8 盏灯的亮与灭。

（1）X0 接通时，8 盏灯全亮。

（2）X1 接通时，奇数盏灯亮。

（3）X2 接通时，偶数盏灯亮。

（4）X3 接通时，灯全灭。

4. 试设计符合技术要求的 PLC 控制系统，并进行模拟调试。

控制要求：花式喷泉控制程序。

喷泉由三组喷头组成，要求编写程序实现 A 组喷泉喷 5s 后，停止，B 组喷头开始喷，喷 5s 后停止，C 组喷头开始喷，喷 5s 后停止，过 5s 后 ABC 同时喷，喷 5s 后全部停止。

5. 试设计符合技术要求的 PLC 控制系统，并进行模拟调试。

控制要求：应用跳转指令编写一个既能点动控制、又能自锁控制的电动机控制程序。设输入继电器 X0 接通时选择电动机点动控制，X0 断开时选择电动机自锁控制。

【知识链接】

一、PLC 的软元件

1. 计数器

FX 系列的计数器如表 2－4－9 所示，它分内部信号计数器（简称内部计数器）和外部高速计数器（简称高速计数器）。

表 2－4－9　　　　　　　　　　FX 系列 PLC 的计数器

PLC	FX_{1S}	FX_{1N}	FX_{2N} 和 FX_{2NC}
16 位通用计数器	16（C0～C15）	16（C0～C15）	100（C0～C99）
16 位电池后备/锁存计数器	16（C16～C31）	184（C16～C199）	100（C100～C199）
32 位通用双向计数器		20（C200～C219）	
32 位电池后备/锁存双向计数器		15（C220～C234）	
高速计数器		21（C235～C255）	

（1）内部计数器。内部计数器是用来对 PLC 的内部元件（X，Y，M，S，T 和 C）提供的信号进行计数。计数脉冲为 ON 或 OFF 的持续时间，应大于 PLC 的扫描周期，其响应速度通常小于数十赫兹。内部计数器可分为 16 位加计数器、32 位双向计数器，按功能可分为通用型和电池后备/锁存型。

1) 16 位加计数器的设定值范围为 1~32767。

图 2-4-13 给出了加计数器的工作过程，图中 X10 的常开触点接通后，C0 被复位，它对应的位存储单元被置 0，它的常开触点断开，常闭触点接通，同时其计数当前值被置为 0。X11 用作计数输入信号，当计数器的复位输入电路断开，计数输入电路由断开变为接通（即计数脉冲的上升沿）时，计数器的当前值加 1，在 5 个计数脉冲之后，C0 的当前值等于设定值 5，它对应的位存储单元的内容被置为 1，其常开触点接通，常闭触点断开。再来计数脉冲时当前值不变，直到复位输入电路接通，计数器的当前值被置为 0。

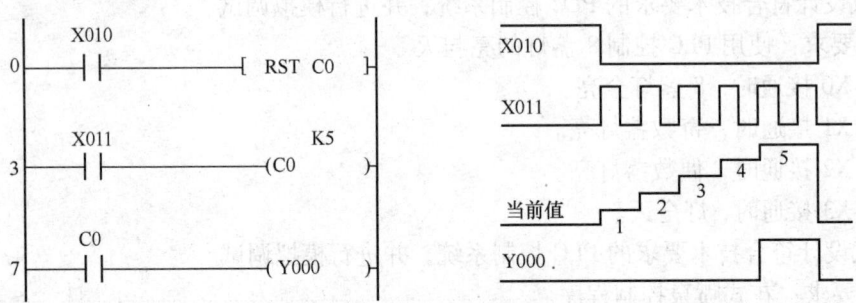

图 2-4-13 16 位加计数器的工作过程

具有电池后备/锁存功能的计数器在电源断电时可保持其状态信息，重新送电后能立即按断电时的状态恢复工作。

2) 32 位双向计数器的设定值范围为 -2 147 483 648 ~ +2 147 483 647。

其加减计数方式由特殊辅助继电器 M8200~M8234 设定，对应的特殊辅助继电器为 ON 时，为减计数，反之为加计数。

计数器的设定值除了可由常数 K（或 H）设定外，还可以通过指定数据寄存器来设定。对于 32 位计数器，其设定值存放在相邻的两个数据寄存器中。如果指定的是 D0，则设定值存放在 D1 和 D0 中。

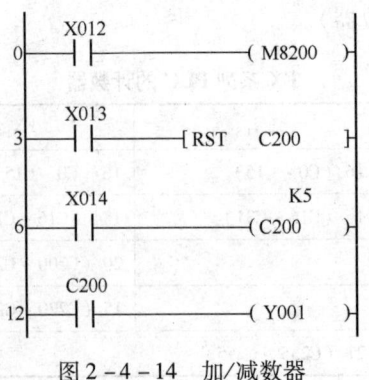

图 2-4-14 加/减数器

图 2-4-14 中 C200 的设定值为 5，当 X12 断开时，M8200 为 OFF，此时 C200 为加计数，若计数器的当前值由 4 到 5，计数器的输出触点 ON，当前值为 5 时，输出触点仍为 ON；当 X12 接通时，M8200 为 ON，此时 C200 为减计数，若计数器的当前值由 5 到 4 时，输出触点 OFF，当前值为 4 时，输出触点仍为 OFF。

计数器的当前值在最大值 2 147 483 647 加 1 时，将变为最小值 -2 147 483 648。类似地，当前值为 -2 147 483 648 减 1 时，将变为最大值 2 147 483 647，这种计数器称为"环形计数器"。图 2-4-14 中复位输入 X013 的常开触点接通时，C200 被复位，其常开触点断开，常闭触点接通，当前值被置为 0。

如果使用电池后备/锁存计数器，在电源中断时，计数器停止计数，并保持计数当前值不变，电源再次接通后，在当前值的基础上继续计数，因此电池后备/锁存计数器可累计计数。

(2) 高速计数器。高速计数器均为 32 位加减计数器。但用于高速计数器输入的 PLC 输入端只有 6 个 X0 ~ X5，如果这 6 个输入端中的一个已被某个高速计数器占用，它就不能再用于其他高速计数器的输入（或其他用途）。也就是说，由于只有 6 个高速计数输入端，所以最多只能有 6 个高速计数器同时工作。高速计数器的选择并不是任意的，它取决于所需计数器的类型及高速输入端子，高速计数器的类型如下：

1）单相无启动/复位端子高速计数器 C235 ~ C240；
2）单相带启动/复位端子高速计数器 C241 ~ C245；
3）单相双输入（双向）高速计数器 C246 ~ C250；
4）双相输入（A-B 相型）高速计数器 C251 ~ C255。

不同类型的高速计数器可以同时使用，但是它们的高速计数器输入点不能冲突。高速计数器的运行建立在中断的基础上，这意味着事件的触发与扫描时间无关。在对外部高速脉冲计数时，梯形图中高速计数器的线圈应一直通电，以表示与它有关的输入点已被使用，其他高速计数器的处理不能与它冲突。

(3) 计数频率。计数器最高计数频率受两个因素限制：一是各个输入端的响应速度，主要是受硬件的限制；二是全部高速计数器的处理时间，这是高速计数器计数频率受限制的主要因素。因为高速计数器的工作是采用中断方式，故计数器用得越少，则可计数频率就越高。如果某些计数器用比较低的频率计数，则其他计数器可用较高的频率计数。

2. 数据寄存器

FX 系列 PLC 的数据寄存器如表 2-4-10 所示。数据寄存器在模拟量检测与控制以及位置控制等场合用来储存数据和参数，数据寄存器可储存 16 位二进制数或 1 个字，两个数据寄存器合并起来可以存放 32 位数据（双字）。在 D0 和 D1 组成的双字中，D0 存放低 16 位，D1 存放高 16 位。字或双字的最高位为符号位，该位为 0 时数据为正，为 1 时数据为负。

表 2-4-10　　　　　　　　　　FX 系列 PLC 的数据寄存器

PLC	FX_{1S}	FX_{1N}	FX_{2N} 和 FX_{2NC}
通用寄存器	128 (D0 ~ D127)	128 (D0 ~ D127)	200 (D0 ~ D199)
电池后备/锁存寄存器	128 (D128 ~ D255)	7 872 (D128 ~ D7999)	7 800 (D200 ~ D7999)

续表

PLC	FX$_{1S}$	FX$_{1N}$	FX$_{2N}$ 和 FX$_{2NC}$
特殊寄存器	256（D8000～D8255）	256（D8000～D8255）	106（D8000～D8195）
文件寄存器 R	1 500（D1000～D2499）	7 000（D1000～D7999）	7 000（D1000～D7999）
外部调节寄存器 F	2（D8030，D8031）	2（D8030，D8031）	—

（1）通用寄存器。将数据写入通用寄存器后，其值将保持不变，直到下一次被改写。PLC 从 RUN 状态进入 STOP 状态时，所有的通用寄存器被复位为 0。若特殊辅助继电器 M8033 为 ON，则 PLC 从 RUN 状态进入 STOP 状态时，通用寄存器的值保持不变。

（2）电池后备/锁存寄存器。电池后备/锁存寄存器有断电保持功能，PLC 从 RUN 状态进入 STOP 状态时，电池后备/锁存寄存器的值保持不变。利用参数设定，可改变电池后备/锁存寄存器的范围。

（3）特殊寄存器 D8000～D8195。特殊寄存器 D8000～D8195 共 106 点，用来控制和监视 PLC 内部的各种工作方式和元件，如电池电压、扫描时间、正在动作的状态编号等。PLC 上电时，这些数据寄存器被写入默认的值。

（4）文件寄存器 D1000～D7999。文件寄存器以 500 点为单位，可被外部设备存取。文件寄存器实际上被设置为 PLC 的参数区，文件寄存器与锁存寄存器是重叠的，可保证数据不会丢失。

FX$_{1S}$ 的文件寄存器只能用外部设备（如手持式编程器或运行编程软件的计算机）来改写。其他系列的文件寄存器可通过 BMOV（块传送）指令改写。

3. 变址寄存器

FX$_{2N}$ 系列 PLC 有 16 个变址寄存器 V0～V7 和 Z0～Z7，在 32 位操作时将 V、Z 合并使用，Z 为低位。变址寄存器可用来改变软元件的元件号。例如，当 V0 = 12 时，数据寄存器 D6V0 相当于 D18（6 + 12 = 18）。通过修改变址寄存器的值，可以改变实际的操作数。变址寄存器也可以用来修改常数的值。例如，当 Z0 = 21 时，K48Z0 相当于常数 69（48 + 21 = 69）。

4. 指针

指针（P/I）包括分支和子程序用的指针（P）以及中断用的指针（I）。在梯形图中，指针放在左侧母线的左边。

5. 常数

常数 K 用来表示十进制常数，16 位常数的范围为 -32 768～+32 767，32 位常数的范围为 -2 147 483 648～+2 147 483 647。

常数 H 用来表示十六进制常数，十六进制包括 0～9 和 A～F 这 16 个数字，16 位常数的范围为 0～FFFF，32 位常数的范围为 0～FFFFFFFF。

二、应用指令

1. 子程序调用与子程序返回指令

子程序调用与子程序返回指令的格式要求见表 2-4-11。

表 2-4-11　　　　　　　子程序调用与子程序返回指令的格式要求

指令名称	助记符	指令代码	操作数 n
子程序调用	CALL（P）	FNC01	0~62
子程序返回	SRET	FNC02	无

当 CALL 指令被驱动时，程序转移到由 P×× 指针标号的子程序执行，通常子程序位置总是处在 FEND 与 END 指令之间，因此 CALL 指令必须和 FEND 与 SRET 指令一起使用。SRET 指令的作用是当子程序执行完毕，回到原跳转点下一条指令继续执行主程序，即当子程序执行到 SRET 指令后立即返回 CALL 指令的下条指令，继续执行主程序。同样要注意子程序执行时间不能超过警戒定时器设定时间。

图 2-4-15 所示为 CALL 与 SRET 指令的应用。当 X011 接通时，执行 CALL 指令，使程序跳到标号为 P8 处，子程序被执行，子程序执行完后返回主程序第 104 步即 CALL 指令后一条指令，继续执行主程序。子程序标号要写在主程序结束指令 FEND 之后，而且同一标号只能出现一次，CALL 指令与 CJ 指令指针标号不得相同。

CALLP 与 CALL 的区别在于子程序仅在 X000 由 OFF 变为 ON 时执行一次。子程序的嵌套调用如图 2-4-16 所示。在图中，子程序的嵌套调用是当执行子程序 P11 时，若 CALL P12 指令被执行，则程序跳到子程序 P12，执行到 SRET 指令后程序返回子程序 P11 中的 CALL P12 指令的下一步，执行到 SRET 指令后再返回主程序。因此，在子程序中，可以形成程序嵌套，总数有 5 级。

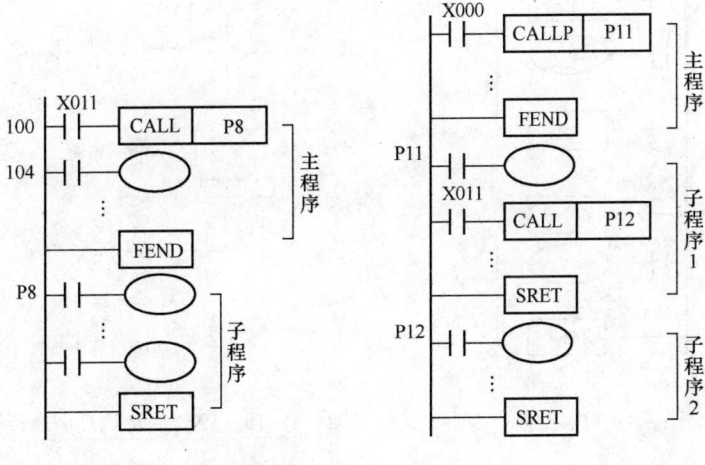

图 2-4-15　子程序调用　　　图 2-4-16　子程序的嵌套调用

2. 中断指令

中断指令共有三条 IRET、EI、DI，其格式要求见表 2-4-12。

FX_{2N} 系列 PLC 设置 9 个中断点，即由 X000~X005 输入的 6 个脉冲宽度大于 200μs 的外部中断请求信号和 3 个内部定时器定时请求信号。

表 2-4-12　　　　　　　　　　　中断指令的格式要求

指令名称	助记符	指令代码	操作数 n
中断返回	IRET	FNC03	无
开中断	EI	FNC04	
关中断	DI	FNC05	

IRET、EI、DI 这三条指令既没有驱动条件又无操作数，在梯形图中直接与左母线相连。如图 2-4-17 所示，EI 指令到 DI 指令之间为允许中断区间，CPU 在扫描其梯形图时，若有中断请求信号产生，则 CPU 停止扫描当前梯形图，而转去执行由中断指针 I×× 标号的中断服务子程序，直到执行到 IRET 指令才返回到主程序继续执行。如果中断请求信号发生在 EI 与 DI 区域之外，即禁止中断区间，则该中断请求信号被锁存起来，直到 CPU 扫描到 EI 指令后才转去执行该中断服务子程序。FX_{2N} 系列 PLC 允许有 2 级中断嵌套，并有优先权力处理功能，即在执行中断服务子程序过程中还可以响应高一级的中断请求。当有多个中断请求同时发生时，中断标号越小者优先权级别越高。在开中断期间若需禁止响应某一中断只要将特殊辅助继电器 M8050～M8059 中的某一位置 1，即图 2-4-17 中的 X000 接通时，M8050 被置为 1，则禁止中断。中断子程序从中断标号 I0 开始，到第一条 IRET 指令结束。中断程序应放在主程序结束指令 FEND 之后。FX_{2N} 系列 PLC 中断标号的含义如图 2-4-18 所示。

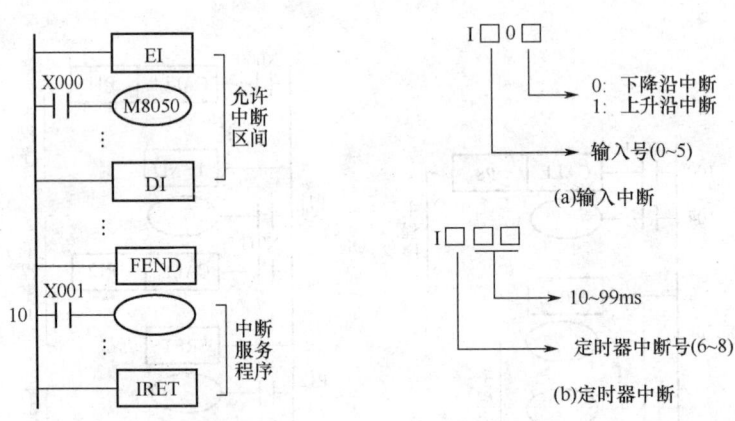

图 2-4-17　中断指令　　　　图 2-4-18　FX_{2N} 系列 PLC 中断标号的含义

图 2-4-19 所示为输入中断子程序的应用，当 X000 的上升沿通过中断使 Y000 立即变为 ON，在 X001 的下降沿通过中断使 Y000 立即变为 OFF。

3. 主程序结束指令

主程序结束指令 FEND 表示主程序结束。格式要求见表 2-4-13。当程序执行到 FEND 时，进行输出处理、输入处理、监视定时器和计数器刷新，全部完成以后返回程序的第 0 步。

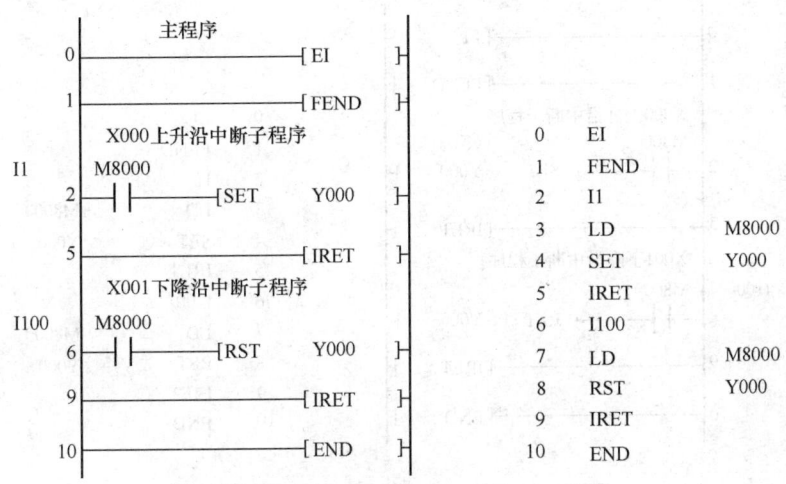

图 2-4-19 输入中断子程序的应用

表 2-4-13　　　　　主程序结束指令的格式要求

指令名称	助记符	指令代码	操作数 n
主程序结束	FEND	FNC06	无

当 FEND 指令使用时应注意，中断子程序必须写在主程序结束指令 FEND 和 END 之间。FEND 指令使用如前面所述。

4. 警戒定时器刷新指令

警戒定时器刷新指令 WDT 是用来刷新警戒定时器的指令，格式要求见表 2-4-14。警戒定时器是一个专用的监视定时器，其设定值存放在专用数据寄存器 D8000 中，默认值为 100，其计时单位为 ms。在不执行 WDT 指令时，每次扫描到 END 或 FEND 指令刷新警戒定时器当前值。当程序扫描周期超过 100 ms 或专门设定值时，其逻辑线圈被接通，CPU 立即停止扫描用户程序，切断所有输出并发出报警显示信号。

表 2-4-14　　　　　警戒定时器刷新指令的格式要求

指令名称	助记符	指令代码	操作数
警戒定时器刷新指令	WDT	FNC07	无

如图 2-4-20 所示为 WDT 指令应用梯形图程序。用 MOV 指令改变 D8000 的默认值，可以让执行程序的每次扫描周期均能超过默认值 100ms，达到 260ms，用此方法可以将警戒定时器改成更大的值。

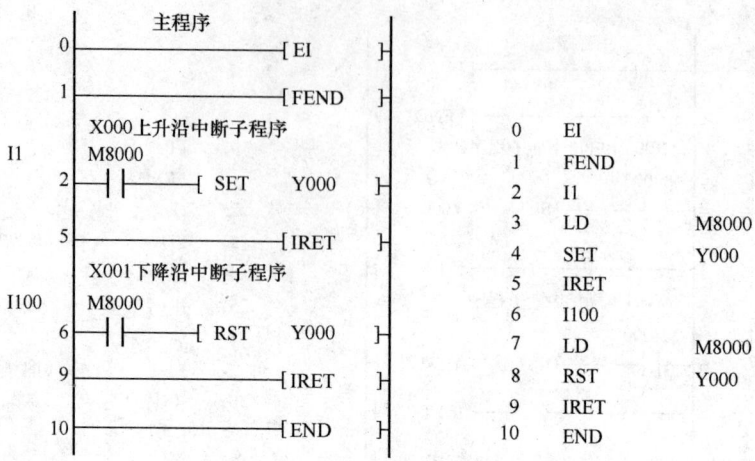

图 2-4-20 WDT 指令应用梯形图程序

【问题研讨】

1. 什么是位元件？什么是字元件？

2. 16 位数据和 32 位数据的存储范围各是多少？

3. 标号 P 放在程序梯形图什么位置上？程序中可以出现相同的标号吗？多个 CJ 指令可以使用一个标号吗？

4. 简述普通计数器 C 的分类与用途。

5. 在 FX 系列 PLC 中，已有普通计数器，为什么还要设置高速计数器？

项目三 典型 PLC 与变频器控制系统的设计

【项目内容】
※ 应用 PLC 与变频器完成物料分拣控制系统的设计、安装与调试。
※ 应用 PLC 与变频器完成恒压供水控制系统的设计、安装与调试。

【学习目标】
※ 能够了解通用变频器的用途和构造。
※ 熟悉变频器端子接线方法以及各端子的功能。
※ 学会使用 PLC 与变频器完成电气控制系统的设计。
※ 会用 PLC 与变频器实现对三相交流异步电动机的多段速控制，能够调试、排除三相交流异步电动机控制系统的常见故障。

任务一 物料分拣控制系统的设计

一、任务目标

1. 了解物料分拣控制系统的基本工作原理。
2. 学会变频器参数设定方法。
3. 掌握 PLC 与变频器技术的应用。
4. 能够运用 PLC 与变频器控制物料分拣电气控制系统的运行。

二、任务描述

物料分拣自动控制系统能有效地解决生产分拣过程人工作业，能连续、大批量地分拣货物。

本任务要求完成对不同物料自动分拣的电气控制系统设计。自动分拣系统一般由控制装置、分拣装置、输送装置及分拣料仓组成。PLC 控制的物料分拣自动化控制系统，可以完成对不同材料（金属和非金属）物品的准确判断，并通过电磁阀控制推手动作，将不同物料分拣至指定位置。

三、任务要求

1. 工作流程

当送来工件放到传送带上并为入料口漫射式光电传感器检测到时，将信号传输给 PLC，通过 PLC 的程序启动变频器，电机运转驱动传送带工作，把工件带进分拣区，如果进入分拣区工件为白色，则检测白色物料的光纤传感器动作，作为 1 号槽推料气缸启动信号，将白色料推到 1 号槽里；如果进入分拣区工件为黑色，检测黑色的光纤传感器作为 2

号槽推料气缸启动信号,将黑色料推到 2 号槽里。

2. 控制要求

(1) 按下启动按钮:系统开始运行。当料台检测到物料时,启动变频器,频率为 5HZ,然后开始运行 35HZ,白色底白色小料,推第一个料槽,白色底黑色小料推第二个料槽。

(2) 当检测到的物料分拣后,计时 10s 后还没料,则变频器以 15HZ 运行,30s 后则自动停止,如果再次检测到物料后,则重新启动变频器驱动电机来拖动皮带运行,按照控制要求(1)运行。

(3) 当按下停止按钮后,系统停止,电机执行完当前的物料分拣后停止。

(4) 停止后,有物料时必须按下启动按钮,系统重新运转。

(5) 参数的设定,按照电机的相关参数调整,如额定功率、电压、电流、频率和转数。

四、预备知识

(一) 三菱 FR-D700 变频器

1. 变频器简介

近年来,随着大功率电力晶体管和计算机控制技术的发展,通用变频器被广泛用于三相交流异步电动机的无级调速、节能改造,极大地提高了设备的自动化程度,充分满足了生产工艺的调速要求,其应用前景十分广泛。

采用变频器对三相笼型异步电动机进行调速,具有调速范围广、静态稳定性好、运行效率高、使用方便、可靠性高、经济效益显著等优点,其特点如表 3-1-1 所示。

表 3-1-1 变频调速的特点

变频调速的特点	效果	用途
可以使标准电动机调速	不用更换原有电动机	风机、水泵、空调、一般机械
可以连续调速	可选择最佳速度	机床、搅拌机、压缩机
启动电流小	电源设备容量可以小	压缩机
最高速度不受电源影响	最大工作能力不受电源频率影响	泵、风机、空调、一般机械
电动机可以高速化、小型化	可以得到用其他调速装置不能实现的高速度	内圆磨床、化纤机械、输送机械
防爆容易	与直流电动机相比,防爆容易、体积小、成本低	药品机械、化学工厂
低速时定转矩输出	低速时电动机堵转也无妨	定尺寸装置
可以调节加减速的时间	能防止载重物倒塌	输送机械
可以使用普通笼型电动机,维修少	电动机维护少	生产流水线、车辆、电梯

变频器的种类繁多,我们重点学习三菱 FR-D700 变频器。FR-D700 系列变频器是一种小型、高性能变频器。

2. FR-D700 变频器的接线

FR-D700 系列变频器的外观如图 3-1-1 所示。

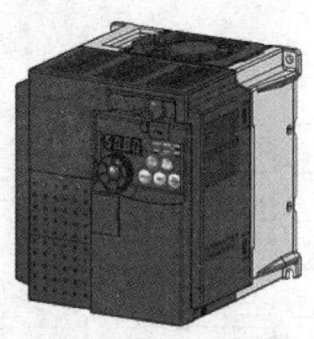

图 3-1-1　FR-D700 系列变频器外形图

（1）FR-D700 系列变频器主电路的通用接线，如图 3-1-2 所示。

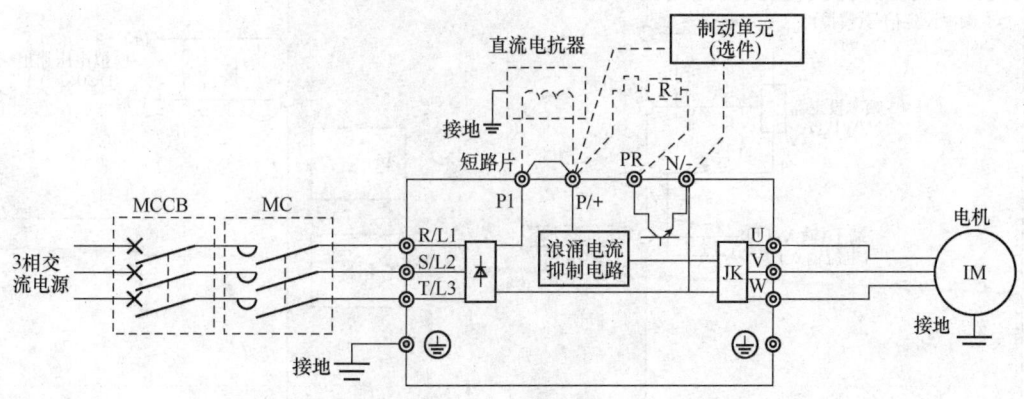

图 3-1-2　FR-D700 系列变频器主电路的通用接线

图中有关说明如下：

1）端子 P1、P/+ 之间用以连接直流电抗器，不需连接时，两端子间短路。

2）P/+ 与 PR 之间用以连接制动电阻器，P/+ 与 N/- 之间用以连接制动单元选件。

3）交流接触器 MC 用作变频器安全保护的目的，注意不要通过此交流接触器来启动或停止变频器，否则可能降低变频器寿命。

4）进行主电路接线时，应确保输入、输出端不能接错，即电源线必须连接至 R/L1、S/L2、T/L3，绝对不能接 U、V、W，否则会损坏变频器。

（2）FR-D700 系列变频器控制电路的接线，如图 3-1-3 所示。

（3）变频器控制电路端子说明。图 3-1-3 中，控制电路端子分为控制输入、频率设定（模拟量输入）、继电器输出（异常输出）、集电极开路输出（状态检测）和模拟电压输出 5 部分区域，各端子的功能可通过调整相关参数的值进行变更，在出厂初始值的情况下，各控制电路端子的功能说明如表 3-1-2、表 3-1-3 和表 3-1-4 所示。

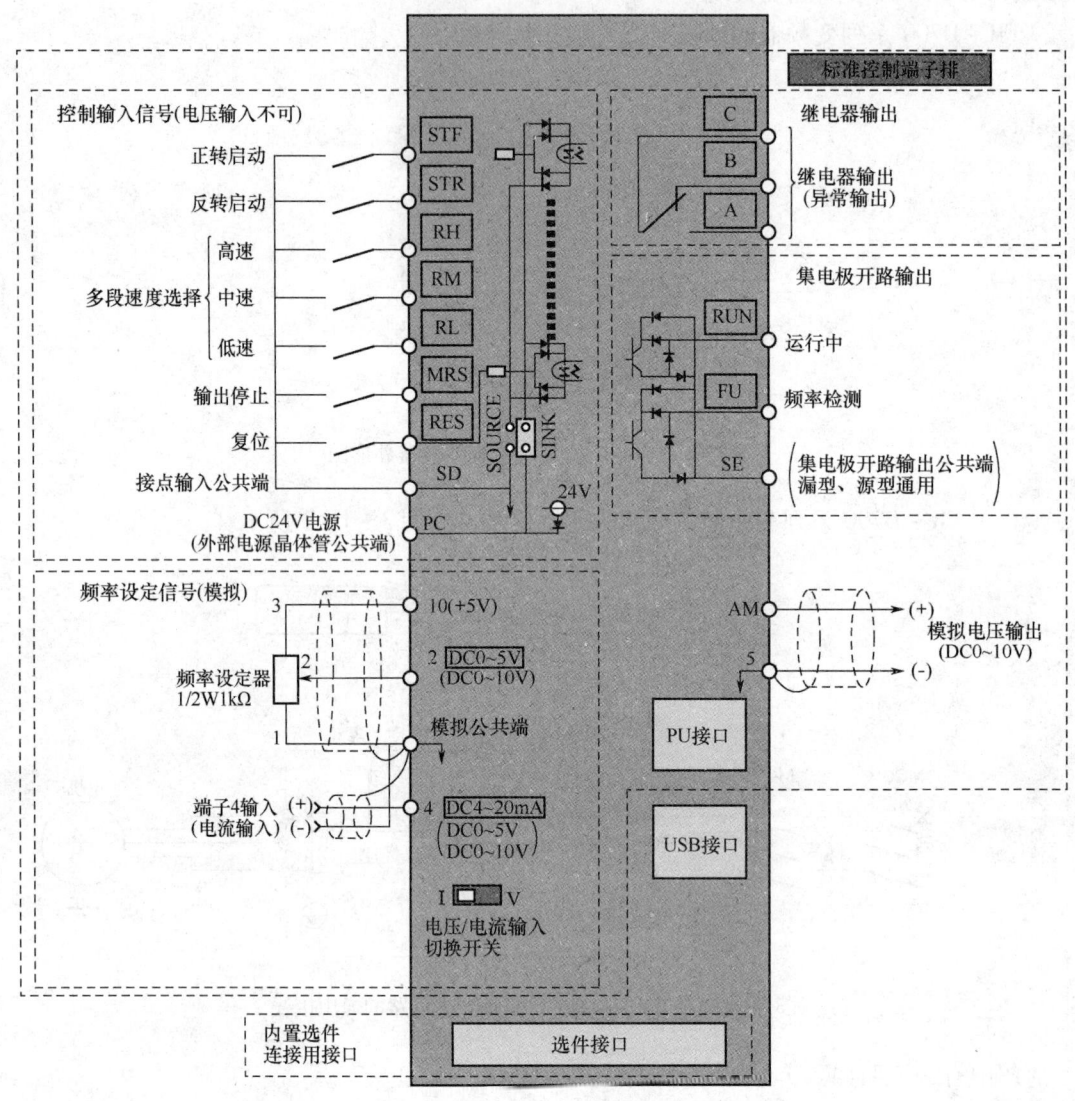

图 3-1-3　FR-D700 变频器控制电路接线图

表 3-1-2　　　　　　　　　控制电路输入端子的功能说明

种类	端子编号	端子名称	端子功能说明	
接点输入	STF	正转启动	STF 信号 ON 时为正转、OFF 时为停止指令	STF、STR 信号同时 ON 时变成停止指令
	STR	反转启动	STR 信号 ON 时为反转、OFF 时为停止指令	
	RH RM RL	多段速度选择	用 RH、RM 和 RL 信号的组合可以选择多段速度	

续表

种类	端子编号	端子名称	端子功能说明
接点输入	MRS	输出停止	MRS 信号 ON（20ms 或以上）时，变频器输出停止 用电磁制动器停止电机时用于断开变频器的输出
	RES	复位	用于解除保护电路动作时的报警输出。请使 RES 信号处于 ON 状态 0.1s 或以上，然后断开 初始设定为始终可进行复位，但进行了 Pr.75 的设定后，仅在变频器报警发生时可进行复位，复位时间约为 1s
	SD	接点输入公共端（漏型）（初始设定）	接点输入端子（漏型逻辑）的公共端子
		外部晶体管公共端（源型）	源型逻辑时当连接晶体管输出（即集电极开路输出），例如可编程控制器（PLC）时，将晶体管输出用的外部电源公共端接到该端子时，可以防止因漏电引起的误动作
		DC24V 电源公共端	DC24V 0.1A 电源（端子 PC）的公共输出端子 与端子 5 及端子 SE 绝缘
	PC	外部晶体管公共端（漏型）（初始设定）	漏型逻辑时当连接晶体管输出（即集电极开路输出），例如可编程控制器（PLC）时，将晶体管输出用的外部电源公共端接到该端子时，可以防止因漏电引起的误动作
		接点输入公共端（源型）	接点输入端子（源型逻辑）的公共端子
		DC24V 电源	可作为 DC24V、0.1A 的电源使用
频率设定	10	频率设定用电源	作为外接频率设定（速度设定）用电位器时的电源使用（按照 Pr.73 模拟量输入选择）
	2	频率设定（电压）	如果输入 DC0～5V（或 0～10V），在 5V（10V）时为最大输出频率，输入输出成正比。通过 Pr.73 进行 DC0～5V（初始设定）和 DC0～10V 输入的切换操作
	4	频率设定（电流）	若输入 DC4～20mA（或 0～5V，0～10V），在 20mA 时为最大输出频率，输入输出成正比。只有 AU 信号为 ON 时端子 4 的输入信号才会有效（端子 2 的输入将无效）。通过 Pr.267 进行 4～20mA（初始设定）和 DC0～5V、DC0～10V 输入的切换操作 电压输入（0～5V/0～10V）时，请将电压/电流输入切换开关切换至"V"
	5	频率设定公共端	频率设定信号（端子 2 或 4）及端子 AM 的公共端子。请勿接大地

表3-1-3　　　　　　　　　　控制电路接点输出端子的功能说明

种类	端子记号	端子名称	端子功能说明	
继电器	A、B、C	继电器输出（异常输出）	指示变频器因保护功能动作时输出停止的1c接点输出。异常时：B-C间不导通（A-C间导通），正常时：B-C间导通（A-C间不导通）	
集电极开路	RUN	变频器正在运行	变频器输出频率大于或等于启动频率（初始值0.5Hz）时为低电平，已停止或正在直流制动时为高电平	
	FU	频率检测	输出频率大于或等于任意设定的检测频率时为低电平，未达到时为高电平	
	SE	集电极开路输出公共端	端子RUN、FU的公共端子	
模拟	AM	模拟电压输出	可以从多种监视项目中选一种作为输出。变频器复位中不被输出。输出信号与监视项目的大小成比例	输出项目：输出频率（初始设定）

表3-1-4　　　　　　　　　　控制电路网络接口的功能说明

种类	端子记号	端子名称	端子功能说明
RS-485	—	PU接口	通过PU接口，可进行RS-485通信 • 标准规格：EIA-485（RS-485） • 传输方式：多站点通讯 • 通信速率：4800~38400bps • 总长距离：500m
USB	—	USB接口	与个人电脑通过USB连接后，可以实现FR Configurator的操作 • 接口：USB1.1标准 • 传输速度：12Mbps • 连接器：USB迷你-B连接器（插座：迷你-B型）

（4）变频器接线注意事项。

1）绝对禁止将电源线接到变频器的输出端U、V、W上，否则将损坏变频器。

2）不使用变频器时，可将断路器断开，起电源隔离作用；当线路出现短路故障时，断路器起保护作用，以免事故扩大。但在正常工作情况下，不要使用断路器启动和停止电动机，因为这时工作电压处在非稳定状态，逆变晶体管可能脱离开关状态进入放大状态，而负载感性电流维持导通，使逆变晶体管功耗剧增，容易烧毁逆变晶体管。

3）在变频器的输入侧接交流电抗器可以削弱三相电源不平衡对变频器的影响，延长变频器的使用寿命，同时也降低变频器产生的谐波对电网的干扰。

4）当电动机处于直流制动状态时，电动机绕组呈发电状态，会产生较高的直流电压反送直流电压侧，可以连接直流制动电阻进行耗能以降低高压。

5）由于变频器输出的是高频脉冲波，所以禁止在变频器与电动机之间加装电力电容器件。

6）变频器和电动机必须可靠接地。

7）变频器的控制线应与主电路动力线分开布线，平行布线应相隔10cm以上，交叉布线时应使其垂直。为防止干扰信号串入，变频器模拟信号线的屏蔽层应妥善接地。

8）通用变频器仅适用于一般工业用三相交流异步电动机。

9）变频器的安装环境应通风良好。

3．变频器的操作面板的操作训练

（1）FR-D700系列的操作面板的认识。使用变频器之前，首先要熟悉它的面板显示和键盘操作单元（或称控制单元），并且按使用现场的要求合理设置参数。FR-D700系列变频器的参数设置，通常利用固定在其上的操作面板（不能拆下）实现，也可以使用连接到变频器PU接口的参数单元（FR-PU07）实现。使用操作面板可以进行运行方式、频率的设定，运行指令监视、参数设定、错误表示等。操作面板如图3-1-4所示，其上半部为面板显示器，下半部为M旋钮和各种按键。它们的具体功能分别如表3-1-5和表3-1-6所示。

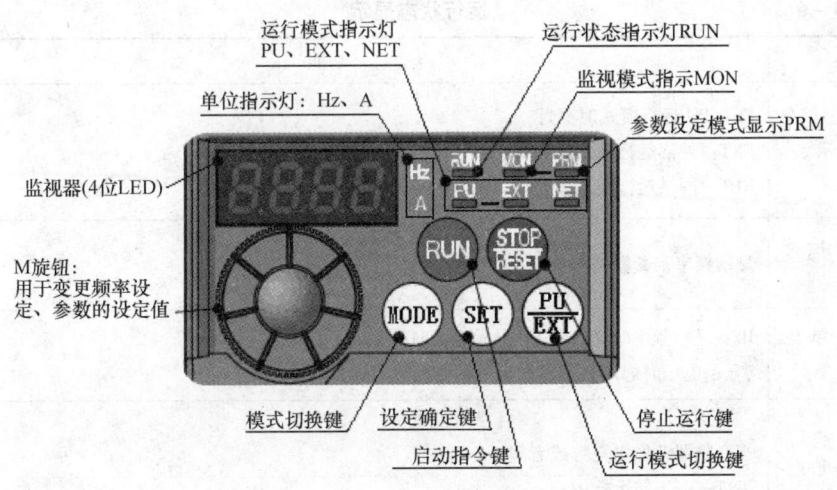

图3-1-4　FR-D700的操作面板

表3-1-5　　　　　　　　　　旋钮、按键功能

旋钮和按键	功能
M旋钮（三菱变频器旋钮）	旋动该旋钮用于变更频率设定、参数的设定值。按下该旋钮可显示以下内容： ·监视模式时的设定频率 ·校正时的当前设定值 ·报警历史模式时的顺序
模式切换键 MODE	用于切换各设定模式。和运行模式切换键同时按下也可以用来切换运行模式。长按此键（2s）可以锁定操作

续表

旋钮和按键	功能
设定确定键 SET	各设定的确定 此外,当运行中按此键则监视器出现以下显示: 运行频率 → 输出电流 → 输出电压
运行模式切换键 PU/EXT	用于切换 PU/外部运行模式 使用外部运行模式(通过另接的频率设定电位器和启动信号启动的运行)时请按此键,使表示运行模式的 EXT 处于亮灯状态 切换至组合模式时,可同时按 MODE 键 0.5s,或者变更参数 Pr.79
启动指令键 RUN	在 PU 模式下,按此键启动运行 通过 Pr.40 的设定,可以选择旋转方向
停止运行键 STOP/RESET	在 PU 模式下,按此键停止运转 保护功能(严重故障)生效时,也可以进行报警复位

表 3-1-6　　运行状态显示

显示	功能
运行模式显示	PU:PU 运行模式时亮灯 EXT:外部运行模式时亮灯 NET:网络运行模式时亮灯
监视器(4 位 LED)	显示频率、参数编号等
监视数据单位显示	Hz:显示频率时亮灯;A:显示电流时亮灯 (显示电压时熄灯,显示设定频率监视时闪烁)
运行状态显示 RUN	当变频器动作中亮灯或者闪烁,其中: 亮灯——正转运行中; 缓慢闪烁(1.4s 循环)——反转运行中; 下列情况下出现快速闪烁(0.2s 循环): ● 按键或输入启动指令都无法运行时 ● 有启动指令,但频率指令在启动频率以下时 ● 输入了 MRS 信号时
参数设定模式显示 PRM	参数设定模式时亮灯
监视器显示 MON	监视模式时亮灯

（2）变频器的运行模式的切换。由表3-1-5和表3-1-6可见，在变频器不同的运行模式下，各种按键、M旋钮的功能各异。所谓运行模式是指对输入到变频器的启动指令和设定频率的命令来源的指定。

一般来说，使用控制电路端子、在外部设置电位器和开关来进行操作的是"外部运行模式"，使用操作面板或参数单元输入启动指令、设定频率的是"PU运行模式"，通过PU接口进行RS-485通讯或使用通讯选件的是"网络运行模式（NET运行模式）"。在进行变频器操作以前，必须了解其各种运行模式，才能进行各项操作。

FR-D700系列变频器通过参数Pr.79的值来指定变频器的运行模式，设定值范围为0，1，2，3，4，6，7；这7种运行模式的内容以及相关LED指示灯的状态如表3-1-7所示。

表3-1-7　　　　　　　　　　运行模式选择（Pr.79）

设定值	内容		LED显示状态（■：灭灯　□：亮灯）
0	外部/PU切换模式，通过 PU/EXT 键可切换PU与外部运行模式 注意：接通电源时为外部运行模式		外部运行模式：EXT　　　PU运行模式：PU
1	固定为PU运行模式		PU
2	固定为外部运行模式 可以在外部、网络运行模式间切换运行		外部运行模式：EXT　　　网络运行模式：NET
3	外部/PU组合运行模式1		PU　EXT
	频率指令	启动指令	
	用操作面板设定 或用参数单元设定 或外部信号输入［多段速设定，端子4-5间（AU信号ON时有效）］	外部信号输入 （端子STF、STR）	
4	外部/PU组合运行模式2		
	频率指令	启动指令	
	外部信号输入 （端子2、4、JOG、多段速选择等）	通过操作面板的RUN键，或通过参数单元的FWD、REV键来输入	
5	切换模式 可以在保持运行状态的同时，进行PU运行、外部运行、网络运行的切换		PU运行模式：PU 外部运行模式：EXT 网络运行模式：NET

续表

设定值	内容	LED 显示状态（▬：灭灯　▭：亮灯）
6	外部运行模式（PU 运行互锁） X12 信号 ON 时，可切换到 PU 运行模式 （外部运行中输出停止） X12 信号 OFF 时，禁止切换到 PU 运行模式	PU 运行模式：[PU] 外部运行模式：[EXT] 

变频器出厂时，参数 Pr.79 设定值为 0。当停止运行时用户可以根据实际需要修改其设定值。

修改 Pr.79 设定值的一种方法是：按 MODE 键使变频器进入参数设定模式；旋动 M 旋钮，选择参数 Pr.79，用 SET 键确定之；然后再旋动 M 旋钮选择合适的设定值，用 SET 键确定之；两次按 MODE 键后，变频器的运行模式将变更为设定的模式。

图 3-1-5 是设定参数 Pr.79 的一个例子。该例子把变频器从固定外部运行模式变更为组合运行模式 1。

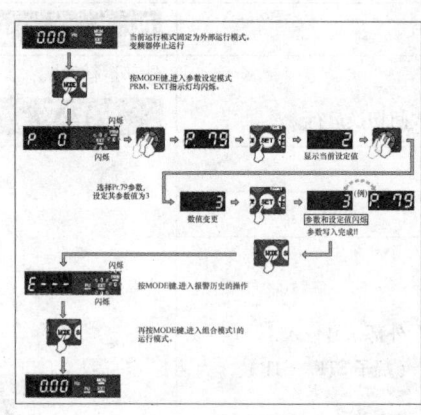

图 3-1-5　变频器的运行模式变更例子

（3）参数的设定。变频器参数的出厂设定值被设置为完成简单的变速运行。如需按照负载和操作要求设定参数，则应进入参数设定模式，先选定参数号，然后设置其参数值。设定参数分两种情况，一种是停机 STOP 方式下重新设定参数，这时可设定所有参数；另一种是在运行时设定，这时只允许设定部分参数，但是可以核对所有参数号及参数。图 3-1-6 是参数设定过程的一个例子，所完成的操作是把参数 Pr.1（上限频率）从出厂设定值 120.0Hz 变更为 50.0Hz，假定当前运行模式为外部/PU 切换模式（Pr.79=0）。

图 3-1-6 的参数设定过程，需要先切换到 PU 模式下，再进入参数设定模式，与图 3-1-5 的方法有所不同。实际上，在任一运行模式下，按 MODE 键，都可以进入参数设定，如图 3-1-5 那样，但只能设定部分参数。

（4）常用参数设置。FR-D700 变频器有几百个参数，实际使用时，只需根据使用现场的要求设定部分参数，其余按出厂设定即可。一些常用参数，则是应该熟悉的。

下面根据分拣单元工艺过程对变频器的要求，介绍一些常用参数的设定。关于参数设定更详细的说明请参阅 FR - D700 使用手册。

1) 输出频率的限制（Pr.1、Pr.2、Pr.18）。为了限制电机的速度，应对变频器的输出频率加以限制。用 Pr.1 "上限频率" 和 Pr.2 "下限频率" 来设定，可将输出频率的上、下限钳位。

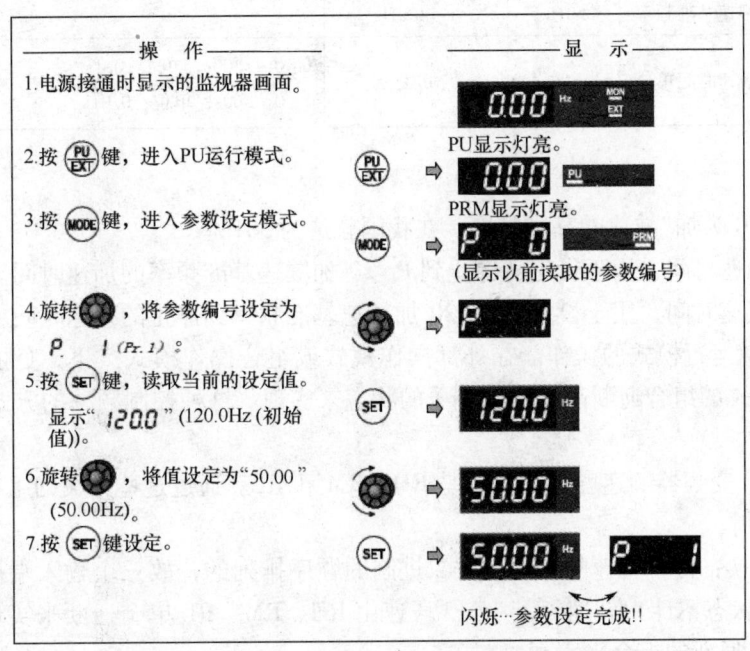

图 3 - 1 - 6　变更参数的设定值示例

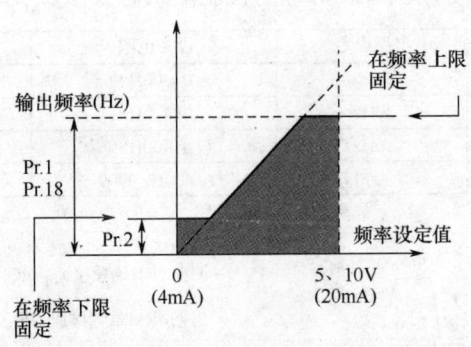

图 3 - 1 - 7　输出频率与设定频率的关系

当在 120Hz 以上运行时，用参数 Pr.18 "高速上限频率" 设定高速输出频率的上限。

Pr.1 与 Pr.2 出厂设定范围为 0~120Hz，出厂设定值分别为 120Hz 和 0Hz。Pr.18 出厂设定范围为 120~400Hz。输出频率和设定值的关系如图 3 - 1 - 7 所示。

2) 加减速时间（Pr.7、Pr.8、Pr.20、Pr.21）。各参数的意义及设定范围如表 3 - 1 - 8 所示。

表3-1-8　　　　　　　　加减速时间相关参数的意义及设定范围

参数号	参数意义	出厂设定	设定范围	备注
Pr. 7	加速时间	5s	0~3600/360s	根据Pr.21加减速时间单位的设定值进行设定。初始值的设定范围为"0~3600s"、设定单位为"0.1s"
Pr. 8	减速时间	5s	0~3600/360s	
Pr. 20	加/减速基准频率	50Hz	1~400Hz	
Pr. 21	加/减速时间单位	0	0/1	0：0~3600s；单位：0.1s 1：0~360s；单位：0.01s

设定说明：

①用Pr.20为加/减速的基准频率，在我国就选为50Hz。

②Pr.7加速时间，用于设定从停止到Pr.20加减速基准频率的加速时间。

③Pr.8减速时间，用于设定从Pr.20加减速基准频率到停止的减速时间。

3）多段速运行模式的操作。在外部操作模式或组合操作模式2下，变频器可以通过外接的开关器件的组合通断改变输入端子的状态来实现。这种控制频率的方式称为多段速控制功能。

FR-D700变频器的速度控制端子是RH、RM和RL。通过这些开关的组合可以实现3段、7段的控制。

转速的切换：由于转速的挡次是按二进制的顺序排列的，故三个输入端可以组合成3挡至7挡（0状态不计）转速。其中，3段速由RH、RM、RL单个通断来实现，7段速由RH、RM、RL通断的组合来实现。

7段速的各自运行频率则由参数Pr.4-Pr.6（设置前3段速的频率）、Pr.24-Pr.27（设置第4段速至第7段速的频率）。对应的控制端状态及参数关系如图3-1-8所示。

参数号	出厂设定	设定范围	备注
4	50Hz	0~400Hz	
5	30Hz	0~400Hz	
6	10Hz	0~400Hz	
24~27	9999	0~400Hz,9999	9999:未选择

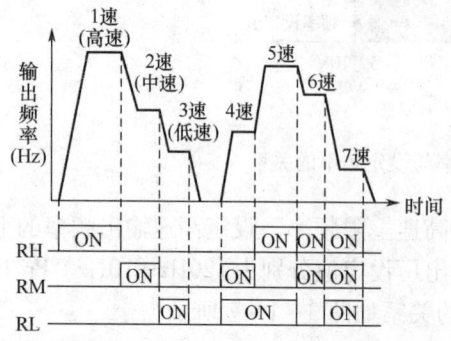

1速：RH单独接通，Pr.4设定频率
2速：RM单独接通，Pr.5设定频率
3速：RL单独接通，Pr.6设定频率
4速：RM、RL同时通，Pr.24设定频率
5速：RH、RL同时通，Pr.25设定频率
6速：RH、RM同时通，Pr.26设定频率
7速：RH、RM、RL全通，Pr.27设定频率

图3-1-8　多段速控制对应的控制端状态及参数关系

多段速设定在 PU 运行和外部运行中都可以设定。运行期间参数值也能被改变。

3 速设定的场合（Pr. 24 ~ Pr. 27 设定为 9999），2 速以上同时被选择时，低速信号的设定频率优先。

最后指出，如果把参数 Pr. 183 设置为 8，将 RMS 端子的功能转换成多速段控制端 REX，就可以用 RH、RM、RL 和 REX（由）通断的组合来实现 15 段速。详细的说明请参阅 FR - D700 使用手册。

（二）变频器应用举例说明

1. 实施变频器面板操作

操作变频器面板按键设定变频器输出频率，实施对电动机正转、反转和停止控制，接线图如图 3 - 1 - 9 所示。

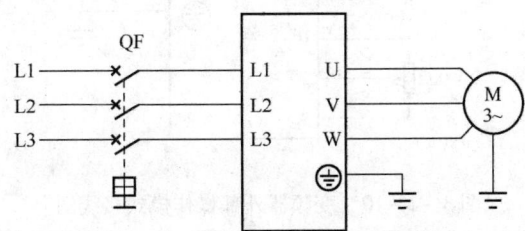

图 3 - 1 - 9　变频器面板操作模式接线图

变频器面板模式操作步骤如下。

（1）按图 3 - 1 - 9 所示连接线路，检查无误后接通电源。

（2）恢复变频器出厂设定值。有关出厂设定值如下：

参数【1 = 120】，上限频率为 120Hz；

参数【2 = 0】，下限频率为 0Hz；

参数【3 = 50】，基准频率为 50Hz；

参数【7 = 5】，启动加速时间为 5s；

参数【8 = 5】，停止减速时间为 5s；

参数【79 = 0】，外部操作模式，【EXT】灯亮。

注：加速时间是指输出频率从 0Hz 上升到运行频率所需要的时间，减速时间是指输出频率从运行频率下降到 0Hz 所需要的时间。

（3）修改不符合控制要求的出厂设定值。

修改参数【79 = 1】，选择面板操作模式，【PU】灯亮。

参数【1 = 50】，上限频率为 50Hz。

（4）设定输出频率。用【MODE】键选择【频率设定模式】，用【▲】、【▼】键设定频率值为 40Hz，用【SET】键写入。

（5）正转。按【FWD】键，电动机加速启动，显示即时输出频率，【RUN】灯亮。

（6）反转。按【REV】键，电动机加速启动，显示即时输出频率，【RUN】灯闪烁。

（7）停止。按【STOP/RESET】键，电动机减速停止，【RUN】灯灭。

（8）切断电源。

2. 实施变频器外部操作

由外部模拟电压信号设定变频器输出频率，操作外部开关实施对电动机正转、反转和停止控制，接线图如图 3-1-10 所示。

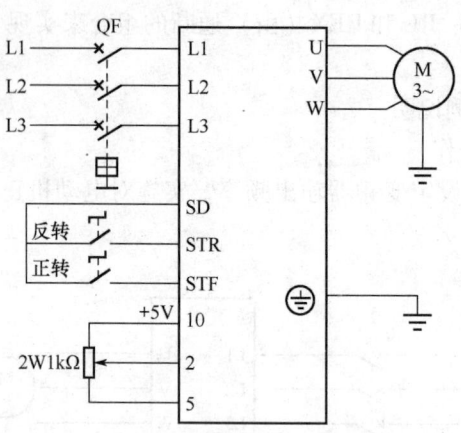

图 3-1-10 变频器外部操作模式接线图

变频器外部操作模式的操作步骤如下：

（1）按图 3-1-10 所示连接线路，接线无误后接通电源。

（2）恢复变频器出厂设定值。有关出厂设定值如下：

参数【1 =120】，上限频率为 120Hz；

参数【2 =0】，下限频率为 0Hz；

参数【3 =50】，基准频率为 50Hz；

参数【7 =5】，启动加速时间为 5s；

参数【8 =5】，停止减速时间为 5s；

参数【38 =50】，5V（10V）输入时频率为 50Hz；

参数【73 =0】，选择 5V 的输入电压（73 =1，选择 10V 输入电压）；

参数【79 =0】，外部操作模式，【EXT】灯亮。

（3）修改不符合控制要求的出厂设定值。

修改参数【79 =1】，选择面板操作模式，【PU】灯亮。

修改参数【1 =50】，上限频率为 50Hz。

修改参数【79 =0】，外部操作模式，【EXT】灯亮。

（4）把外接电位器逆时针旋转到底，输出频率设定为 0。把外接电位器慢慢顺时针旋转到底，输出频率逐步增大。

（5）正转。接通 STF - SD 旋钮，【RUN】灯亮，输出频率随电位器转动逐步增大。

（6）反转。接通 STR - SD 旋钮，【RUN】灯闪烁，输出频率随电位器转动逐步增大。

（7）停止。断开 STF、STR 旋钮。

(8) 切断电源。

注：若 STF、STR 旋钮同时接通，则变频器停止输出，电动机停止。

3. 实施变频器面板与外部组合操作

由面板设定变频器输出频率，由外部开关实施对电动机正转、反转和停止控制，接线图如图 3-1-11 所示。

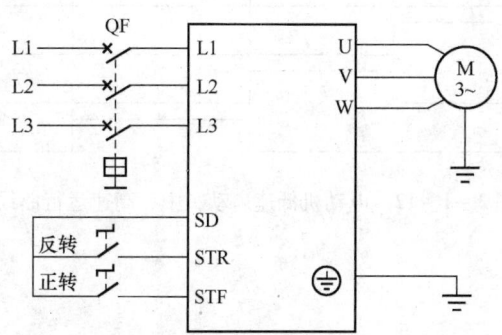

图 3-1-11 变频器面板与外部组合操作模式接线图

变频器面板与外部组合操作模式的操作步骤如下。

(1) 按图 3-1-11 所示连接线路，接线无误后接通电源。

(2) 恢复变频器出厂设定值。有关出厂设定值如下：

参数【1 = 120】，上限频率为 120Hz；

参数【2 = 0】，下限频率为 0Hz；

参数【3 = 50】，基准频率为 50Hz；

参数【7 = 5】，启动加速时间为 5s；

参数【8 = 5】，停止减速时间为 5s；

参数【79 = 0】，外部操作模式，【EXT】灯亮。

(3) 修改不符合控制要求的出厂设定值。

修改参数【79 = 3】，选择外部与面板组合操作模式，【PU】和【EXT】两灯亮。

参数【1 = 50】，上限频率为 50Hz。

(4) 设定输出频率。用【MODE】键选择【频率设定模式】，用【▲】、【▼】键改变频率值为 40Hz，用【SET】键写入。

(5) 正转。接通 STF-SD 旋钮，【RUN】灯亮，输出频率逐步增大到 40Hz。

(6) 反转。接通 STR-SD 旋钮，【RUN】灯闪烁，输出频率逐步增大到 40Hz。

(7) 停止。断开 STF、STR 旋钮。

(8) 切断电源。

4. 应用继电器控制变频器调速

某设备电动机 3 速运行曲线如图 3-1-12 所示，电动机启动后转速按低速→中速→高速变化。

继电器 3 速控制线路如图 3-1-13 所示，图中按钮代号、名称和动作见表 3-1-9。

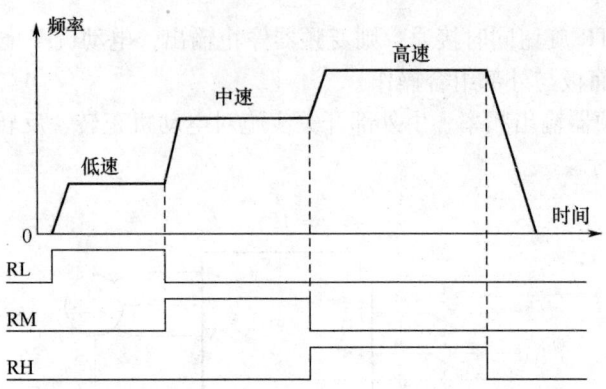

图 3-1-12 电动机低速启动，中、高速运行曲线

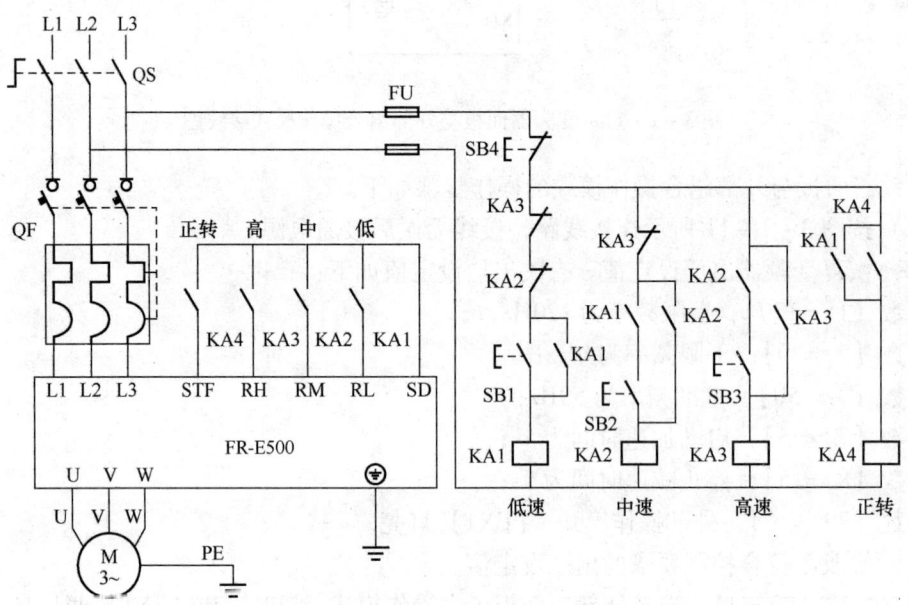

图 3-1-13 继电器 3 速控制线路

表 3-1-9　　　　　　　　　　按钮的代号、名称和动作

代号	名称	动作
SB1（常开按钮）	低速启动	电动机以 10Hz 频率低速启动
SB2（常开按钮）	中速运行	电动机以 30Hz 频率中速运行
SB3（常开按钮）	高速运行	电动机以 50Hz 频率高速运行
SB4（常闭按钮）	停止	电动机减速停止

注：变频器 3 速设定的场合，2 速以上同时被选中时，低速设定的频率优先。

继电器 3 速控制操作步骤如下：

(1) 按图 3-1-13 所示连接线路，接线无误后接通电源。

(2) 恢复变频器出厂设定值。有关出厂设定值如下：

参数【1 = 120】，上限频率为 120Hz；

参数【2 = 0】，下限频率为 0Hz；

参数【3 = 50】，基准频率为 50Hz；

参数【4 = 50】，高速频率为 50Hz；

参数【5 = 30】，中速频率为 30Hz；

参数【6 = 10】，低速频率为 10Hz；

参数【7 = 5】，启动加速时间为 5s；

参数【8 = 5】，停止减速时间为 5s；

参数【79 = 0】，外部操作模式，【EXT】灯亮。

(3) 修改不符合控制要求的出厂设定值。

修改参数【79 = 1】，选择面板操作模式，【PU】灯亮。

修改参数【1 = 50】，上限频率为 50Hz。

修改参数【79 = 0】，外部操作模式，【EXT】灯亮。

(4) 低速启动。按下低速启动按钮 SB1，中间继电器 KA1 通电自锁，RL-SD 接通。KA4 通电自锁，STF-SD 接通，电动机以 10Hz 频率低速启动。

(5) 中速运行。按下中速运行按钮 SB2，中间继电器 KA2 通电自锁，RM-SD 接通，电动机以 30Hz 频率中速运行。KA1 被联锁断电。

(6) 高速运行。按下高速运行按钮 SB3，中间继电器 KA3 通电自锁，RH-SD 接通，电动机以 50Hz 频率高速运行。KA2 被联锁断电。

(7) 停止。按下停止按钮 SB4，KA1~KA4 断电，电动机减速停止。

(8) 切断电源。

5. 应用 PLC 控制变频器多段速调速

工厂车间内在各工段之间运送钢材等物料时常使用平板小车，它往返于各工段之间，如图 3-1-14 所示其运行速度曲线，AC 段是载料正转运行，CE 段是卸料后空载返回时的反转运行，前进、后退的加减速时间由变频器的加、减速参数来设定。

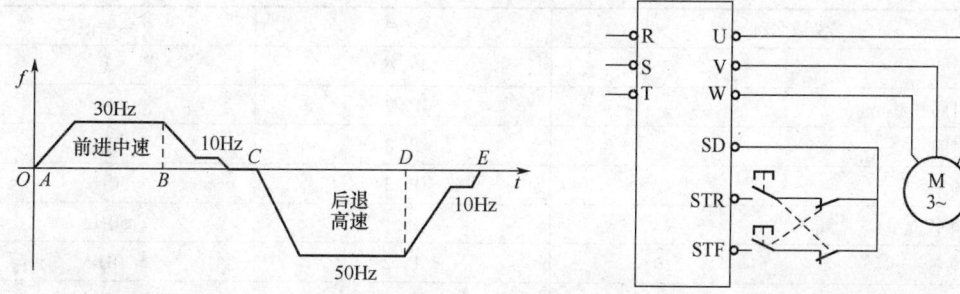

图 3-1-14 平板小车运行曲线图　　图 3-1-15 变频器控制的正反转电路

用变频器控制小车正反向运行，只需交替接通 STF 和 STR，而 PLC 的输出端子相当于开关触点，变频器控制的正反转电路采用 PLC 程序控制，按要求接通 STF 和 STR 即可（图 3-1-15）。

（1）完成变频器与PLC的接线。按图3-1-16所示的PLC控制变频器实现电动机的正反向变速运行的接线图接线。

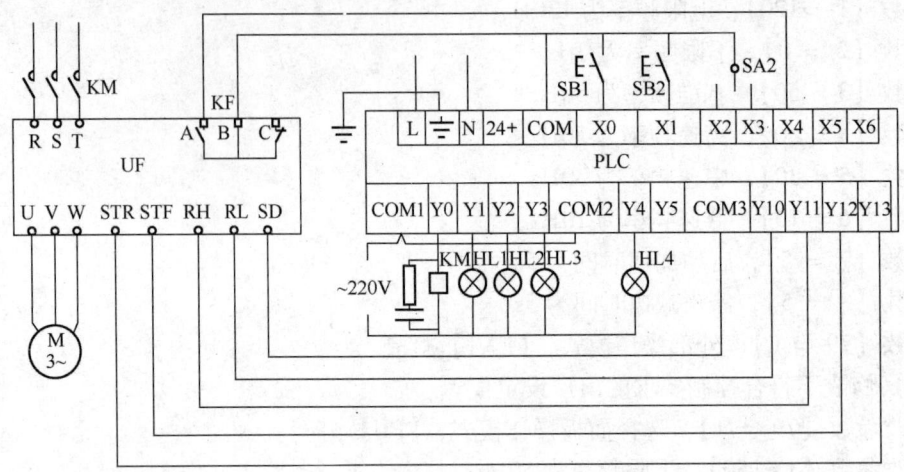

图3-1-16 PLC控制变频器实现电动机正反向变速运行的接线图

（2）电路工作原理。

1）按下SB1，X0=ON→Y0=ON并保持，接触器KM动作，变频器接通电源且Y1=ON，指示灯HL1亮。

2）将SA2旋至"正转"位，X2=ON并保持→Y10=ON，Y12=ON，变频器的STF和RL接通，电动机正转启动并以30Hz频率运行，Y2=ON，正转指示灯HL2亮。

3）正转运行2min后，Y11=ON，此时，电动机以RH、RL组合频率10Hz慢速运行。

4）当SA2旋至中间位置，电动机停止运行。同样，如SA2旋至"反转"位，X3=ON并保持→Y11=ON，Y13=ON，变频器的STR和RH接通，电动机反转启动并以50Hz频率运行且Y3=ON，反转指示灯HL3亮。

5）反向运行1′40″后，Y10=ON，电动机以RH、RL组合频率10Hz慢速运行。

（3）设置变频器的功能参数，如表3-1-10所示。

表3-1-10 变频器功能参数设置表

参数名称	参数号	参考值
运行模式	Pr.79	3
上升时间	Pr.7	3s
下降时间	Pr.8	3s
基底频率	Pr.3	50Hz
上限频率	Pr.1	50Hz
下限频率	Pr.2	0Hz
多段速度（RH）	Pr.4	50Hz
多段速度（RL）	Pr.6	30Hz

（4）操作注意事项。

1）当电动机正转或者反转时，X2或X1的常闭触点断开，使SB2（X1）不起作用，从而防止变频器在电动机运行的情况下切断电源。

2）将 SA2 旋至中间位置时，则电动机停转，X2、X3 的常闭触点均闭合。

3）如果再按下 SB2，则 X1 = ON，Y0 复位，KM 断电，变频器脱离电源。

4）电动机运行时，如果变频器因为发生故障而跳闸，则 X4 = ON，Y0 复位，变频器切断电源，同时，Y4 = ON，指示灯 HL4 亮。

五、任务实施

1. 制定设计方案

根据输入/输出继电器的个数，选择三菱公司生产的 FX_{2N} 小型 PLC 实现电气系统的控制。

物料分拣系统用于对白色与黑色零件进行分拣并利用推料缸推入相应料槽。在料槽推料位分别安装光纤传感器检测零件类型。传送带采用三相异步电动机拖动并使用变频器进行调速。调速方式采用多段速调速方式。变频器选择三菱公司生产的 FR - D700 变频器。

物料分拣系统分别有一个启动按钮、停车按钮、急停按钮。物料分拣系统用于对白色与黑色零件进行分拣并利用推料缸推入相应料槽。为了确保系统对物料可靠分拣，在料槽推料位分别安装光纤传感器检测零件类型。推料气缸上安装磁性开关检测推料到位信号。这些都是 PLC 的输入元件。

物料分拣系统利用变频器拖动电动机提供动力源。变频器的 STF、RL、RM、RH 四个端子是 PLC 的输出元件，电源使用变频器供电。变频器电源采用接触器切换，变频器电源接触器也是 PLC 的输出元件，工作电源为 220V。推料气缸也是 PLC 的输出元件，但工作电源电压为直流 24V，需要单独使用电源，因此 PLC 输出元件要依据电源不同分别布置。

2. PLC 的 I/O 分配表

PLC 的 I/O 分配如表 3 - 1 - 11 所示。

表 3 - 1 - 11　　　　　　　　PLC 的 I/O 分配表

输入			输出		
名称	符号	地址	名称	符号	地址
启动	SB0	X000	接通变频器	KM1	Y000
停止	SB1	X001	变频器启动	STF	Y4
急停	SB3	X002	低速启动（0.5Hz）	RL	Y7
物料台检测	SQ1	X003	中速运行（15Hz）	RM	Y6
白色料检测	SQ2	X004	高速运行（35Hz）	RH	Y5
黑色料检测	SQ3	X005	气缸1（推白料）	1YA	Y010
气缸1推到位	SQ4	X006	气缸2（推黑料）	2YA	Y011
气缸2推到位	SQ5	X007			

3. 物料分拣控制系统电气图

物料分拣控制系统电气图如图 3 - 1 - 17 所示。

4. PLC 程序设计

PLC 梯形图如图 3 - 1 - 18 所示。

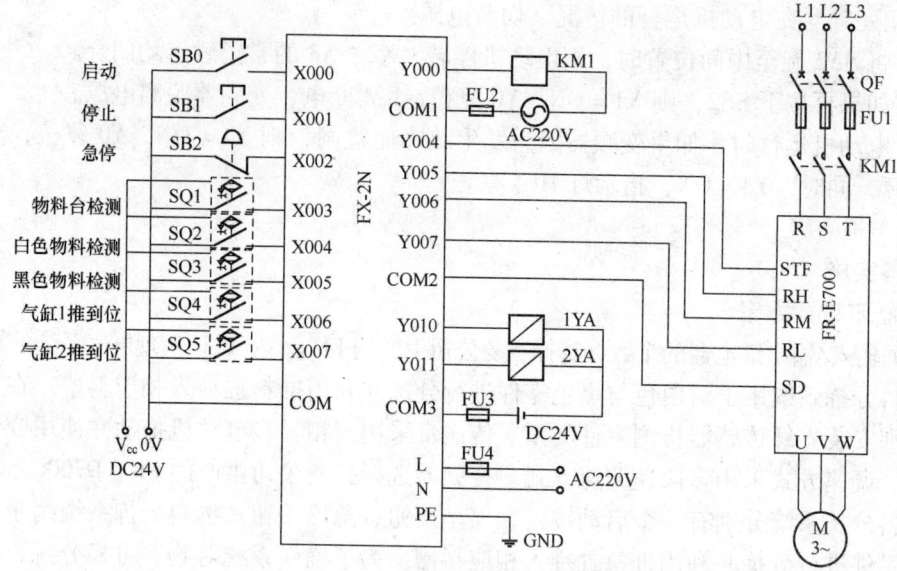

图 3-1-17 物料分拣控制系统电气图

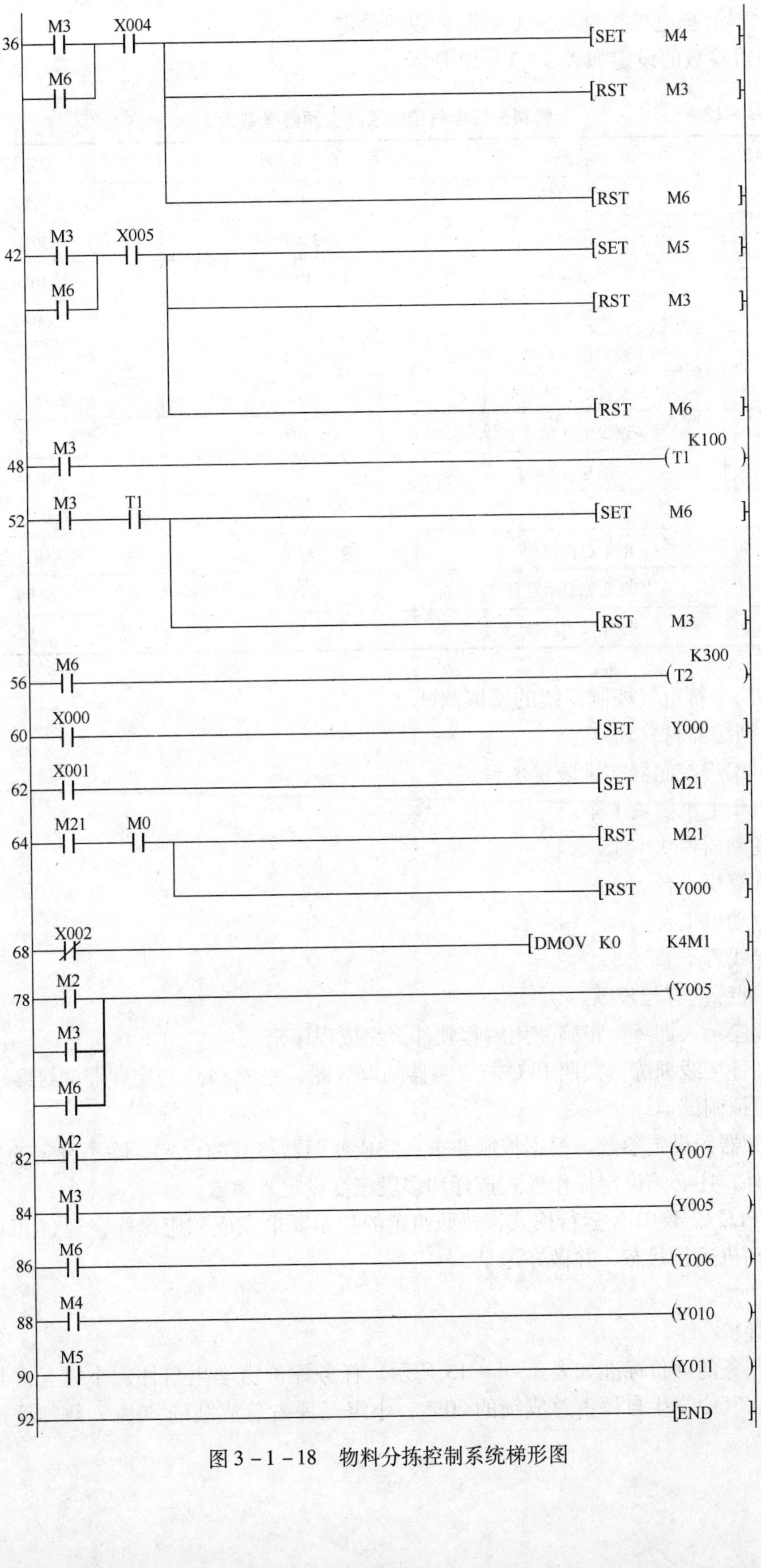

图 3-1-18 物料分拣控制系统梯形图

5. 物料分拣电气控制系统变频器参数的设定

变频器参数的设定如表3-1-12所示。

表3-1-12　　物料分拣电气控制系统变频器参数设定

序号	参数	功能	出厂设定值	设定值
1	Pr.0	转矩提升	6%　4%　3%	4%
2	Pr.1	上限频率	120Hz	50Hz
3	Pr.2	下限频率	0Hz	0Hz
4	Pr.3	基准频率	50Hz	50Hz
5	Pr.4	3速设定（高速）	50Hz	35Hz
6	Pr.5	3速设定（中速）	30Hz	15Hz
7	Pr.6	3速设定（低速）	10Hz	5Hz
8	Pr.7	加速时间	5s	0.5s
9	Pr.8	减速时间	5s	0.5s
10	Pr.9	电子过流保护	额定输出电流	额定输出电流
11	Pr.160	扩展功能显示选择	9999	9999
12	Pr.79	操作模式选择	0	2

6. 物料分拣电气控制系统的模拟调试

（1）训练器材。

1）可编程控制器实训装置1台。

2）PLC主机模块1个。

3）变频器模块1个。

4）计算机1台。

5）电动机1台。

6）导线若干。

（2）训练内容与步骤。

1）程序录入训练：正确使用编程软件，完成程序录入。

2）硬件接线训练：按照PLC与变频器的电气图，完成PLC与变频器的接线。

3）模拟调试训练。

①变频器的设定参数。根据控制要求，完成变频器参数的设定，除了设定变频器的基本参数以外，还必须设定操作模式选择和多段速度设定等参数。

②将PLC置于RUN运行模式，按照给定的控制要求完成相应操作，观察PLC的输出结果及电动机运行状态，并做好记录。

六、任务评价

本项任务的评价标准如表3-1-13所示。任务评价由学生自评、小组互评与教师评价相结合，其中学生自评占总成绩的20%，小组互评占总成绩的30%，教师评价占总成绩的50%。

表 3-1-13　　PLC 与变频器控制系统的设计、安装与调试的评价标准

考核项目	序号	考核内容	评分要点及得分（最高为该项配分值）	配分	得分 自评	得分 互评	得分 教师评价
职业能力	1	PLC 控制系统的设计	1. 理解 PLC 控制系统的控制工艺要求，功能图画错扣 5 分 2. 主电路设计一处错扣 1 分，I/O 电路一处错误扣 5 分 3. PLC 程序设计有误，每处扣 2 分 4. 根据电路图提出主要器件单，器件单有误每处扣 1 分	20			
职业能力	2	变频器参数的设定	按控制要求进行变频器参数的设定，设定错误一处扣 3 分	20			
职业能力	3	实际接线操作	1. 接线要符合安全性、规范性、正确性、美观性，否则一处错误扣 3 分 2. PLC 端口接线有误，每处扣 3 分 3. 变频器接线有误，每处扣 3 分	20			
职业能力	4	调试结果	1. 熟练调试过程，调试步骤一处错误扣 3 分 2. 观察线路工作现象并判断正确与否，判断有误一次扣 5 分	10			
职业素质	1	安全文明操作	1. 损坏元件一次，扣 2 分 2. 引发安全事故，扣 10 分 3. 未做相应的职业保护措施，扣 2 分	10			
职业素质	2	团队协作精神	1. 分工不合理，承担任务少扣 5 分 2. 小组成员不与他人合作，扣 3 分 3. 不与他人交流，扣 2 分	10			
职业素质	3	劳动纪律	1. 违反规章制度一次，扣 2 分 2. 不做清洁整理工作，扣 5 分 3. 清洁整理效果差，酌情扣 2~5 分	10			
		合计		100			
		训练时间记录					
备注		自评学生签字：		自评成绩			
备注		互评学生签字：		互评成绩			
备注		指导老师签字：		教师评价成绩			
备注				总成绩			

【知识链接】

一、变频器的工作原理

变频器是利用电力半导体的通断作用把电压和频率固定不变的交流电变成电压、频率都可变的交流电，主要采用交—直—交方式，先把工频交流电通过整流器变成直流电，然后再把直流电通过逆变器变成电压、频率都可变的交流电以供给电动机。

二、变频器的结构

变频器的结构示意图如图 3-1-19 所示。

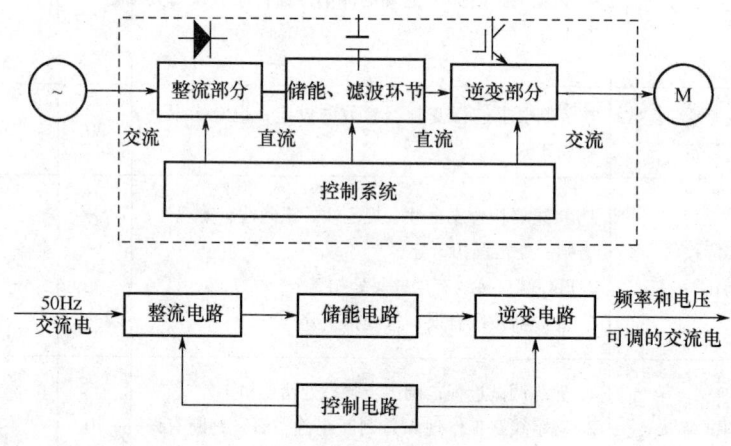

图 3-1-19 变频器结构示意图

变频器的主电路包括整流电路、储能电路和逆变电路，是变频器的功率电路。主电路结构如图 3-1-20 所示。

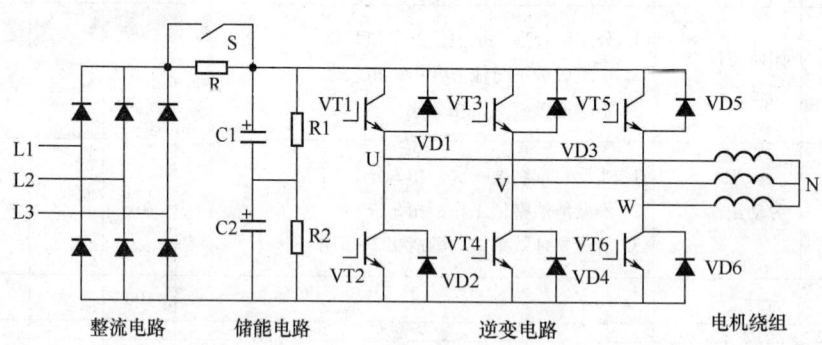

图 3-1-20 变频器主电路结构

三、三菱变频器的基本应用

（一）变频器的基本功能

1. 变频器的控制方式

低压通用变频输出电压为 380～650V，输出功率为 0.75～400kW，工作频率为 0～400Hz，它的主电路都采用交—直—交电路，其控制方式经历了以下几代：

（1）U/F=C 的正弦脉宽调制（SPWM）控制方式。其特点是控制电路结构简单、成本较低，机械特性硬度也较好，能够满足一般传动的平滑调速要求，已在产业的各个领域得到广泛应用。但是，这种控制方式在低频时，由于输出电压较低，转矩受定子电阻压降的影响比较显著，使输出最大转矩减小。另外，其机械特性终究没有直流电动机硬，动态转矩能力和静态调速性能都还不尽如人意，且系统性能不高，控制曲线会随负载的变化而变化，转矩响应慢、电机转矩利用率不高，低速时因定子电阻和逆变器死区效应的存在而性能下降，稳定性变差等。因此人们又研究出矢量控制变频调速。

（2）电压空间矢量（SVPWM）控制方式。它是以三相波形整体生成效果为前提，以逼近电机气隙的理想圆形旋转磁场轨迹为目的，一次生成三相调制波形，以内切多边形逼近圆的方式进行控制的。经实践使用后又有所改进，即引入频率补偿，能消除速度控制的误差；通过反馈估算磁链幅值，消除低速时定子电阻的影响；将输出电压、电流闭环，以提高动态的精度和稳定度。但控制电路环节较多，且没有引入转矩的调节，所以系统性能没有得到根本改善。

（3）矢量控制（VC）方式。矢量控制变频调速的做法是将异步电动机在三相坐标系下的定子电流 Ia、Ib、Ie、通过三相—二相变换，等效成两相静止坐标系下的交流电流 Ial、Ibl，再通过按转子磁场走向旋转变换，等效成同步旋转坐标系下的直流电流 Iml、Itl（Iml 相当于直流电动机的励磁电流：Itl 相当于与转矩成正比的电枢电流），然后模仿直流电动机的控制方法，求得直流电动机的控制量，经过相应的坐标反变换，实现对异步电动机的控制。其实质是将交流电动机等效为直流电动机，分别对速度、磁场两个分量进行独立控制。通过控制转子磁链，然后分解定子电流而获得转矩和磁场两个分量，经坐标变换，实现正交或解耦控制。矢量控制方法的提出具有划时代的意义。然而在实际应用中，由于转子磁链难以准确观测，系统特性受电动机参数的影响较大，且在等效直流电动机控制过程中所用矢量旋转变换较复杂，使得实际的控制效果难以达到理想分析的结果。

（4）直接转矩控制（DTC）方式。1985 年，德国鲁尔大学的 DePenbrock 教授首次提出了直接转矩控制变频技术。该技术在很大程度上解决了上述矢量控制的不足，并以新颖的控制思想、简洁明了的系统结构、优良的动静态性能得到了迅速发展。目前，该技术已成功地应用在电力机车牵引的大功率交流传动上。

直接转矩控制直接在定子坐标系下分析交流电动机的数学模型，控制电动机的磁链和转矩。它不需要将交流电动机等效为直流电动机，因而省去了矢量旋转变换中的许多复杂计算。它不需要模仿直流电动机的控制，也不需要为解耦而简化交流电动机的数学模型。

（5）矩阵式交—交控制方式。VVVF 变频、矢量控制变频、直接转矩控制变频都是交—直—交变频中的一种。其共同缺点是输入功率因数低，谐波电流大，直流电路需要大的储能电容，再生能量又不能反馈回电网，即不能进行四象限运行。为此，矩阵式交—交变频应运而生。由于矩阵式交—交变频省去了中间直流环节，从而省去了体积大、价格贵的电解电容。它能实现功率因数为 1，输入电流为正弦且能四象限运行，系统的功率密度大。该技术目前虽尚未成熟，但仍吸引着众多的学者深入研究。其实质不是间接地控制电流、磁链等量，而是把转矩直接作为被控制量来实现的。具体方法是：

——控制定子磁链引入定子磁链观测器，实现无速度传感器方式；

——自动识别（ID）依靠精确的电机数学模型，对电机参数自动识别；

——算出实际值对应定子阻抗、互感、磁饱和因素、惯量等算出实际的转矩、定子磁链、转子速度进行实时控制；

——实现 Band–Band 控制按磁链和转矩的 Band–Band 控制产生 PWM 信号，对逆变器的开关状态进行控制。

矩阵式交—交变频具有快速的转矩响应（＜2ms），很高的速度精度（±2%，无 PG 反馈），高转矩精度（＜+3%）；同时还具有较高的启动转矩及高转矩精度，尤其在低速时（包括 0 速度时），可输出 150%～200% 转矩。

2. 三菱变频器的选型

三菱变频器选型时要确定以下几点：

（1）采用变频的目的；恒压控制或恒流控制等。

（2）三菱变频器的负载类型，如叶片泵或容积泵等，特别注意负载的性能曲线，性能曲线决定了应用时的方式方法。

（3）三菱变频器与负载的匹配问题。

1）电压匹配，三菱变频器的额定电压与负载的额定电压相符。

2）电流匹配，普通的离心泵，变频器的额定电流与电机的额定电流相符。对于特殊的负载如深水泵等则需要参考电机性能参数，以最大电流确定变频器电流和过载能力。

3）转矩匹配，这种情况在恒转矩负载或有减速装置时有可能发生。

4）在使用三菱变频器驱动高速电机时，由于高速电机的电抗小，高次谐波增加导致输出电流值增大。因此用于高速电机的三菱变频器的选型，其容量要稍大于普通电机的选型。

5）三菱变频器如果要长电缆运行时，此时要采取措施抑制长电缆对地耦合电容的影响，避免三菱变频器出力不足，所以在这种情况下，三菱变频器容量要放大一挡或者在三菱变频器的输出端安装输出电抗器。

6）对于一些特殊的应用场合，如高温、高海拔，此时会引起三菱变频器的降容，三菱变频器容量要放大一挡。

3. 三菱变频器的安装环境

（1）三菱变频器工作温度。三菱变频器内部是大功率的电子元件，极易受到工作温度的影响，产品一般要求为 0～55℃，但为了保证工作安全、可靠，使用时应考虑留有余地，最好控制在 40℃以下。在控制箱中，三菱变频器一般应安装在箱体上部，并严格遵守产品说明书中的安装要求，绝对不允许把发热元件或易发热的元件紧靠三菱变频器的底部安装。

（2）三菱变频器环境温度。温度太高且温度变化较大时，三菱变频器内部易出现结露现象，其绝缘性能就会大大降低，甚至可能引发短路事故。必要时，必须在箱中增加干燥剂和加热器。在水处理间，一般水汽都比较重，如果温度变化大的话，这个问题会比较突出。

（3）腐蚀性气体。使用环境如果腐蚀性气体浓度大，不仅会腐蚀元器件的引线、印刷电路板等，而且还会加速塑料器件的老化，降低绝缘性能。

(4) 振动和冲击。装有三菱变频器的控制柜受到机械振动和冲击时，会引起电气接触不良。这时除了提高控制柜的机械强度、远离振动源和冲击源外，还应使用抗振橡皮垫固定控制柜外和内电磁开关之类产生振动的元器件。设备运行一段时间后，应对其进行检查和维护。

(5) 电磁波干扰。三菱变频器在工作中由于整流和变频，周围产生了很多的干扰电磁波，这些高频电磁波对附近的仪表、仪器有一定的干扰。因此，柜内仪表和电子系统应该选用金属外壳，屏蔽三菱变频器对仪表的干扰。所有的元器件均应可靠接地，除此之外，各电气元件、仪器及仪表之间的连线应选用屏蔽控制电缆，且屏蔽层应接地。如果处理不好电磁干扰，往往会使整个系统无法工作，导致控制单元失灵或损坏。

(6) 三菱变频器和电机的距离确定电缆和布线方法。

①三菱变频器和电机的距离应该尽量短。这样减小了电缆的对地电容，减少干扰的发射源。

②控制电缆选用屏蔽电缆，动力电缆选用屏蔽电缆或者从三菱变频器到电机全部用穿线管屏蔽。

③电机电缆应独立于其他电缆走线，其最小距离为500mm。同时应避免电机电缆与其他电缆长距离平行走线，这样才能减少三菱变频器输出电压快速变化而产生的电磁干扰。如果控制电缆和电源电缆交叉，应尽可能使它们按90度角交叉。与三菱变频器有关的模拟量信号线与主回路线分开走线，即使在控制柜中也要如此。

④与三菱变频器有关的模拟信号线最好选用屏蔽双绞线，动力电缆选用屏蔽的三芯电缆（其规格要比普通电机的电缆大一挡）或遵从三菱变频器的用户手册。

4. 变频器的控制方式

变频器的控制方式有很多，本书只介绍以下两种主要控制方式：模拟量输入控制、通信方式控制。

(1) 通过模拟量输入控制变频器。模拟量输入控制变频器实现电机的无级调速具有编程简单、容易实现的特点。

变频器可以通过外部模拟量连续设定频率，而该模拟量可以是电流也可以是电压，可以通过端子2和端子4作为模拟量输入端子。

1) 模拟量输入信号端子的选择。FR – D700 系列变频器提供2个模拟量输入信号端子（端子2、4）用作连续变化的频率设定。在出厂设定情况下，只能使用端子2，端子4无效。

要使端子4有效，需要在各接点输入端子STF、STR、…、RES之中选择一个，将其功能定义为AU信号输入。则当这个端子与SD端短接时，AU信号为ON，端子4变为有效，端子2变为无效。

若选择RH端子用作AU信号输入，则应当将RH对应Pr.182设定参数值为4，当此开关断开时，AU信号为OFF，端子2有效；反之，当此开关接通时，AU信号为ON，端子4有效。

2) 模拟量信号的输入规格。如果使用端子2，模拟量信号可为0~5V或0~10V的电压信号，用参数Pr.73指定，其出厂设定值为1，指定为0~5V的输入规格，并且不能可逆运行。参数 Pr. 73 参数的取值范围为 0, 1, 10, 11, 具体内容见表 3-1-14。

如果使用端子 4, 模拟量信号可为电压输入（0~5V、0~10V）或电流输入（4~20mA 初始值），用参数 Pr. 267 和电压/电流输入切换开关设定, 并且要输入与设定相符的模拟量信号。Pr. 267 取值范围为 0, 1, 2, 具体内容见表 3-1-15。

必须注意的是, 若发生切换开关与输入信号不匹配的错误（例如开关设定为电流输入 I, 但端子输入却为电压信号；或反之）时, 会导致外部输入设备或变频器故障。

对于频率设定信号（DC0~5V、0~10V 或 4~20mA）的相应输出频率的大小可用参数 Pr. 125（对端子 2）或 Pr. 126（对端子 4）设定, 用于确定输入增益（最大）的频率。它们的出厂设定值均为 50Hz, 设定范围为 0~400Hz。

表 3-1-14　　　　　　　　模拟量输入选择（Pr. 73、Pr. 267）

参数编号	名称	初始值	设定范围	内容	
73	模拟量输入选择	1	0	端子 2 输入 0~10V	无可逆运行
			1	端子 2 输入 0~5V	
			10	端子 2 输入 0~10V	有可逆运行
			11	端子 2 输入 0~5V	
267	端子 4 输入选择	0		电压/电流输入切换开关	内容
			0	[I ▊ V]	端子 4 输入 4~20mA
			1		端子 4 输入 0~5V
			2	[I ▊ V]	端子 4 输入 0~10V

【例 3-1】现要求电压（DC0~10V）模拟量输入信号端子 2 用作连续变化（0~50Hz）的频率设定实现电机的无级调速, 并能实现 0~50Hz 的任意频率值调节。

首先应当对硬件接线, 如图 3-1-21 所示。

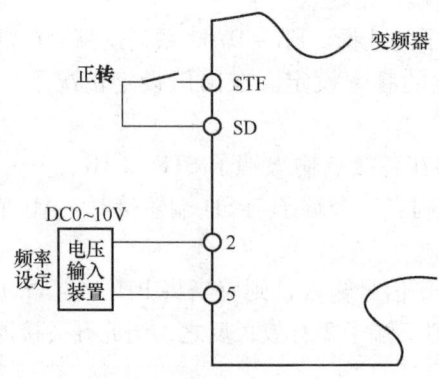

图 3-1-21　使用端子 2（DC0~10V）时的布线

与此同时应设定如表3-1-15所示参数。

表3-1-15　　　　通过模拟量输入信号端子2（DC0~10V）参数设置

参数编号	名称	设定值	内容
73	模拟量输入选择	0	端子2输入0~10V
79	运行模式选择	2	外部模拟量输入控制模式
125	端子2频率设定增益频率	50	端子2最大输出频率设定

若在图3-1-21中电压输入模块的是指FX_{1N}-1DA-BD，则应当在PLC内写入程序，程序如图3-1-22所示。

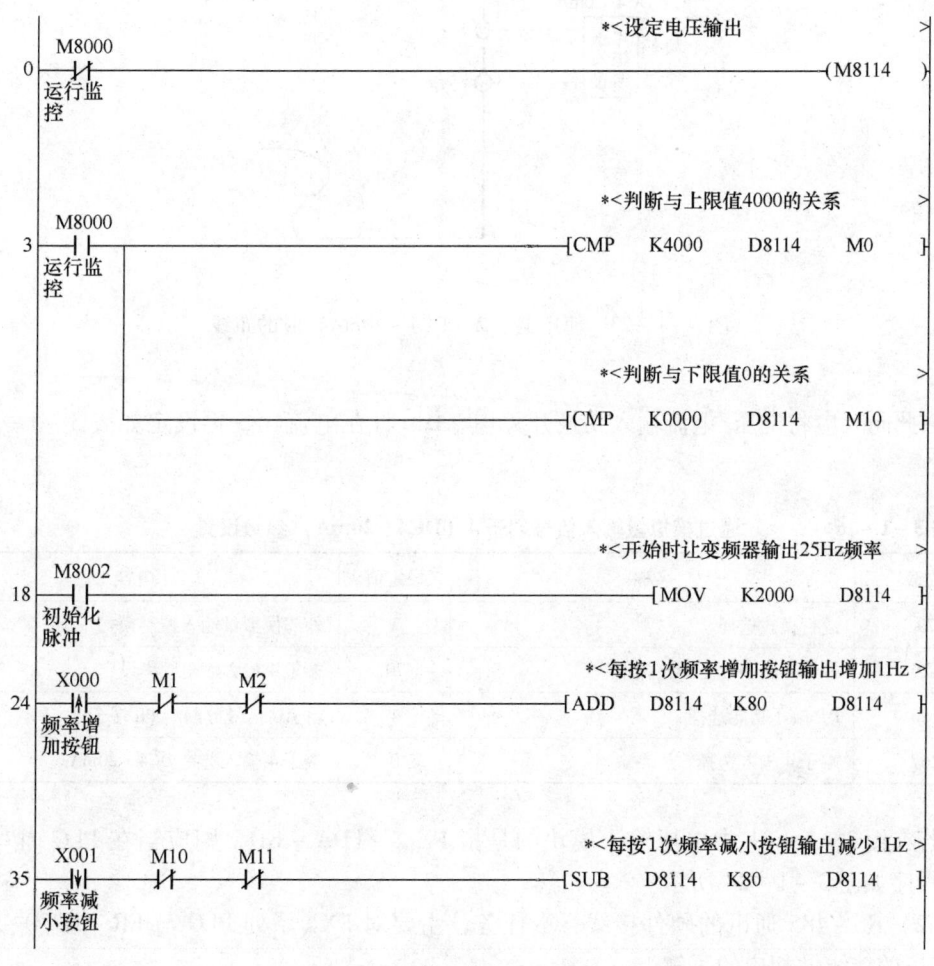

图3-1-22　通过模拟量输入信号端子2（DC0~10V）无级调速PLC程序

【例3-2】现要求电压（DC4~20mA）模拟量输入信号端子4用作连续变化（0~40Hz）的频率设定实现电机的无级调速，选择RL端子用作AU信号输入并能实现0~

40Hz 的任意频率值调节。

首先应当对硬件接线，如图 3-1-23 所示。

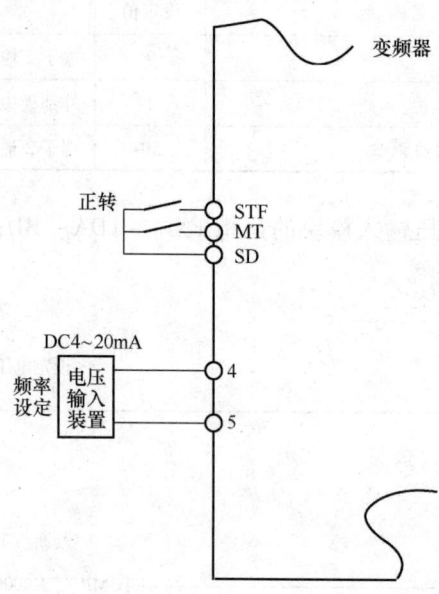

图 3-1-23　使用端子 2（DC4~20mA）时的布线

与此同时应将电压/电流输入切换开关 Ⅰ ▫ Ⅴ 打在电流挡，再设定如表 3-1-16 所示参数。

表 3-1-16　　通过模拟量输入信号端子 4（DC4~20mA）参数设置

参数编号	名称	设定值	内容
79	运行模式选择	3	外部模拟量输入控制模式
126	端子 4 频率设定增益频率	70	端子 4 最大输出频率设定
180	RL 端子功能选择	4	将 AU 信号分配给 PL 端子
267	端子 4 输入选择	0	端子 4 输入选择 DC4-20mA

若在图 3-1-21 中电压输入模块的是指 $FX_{1N}-1DA-BD$，则应当在 PLC 内写入程序，程序如图 3-1-24 所示。

（2）RS-485 通讯的硬件接线。本任务，主要对 FX_{2N} 系列 PLC 与 FR-D700 变频器 PU 接口的接线做相应的了解。

1）PU 接口的插针排列。PU 接口位于变频器的底部中间稍稍偏左的位置，如图 3-1-25 所示，连线时可使用水晶头插入接口，其针脚如表 3-1-17 所示。

用户可以通过通讯电缆连接 PU 接口与 PLC 或者个人电脑，通过客户端程序对变频器进行运行的监视以及参数的读写。

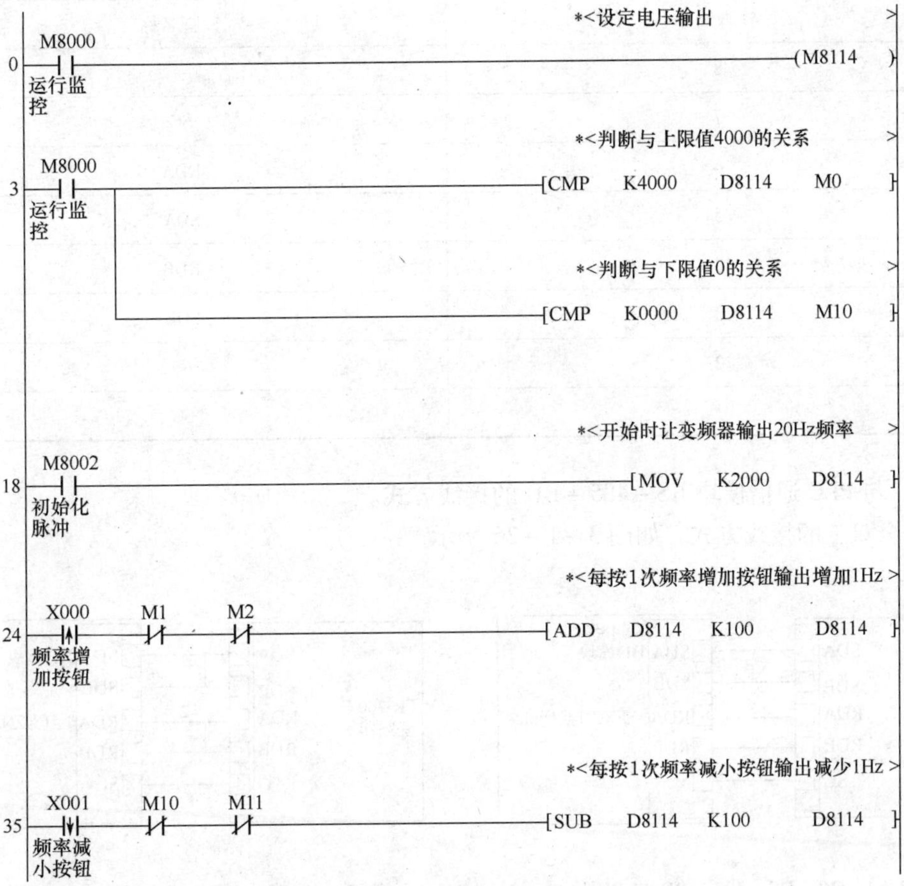

*<设定电压输出 >
M8000
0
运行监控
(M8114)
*<判断与上限值4000的关系 >
M8000
3
运行监控
[CMP K4000 D8114 M0]
*<判断与下限值0的关系 >
[CMP K0000 D8114 M10]
*<开始时让变频器输出20Hz频率 >
M8002
18
初始化脉冲
[MOV K2000 D8114]
*<每按1次频率增加按钮输出增加1Hz >
X000 M1 M2
24
频率增加按钮
[ADD D8114 K100 D8114]
*<每按1次频率减小按钮输出减少1Hz >
X001 M10 M11
35
频率减小按钮
[SUB D8114 K100 D8114]

图 3－1－24　通过模拟量输入信号端子 4（DC4～20mA）无级调速 PLC 程序

变频器本体
(插座侧)
从下面看
⑧~①

图 3－1－25　FR－D700 变频器 PU 接口

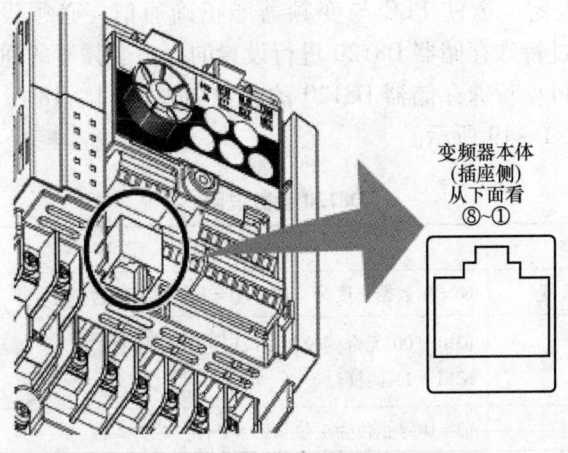

表 3-1-17　　　　　　　　　　　　　PU 接口针脚说明

针脚编号	针脚名称
8	—
7	SG
6	RDA
5	SDA
4	RDB
3	SDB
2	—
1	SG

2）与 PLC 通信模块 RS-485-BD 的接线方式。

①全双工的接线方式，如图 3-1-26 所示。

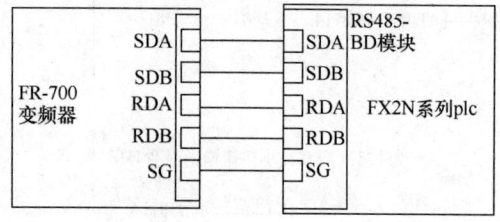

图 3-1-26　RS-485-BD 与 PU 接口全双工的接线方式

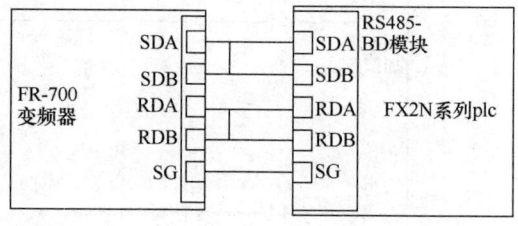

图 3-1-27　RS-485-BD 与 PU 接口半双工的接线方式

②半双工的接线方式，如图 3-1-27 所示。

3）通信格式的设定。欲使 PLC 与变频器能正确通信，必须设定相应的通信参数。PLC 的通信格式是通过特殊存储器 D8120 进行设置的，而变频器的通信格式则需通过通信参数菜单进行设置。PLC 特殊存储器 D8120 的参数如表 3-1-18 所示。变频器的通信格式的相关参数如表 3-1-19 所示。

表 3-1-18　　　　　　　　　　　　　D8120 参数说明

位	种类	说明
b0	数据长度	b0=0 数据长度为 7 位　b0=1 数据长度为 8 位
b1	奇偶校验	b2b1=00 无奇偶校验　b2b1=01 奇校验
b2		b2b1=11 偶校验
b3	停止位	b3=0 停止位为 1 位　b3=1 停止位为 2 位

续表

位	种类	说明				
		b7	b6	b5	b4	波特率（单位：bps）
b4	波特率	0	0	1	1	300
		0	1	0	0	600
b5		0	1	0	1	1200
		0	1	1	0	2400
b6		0	1	1	1	4800
		1	0	0	0	9600
b7		1	0	0	1	19200
b8	首端	b8 = 0 无　　b8 = 1 由 D8124 设置				
b9	尾端	b9 = 0 无　　b9 = 1 由 D8125 设置				
b10	连接点	b10 = 0 无　　b10 = 1 H/W				

根据表 3 - 1 - 18，若现在规定通信格式如下：数据长度为 7 位，停止位为 1 位，偶校验，波特率为 9600，则应当通过 PLC 设定 D8120 的值为 H008E，或者在编程软件 GX - Ddeveloper 中设定通信格式，设置好后将参数下载至 FX$_{2N}$ 系列的 PLC 中即可。

表 3 - 1 - 19　　　　　　　　变频器的通信格式的相关参数

参数号	名称	设定值		说明
117	站号	0 - 31		设定变频器站号
118	通信速率	48		4800bps
		96		9600bps
		192		19200bps
119	停止位长/字节长	8 位	0	停止位长 1 位
			1	停止位长 2 位
		7 位	10	停止位长 1 位
			11	停止位长 2 位
120	奇偶校验有/无	0		无
		1		奇校验
		2		偶校验
121	通信再试次数	0 - 10		设定发生数据接受错误后允许的再试次数，如果错误连续发生次数超过允许值，变频器将报警停止
		9999		如果通讯发生错误，变频器没有抱紧停止，此时变频器可通过输入 MRS 或 RESET 信号

续表

参数号	名称	设定值	说明
122	通讯校验时间间隔	0	可进行 RS-485 通讯，但有操作权的运行模式启动的瞬间将发生通讯错误（E. PUE）
		0.1-999.8s	通讯校验时间的间隔
		9999	不进行通讯校验
123	通讯等待时间	0-150ms	向变频器发出数据后信息返回的等待时间
		9999	用通讯数据进行设定
124	通讯有无 CR/LF 选择	0	无 CR
		1	有 CR
		2	有 CR、LF
79	运行模式选择	0	上电时外部运行模式
340	通讯启动模式选择	1	上电时网络运行模式

若现在规定通信格式如下：数据长度为 7 位，停止位为 1 位，偶校验，波特率为 9600bps，则若在变频器全部参数恢复厂家默认值的情况下，应当设置 Pr. 160 = 0（让扩展参数有效），Pr. 79 = 6，Pr. 340 = 10，Pr. 117 = 01，Pr. 118 = 96，Pr. 119 = 11，Pr. 120 = 2，Pr. 121 = 9999，Pr. 122 = 9999，Pr. 123 = 9999，Pr. 124 = 0 即可。

* 在修改成网络运行模式后，应当断开变频器的电源，待指示灯完全灭掉之后重启变频器，上述设置的参数方起作用。

（二）三菱变频器专用的协议

欲使 PLC 与变频器能正确通信，还必须选择合适的数据格式。它们之间的数据通信是以 ASCII 码（16 进制码）进行的。我们必须根据合适的通讯数据格式编写 PLC 程序。

1. 数据写入格式

数据格式见表 3-1-20、表 3-1-21、表 3-1-22。

表 3-1-20　　　　　　　　从计算机发送到变频器的通讯请求数据

格式	字符数																
	1	2	3	4	5	6	7	8	9	10	11	12	13	14	15	16	17-18
A	ENQ	*0		*1		*2	数据						和校验				
A1	ENQ	*0		*1		*2	数据			和校验							
A2	ENQ	*0		*1		*2	数据						和校验				
A3	ENQ	*0		*1		*2	*3	*4	数据1					数据2			和校验

*0 为变频器站号　*1 为命令代码　*2 为等待时间　*3 为发送数据类型　*4 为接收数据类型

表 3-1-21　　　　　　　从变频器回复给计算机的数据（无数据错误）

格式	字符数										
	1	2	3	4	5	6	7	8-15	16	17	18
C	ACK	*0									
C1	STX	*0		*3	*4	错误代码1、2		数据1-2	ETX	和校验	

*0 为变频器站号　*3 为发送数据类型　*4 为接收数据类型

表 3-1-22　　　　　　　从变频器回复给计算机的数据（有数据错误）

格式	字符数			
	1	2	3	4
D	NAK	变频器站号		错误代码

2. 数据读取格式

数据格式见表 3-1-23、表 3-1-24。

表 3-1-23　　　　　　　从计算机发送到变频器的通讯请求数据

格式	字符数							
	1	2	3	4	5	6	7	8
B	ENQ	变频器站号		命令代码		等待时间	和校验	

表 3-1-24　　　　　　　从变频器回复给计算机的数据（无数据错误）

格式	字符数											
	1	2	3	4	5	6	7	8	9	10	11	12
E	STX	变频器站号		读取的数据				ETX	和校验			
E1	STX	变频器站号		读取的数据		ETX	求和校验					
E2	STX	变频器站号		读取的数据						ETX	和校验	

（三）三菱变频器部分指令代码

PLC 必须向变频器写入指定的命令代码后，变频器才能按指令要求动作，其指令代码见表 3-1-25。

表 3-1-25　　　　　　　FR-D700 的部分常用的指令代码

项目	读取/写入	命令代码	数据内容	数据位数（格式）
运行模式	读取	H7B	H0000：网络运行 H0001：外部运行 H0002：PU 运行	4 位（B, E/D）
	写入	HFB		4 位（A, C/D）

续表

项目		读取/写入	命令代码	数据内容	数据位数（格式）
监视器	输出频率/转速	读取	H6F	输出频率：单位0.01Hz 转速：单位0.001	4位、6位（B, E/D）
	输出电流	读取	H70	输出电流：单位0.01A	4位（B, E/D）
	输出电压	读取	H71	输出电压：单位0.1V	4位（B, E/D）
运行指令		写入	HFA	b1b0 = 00 停止 b1b0 = 00 正转 b1b0 = 00 反转	2位（A1, C/D）
变频器状态监视		读取	H7A	b1b0 = 00 停止 b1b0 = 00 正转 b1b0 = 00 反转	2位（B, E1/D）
设定频率（EEPROM）		读取	H6E	设定频率从EEPROM读取转速 输出频率：单位0.01Hz 转速：单位0.001	4位、6位（B, E, /D）

【问题研讨】

1. 三相异步电动机调速的基本方法有哪些？
2. 变频调速的特点有哪些？
3. 通用变频器的内部结构主要包含了哪几部分？
4. 通用变频器中常用的电力电子器件有哪些？
5. 简述通用变频器的工作原理。
6. 通用变频器中常用的逆变器有哪几种形式？
7. 通用变频器常用的分类方式有哪几种？

任务二 恒压供水控制系统的设计

一、任务目标

1. 了解PLC与变频器综合控制的设计思路。
2. 学会变频器多段速参数设定的方法和外部端子接线的方法。
3. 掌握变频器的维护知识。
4. 能够运用PLC与变频器控制恒压供水电气控制系统的运行。

二、任务描述

传统的小区供水系统一般通过二次加压和水塔来满足用户对供水压力的要求，其供水控制常采用水泵恒速运行，通过调整出口阀的开启度来调节供水水压。变频恒压供水是根据水压的大小通过变频器调节水泵的运行速度来调节水流量的大小。水泵的输出功率根据流量的变化在随时变化，不需水泵恒速运行，所以采用变频恒压供水，节电效果比较明显。

本任务要求完成由 3 台水泵控制的恒压供水电气控制系统设计,设计要求 2 台运行,1 台备用。变频恒压供水系统通常由控制器(PLC 或专用控制器)、变频器、压力变送器、水泵、水池、管网组成。当压力变送器检测到压力不足或者过大时,将信号传送给 PLC,由 PLC 根据实际要求控制变频器驱动水泵,最终达到恒压供水。

三、任务要求

用 PLC、变频器设计一个有 7 段速度的恒压供水系统,其控制要求如下:

(1) 共有 3 台水泵,按设计要求 2 台运行,1 台备用,运行与备用 10 天轮换一次。

(2) 用水高峰时,1 台工频全速运行,1 台变频运行;用水低谷时,只需 1 台变频运行。

(3) 3 台水泵分别由电动机 M1、M2、M3 驱动,而 3 台电动机又分别由变频接触器 KM1、KM3、KM5 和工频接触器 KM2、KM4、KM6 控制,如图 3-2-1 所示。

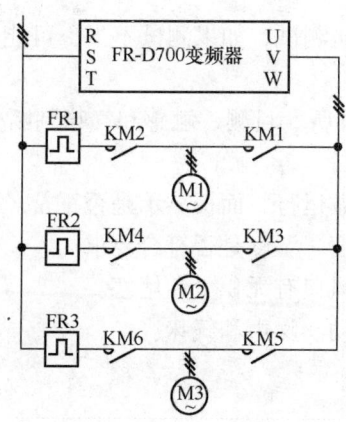

图 3-2-1 主电路接线原理图

(4) 电动机的转速由变频器的 7 段调速来控制,7 段速度与变频器的控制端子的对应关系如表 3-2-1 所示。

表 3-2-1 7 段速度与变频器的控制端子的对应关系

速度	1	2	3	4	5	6	7
接点	RH				RH	RH	RH
接点		RM		RM		RM	RM
接点			RL	RL	RL		RL
HZ	15	20	25	30	35	40	45

(5) 变频器的 7 段速度及变频与工频的切换由管网压力继电器的压力上限接点与下限接点控制。

(6) 水泵投入工频运行时,电动机的过载由热继电器保护,并有报警信号指示。

（7）变频器的有关参数自行设定。

（8）实训时 KM1、KM3、KM5 并联接变频器与电动机，KM2、KM4、KM6 用指示灯代替；压力继电器的压力上限接点与下限接点分别用按钮来代替；运行与备用 10 天轮换一次改为 100 s 轮换一次。

四、预备知识

（一）变频器的日常维护

1. 维护和检查时的注意事项

（1）变频器断开电源后不久，储能电容上仍然剩余有高压电。进行检查前，先断开电源，过 10 min 后用万用表测量，确认变频器主回路正负端子两端电压在直流几伏以下后再进行检查。

（2）用兆欧表测量变频器外部电路的绝缘电阻前，要拆下变频器上所有端子的电线，以防止测量高电压加到变频器上。控制回路的通断测试应使用万用表（高阻挡），不要使用兆欧表。

（3）不要对变频器实施耐压测试，如果测试不当，可能会使电子元件损坏。

2. 日常检查项目

在日常巡视中，可以通过耳听、目测、触感和气味判断变频器的运行状态，一般巡视检查项目有：

（1）变频器是否按设定参数运行，面板显示是否正常。

（2）安装场所的环境、温度、湿度是否符合要求。

（3）变频器的进风口和出风口有无积尘和堵塞。

（4）变频器是否有异常振动、噪声和气味。

（5）是否出现过热和变色。

3. 定期检查项目

（1）定期检查除尘。除尘前先切断电源，待变频器充分放电后打开机盖，用压缩空气或软毛刷对积尘进行清理。除尘时要格外小心，不要触及元器件和微动开关。

（2）定期检查变频器的主要运行参数是否在规定的范围。

（3）检查固定变频器的螺钉和螺栓，是否由于振动、温度变化等原因松动。导线是否连接可靠，绝缘物质是否被腐蚀或破损。

（4）定期检查变频器的冷却风扇、滤波电容，当达到使用期限后及时进行更换。

（二）应用 PLC 控制变频器多段速调速

1. 某纺纱设备电气控制系统使用 PLC 和变频器

控制要求如下：

（1）为了防止启动时断纱，要求启动过程平稳。

（2）纱线到预定长度时停车。使用霍尔传感器将纱线输出机轴的旋转圈数转换成高速脉冲信号，送入 PLC 进行计数，达到定长值（70 000 转）后自动停车。

（3）在纺纱过程中，随着纱线在纱管上的卷绕，纱管直径逐步增粗。为了保证纱线张力均匀，电动机应逐步降速运行。

（4）中途停车后再次开车，应保持停车前的速度状态。

2. 设计方案

控制线路如图 3-2-2 所示。

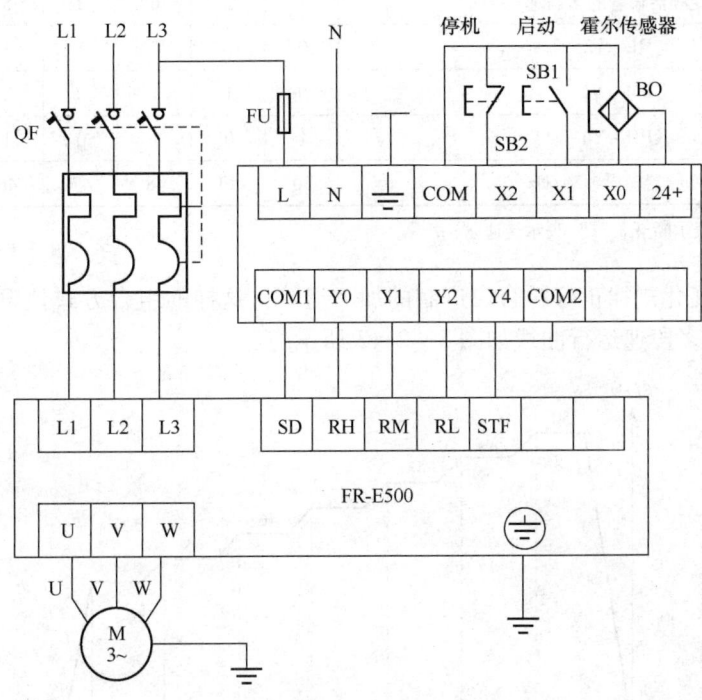

图 3-2-2 PLC 与变频调速控制线路

主电路采用低压断路器进行短路和过载保护，主电路负载为 380V/10A/5kW/2 极三相交流异步电动机。变频器选择三菱公司生产的 FR-D700 变频器。变频器的输入/输出端口分配和控制变频器的端子见表 3-2-2。

表 3-2-2　　　　PLC 输入/输出端口分配表和控制变频器端子

输入			输出控制变频器	
输入继电器	输入元件	作用	输出继电器	变频器
X0	BO	输入传感信号	Y0	RH、调速控制端 1
X1	SB1（常开按钮）	启动	Y1	RM、调速控制端 2
X2	SB2（常闭按钮）	停止	Y2	RL、调速控制端 3
			Y4	STF、正转控制端

3. 变频器多段速运行与 PLC 控制端子的关系

变频器多段速运行与 PLC 控制端子的关系见表 3-2-3。可以看出，用 PLC 的输出端子 Y2、Y1、Y0 分别控制变频器的多段速控制端 RL、RM、RH，可以设定 7 种速度。从工艺段速 1 到工艺段速 7，Y2、Y1、Y0 的状态从 001 变化到 111，对应变频器的输出频率从 50HZ 下降到 44HZ。

表3-2-3　　　　　　　变频器多段速的PLC控制

工艺多段速	1	2	3	4	5	6	7
变频器设置的多段速	1	2	6	3	5	4	7
RL-Y2	0	0	0	1	1	1	1
RM-Y1	0	1	1	0	0	1	1
RH-Y0	1	0	1	0	1	0	1
变频器输出频率/Hz	50	49	48	47	46	45	44

注：表中"0"表示断开，"1"表示接通。

Y2~Y0 的变化规律正好符合二进制的加 1 运算，这样的组合方式使 PLC 控制程序相对简单。变频器多段速运行曲线如图 3-2-3 所示。

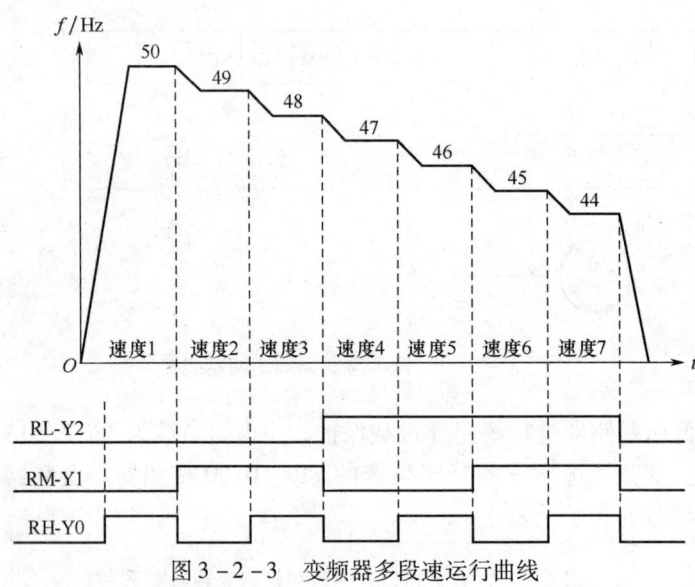

图 3-2-3　变频器多段速运行曲线

4. 设置变频器参数

（1）恢复出厂设定值，有关出厂设定值如下。

参数【1 = 120】，上限频率为 120Hz；

参数【2 = 0】，下限频率为 0Hz；

参数【3 = 50】，基准频率为 50Hz；

参数【4 = 50】，高速频率为 50Hz；

参数【5 = 30】，中速频率为 30Hz；

参数【6 = 10】，低速频率为 10Hz；

参数【7 = 10】，启动加速时间为 10s（型号 5.5K 为 10s）；

参数【8 = 10】，停止减速时间为 10s（型号 5.5K 为 10s）；

参数【78 = 0】，电动机可以正反转；

参数【79 = 0】，外部操作模式，【EXT】灯亮；

参数【251 = 1】，输出欠相保护功能有效。

（2）修改参数【79 = 1】，选择面板操作模式，【PU】灯亮。

（3）修改不符合控制要求的出厂设定值。

参数【1 = 50】，上限频率改为50Hz，防止误操作后频率超过50Hz；

参数【7 = 20】，启动加速时间改为20s，满足启动过程平稳要求；

参数【9 = 10】，电子过电流保护10A，等于电动机额定电流；

参数【4 = 50】，不修改，工艺1段频率为50Hz；

参数【5 = 49】，工艺2段频率改为49Hz；

参数【26 = 48】，工艺3段频率改为48Hz；

参数【6 = 47】，工艺4段频率改为47Hz；

参数【25 = 46】，工艺5段频率改为46Hz；

参数【24 = 45】，工艺6段频率改为45Hz；

参数【27 = 44】，工艺7段频率改为44Hz；

参数【78 = 1】，电动机不可以反转。

（4）修改参数【79 = 0】，外部操作模式，【EXT】灯亮。

5. 编写PLC程序

PLC参考程序如图3-2-4所示。

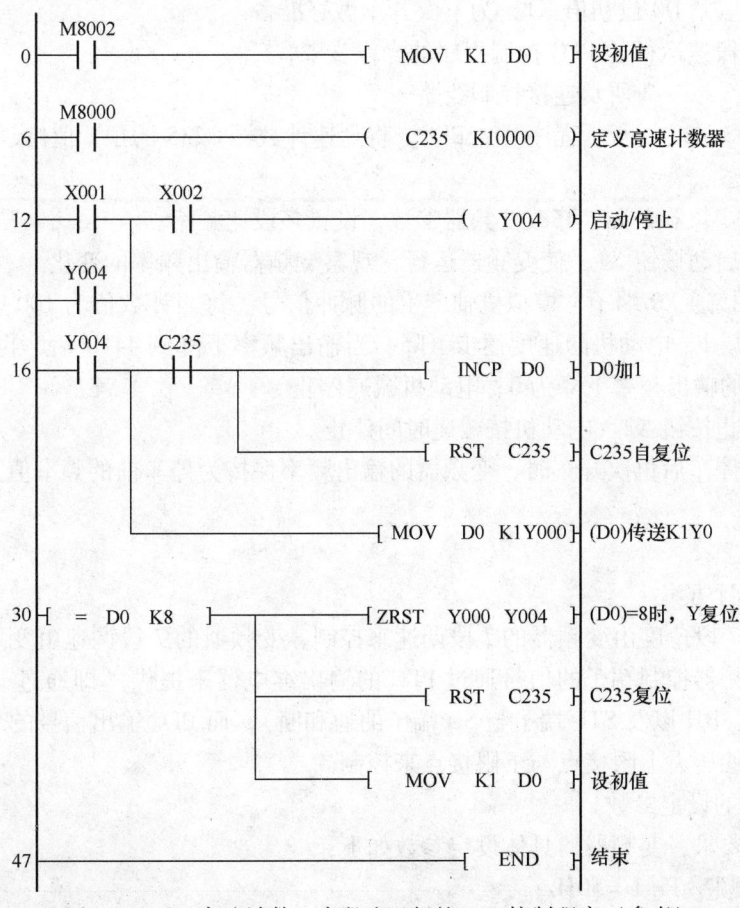

图3-2-4 高速计数、多段速运行的PLC控制程序（参考）

程序工作原理如下：

中途停车后，再次开车时为了保持停车前的速度状态，使用数据寄存器 D0 保存中途停车时的状态数据，并用 D0 控制输出字元件 K1Y0。

（1）程序步 0~5，为 D0 设初值 K1，即开机时 Y0 状态为 ON，变频器输出 50Hz。

（2）程序步 6~11，定义使用高速计数器 C235。程序运行时特殊辅助继电器 M8000 触点始终闭合，高速计数器 C235 自动占用 X0 为增计数脉冲信号输入端，纱线机轴每旋转一圈，输入到 X0 一个脉冲信号，C235 对高速脉冲信号计数。

（3）程序步 12~15，自锁控制程序。X1 接启动按钮，X2 接停止按钮，Y4 接变频器正转控制端 STF。按下启动按钮时，STF 接通，变频器按加速时间（20s）启动至 50Hz 的运转频率，实现启动过程平稳。

（4）程序步 16~29，计数控制程序。C235 从 0 计数到预置值（10 000）时，C235 触点闭合，D0 作加 1 运算，(D0) 传送到 K1Y0，使 Y2、Y1、Y0 分别控制变频器多段速控制端 RL、RM、RH 的接通或断开，变频器按设定的多段输出频率控制电动机逐步降速运行。同时 C235 自复位，重新从 0 开始计数。

（5）程序步 30~46，定长停机控制程序。当 (D0) = 8（总旋转圈数为 10 000 × 7 = 70 000 转，达到预定纱线长度）时，Y4~Y0 复位，变频器（电动机）按减速时间（10s）停机，C235 复位，D0 设初值 K1，为下次开车做好准备。

6. 模拟多段速运行的 PLC 控制程序的操作步骤

（1）按图 3-2-2 所示连接控制线路。

（2）将图 3-2-4 所示程序写入 PLC，将高速计数器 C235 的预置值修改为 100，并进入程序监控状态。

（3）接通变频器电源，修改变频器参数，设置多段速频率。

（4）按下启动按钮 X1，使变频器运行，观察变频器输出频率的变化。

（5）反复接通 X0 端子，模拟机轴产生的脉冲信号。每当计数值为 100 时，变频器的输出频率数值减 1，电动机的速度逐步下降。当输出频率下降到 44Hz 后，再反复接通 X0 端子，变频器的输出频率下降为 0，电动机减速停止。

（6）按停止按钮 X2，电动机按减速时间停止。

（7）中途停车后再次开车时，变频器的输出频率保持为停车前的频率值。

五、任务实施

1. 制定设计方案

电动机的 7 段速度由变频器的 7 段调速来控制，变频器的 7 段调速由变频器的控制端子来选择，变频器控制端子的信号通过 PLC 的输出继电器来提供（即通过 PLC 控制变频器的 RL、RM、RH 以及 STF 端子与 SD 端子的通和断），而 PLC 输出信号的变化则通过管网压力继电器的压力上限接点与下限接点来控制。

2. 变频器的设定参数

根据控制要求，变频器的具体设定参数如下：

（1）上限频率 Pr. 1 = 50Hz；

（2）下限频率 Pr. 2 = 0Hz；

(3) 加减速基准频率 Pr. 20 = 50Hz；

(4) 加速时间 Pr. 7 = 2s；

(5) 减速时间 Pr. 8 = 2s；

(6) 电子过电流保护 Pr. 9 = 电动机的额定电流；

(7) 操作模式选择（组合）Pr. 79 = 3；

(8) 多段速度设定 Pr. 4 = 15 Hz；

(9) 多段速度设定 Pr. 5 = 20 Hz；

(10) 多段速度设定 Pr. 6 = 25 Hz；

(11) 多段速度设定 Pr. 24 = 30 Hz；

(12) 多段速度设定 Pr. 25 = 35 Hz；

(13) 多段速度设定 Pr. 26 = 40 Hz；

(14) 多段速度设定 Pr. 27 = 45 Hz。

3. PLC 的 I/O 分配

根据系统的控制要求、设计思路和变频器的设定参数，PLC 的 I/O 分配见表 3 – 2 – 4。

表 3 – 2 – 4　　　　　　　　PLC 的 I/O 分配表

输入端口分配		输出端口分配	
启动按钮	X0	运行（STF）	Y0
水压上限	X1	多段速度（RH）	Y1
水压下限	X2	多段速度（RM）	Y2
停止按钮	X3	多段速度（RL）	Y3
FR1（常开）	X4	KM1 ~ KM6	Y4
FR2（常开）	X5	FR 动作报警	Y5
FR3（常开）	X6		

4. 控制程序

根据系统的控制要求，该控制是顺序控制，其中的一个顺序是 3 台水泵（图中分别用 l#、2#、3#代表 3 台水泵）的切换，如图 3 – 2 – 5 所示，另一个顺序是 7 段速度的切换，如图 3 – 2 – 6 所示。这两个顺序是同时进行的，可以用并行性流程来设计系统的程序，其状态转移图如图 3 – 2 – 7 所示。

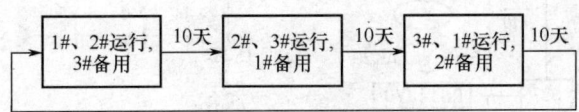

图 3 – 2 – 5　3 台水泵的切换工作示意图

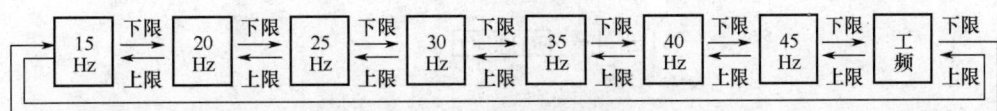

图 3 – 2 – 6　7 段速度的切换示意图

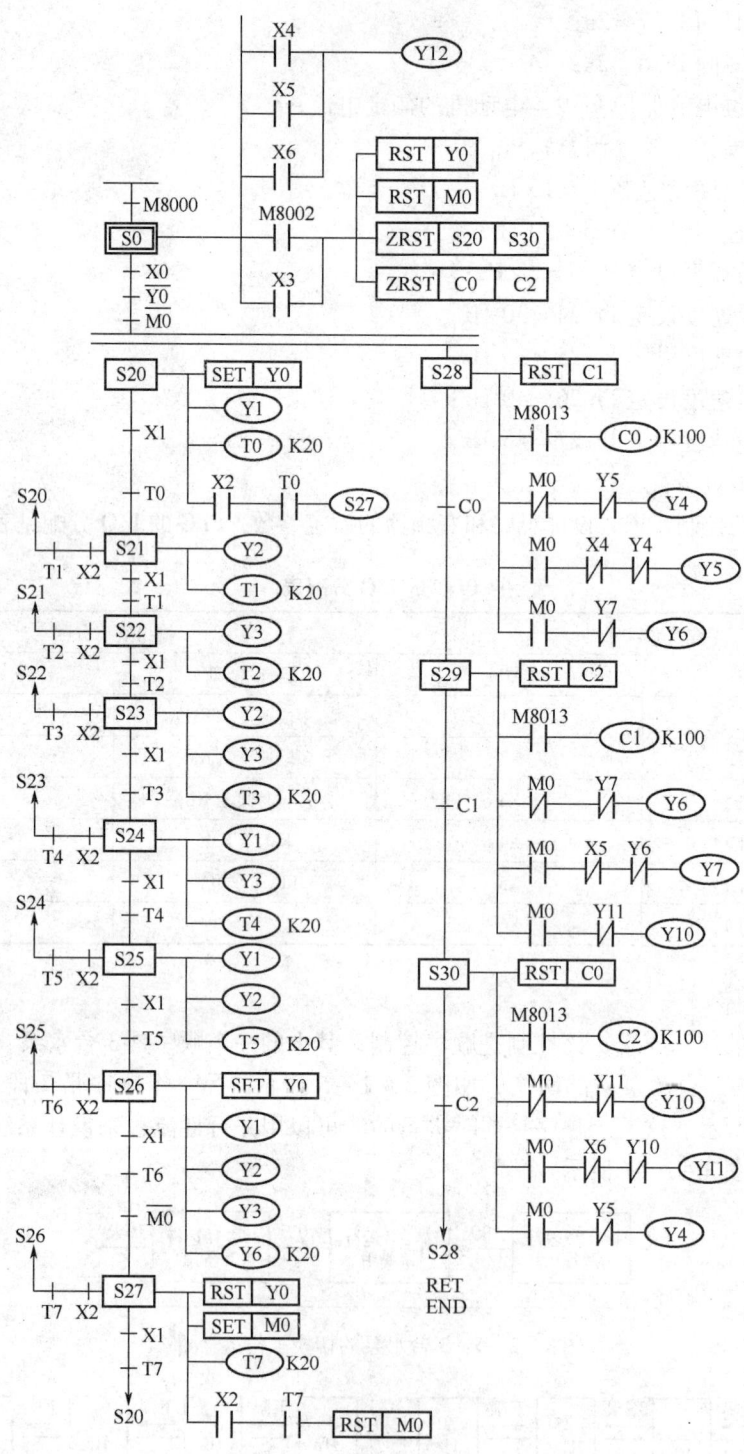

图 3-2-7 恒压供水系统的状态转移图

5. 系统接线

根据控制要求及 I/O 分配，其系统接线图如图 3-2-8 所示。

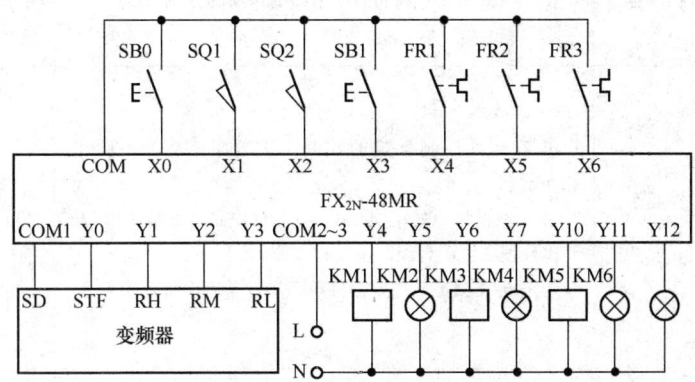

图 3-2-8　恒压供水的控制系统接线图

6. 系统调试

（1）设定参数。按上述变频器的设定参数值设定变频器的参数。

（2）输入程序。按图 3-2-7 所示的状态转移图正确设计梯形图，并输入程序。

（3）PLC 模拟调试。按图 3-2-8 所示的控制系统接线图正确连接好输入设备，进行 PLC 的模拟调试，观察 PLC 的输出指示灯是否按要求指示，若不按要求指示，检查并修改程序，直至指示正确。

（4）空载调试。按图 3-2-8 所示的控制系统接线图，将 PLC 与变频器连接好（不接电动机），进行 PLC、变频器的空载调试，通过变频器的操作面板观察变频器的输出频率是否符合要求，若不符合要求，检查系统接线、变频器参数、PLC 程序，直至变频器按要求运行。

（5）系统调试。按图 3-2-8 所示的控制系统接线图正确连接好全部设备，进行系统调试，观察电动机能否按控制要求运行，若不按控制要求运行，检查系统接线、变频器参数、PLC 程序，直至电动机按控制要求运行。

7. 实训报告

（1）分析与总结。

1）描述电动机的运行情况，总结操作要领。

2）给 PLC 的控制程序加设备注释。

（2）巩固与提高。

1）写出运行与备用 10 天轮换一次的 PLC 控制程序。

2）分别画出主电路的实训和工程接线原理图。

六、任务评价

本项任务的评价标准如表 3-2-5 所示。任务评价由学生自评、小组互评与教师评价相结合，其中学生自评占总成绩的 20%，小组互评占总成绩的 30%，教师评价占总成绩的 50%。

表 3-2-5　PLC 与变频器控制系统的设计、安装与调试的评价标准

考核项目	序号	考核内容	评分要点及得分（最高为该项配分值）	配分	得分 自评	互评	教师评价
职业能力	1	PLC 控制系统的设计	1. 理解 PLC 控制系统的控制工艺要求，功能图画错扣 5 分 2. 主电路设计一处错误扣 1 分，I/O 电路一处错误扣 5 分 3. PLC 程序设计有误，每处扣 2 分 4. 根据电路图提出主要器件单，器件单有误每处扣 1 分	20			
	2	变频器参数的设定	按控制要求进行变频器参数的设定，设定错误一处扣 3 分	20			
	3	实际接线操作	1. 接线要符合安全性、规范性、正确性、美观性，否则一处错误扣 3 分 2. PLC 端口接线有误，每处扣 3 分 3. 变频器接线有误，每处扣 3 分	20			
	4	调试结果	1. 熟练调试过程，调试步骤一处错误扣 3 分 2. 观察线路工作现象并判断正确与否，判断有误一次扣 5 分	10			
职业素质	1	安全文明操作	1. 损坏元件一次，扣 2 分 2. 引发安全事故，扣 10 分 3. 未做相应的职业保护措施，扣 2 分	10			
	2	团队协作精神	1. 分工不合理，承担任务少扣 5 分 2. 小组成员不与他人合作，扣 3 分 3. 不与他人交流，扣 2 分	10			
	3	劳动纪律	1. 违反规章制度一次扣 2 分 2. 不做清洁整理工作，扣 5 分 3. 清洁整理效果差，酌情扣 2~5 分	10			
		合计		100			
		训练时间记录					
备注			自评学生签字：	自评成绩			
			互评学生签字：	互评成绩			
			指导老师签字：	教师评价成绩			
				总成绩			

【训练小课题】

设计内容：按照所给的控制要求，设计 PLC 控制系统的 I/O 分配表、PLC 的外部接线图与梯形图，完成线路的模拟调试。

1. 试设计符合技术要求的 PLC 控制系统，并进行模拟调试。

工艺要求：应用触点比较指令实现彩灯循环控制，具体点亮状态见表 3-2-6。

表 3-2-6　　　　　　　　　　　　灯光显示与控制编码表

状态	灯光显示								控制编码
0	○	○	○	○	○	○	○	○	H00
1	●	●	●	●	●	●	●	●	H0FF
2	○	○	○	○	○	○	○	○	H00
3	●	○	○	○	○	○	○	●	H81
4	○	●	○	○	○	○	●	○	H42
5	○	○	●	○	○	●	○	○	H24
6	○	○	○	●	●	○	○	○	H18
7	○	○	●	○	○	●	○	○	H24
8	○	●	○	○	○	○	●	○	H42
9	●	○	○	○	○	○	○	●	H81

注：表中"●"表示灯亮，"○"表示灯灭。

2. 试设计符合技术要求的 PLC 控制系统，并进行模拟调试。

工艺要求：应用算术运算指令实现功率调节控制，某加热器的功率调节有 7 个挡位，分别是 0.5kW、1kW、1.5kW、2kW、2.5kW、3kW 和 3.5kW。每按一次功率增加按钮 SB2，功率上升 1 挡；每按一次功率减少按钮 SB3，功率下降 1 挡；按停止按钮 SB1，停止加热。

3. 试设计符合技术要求的 PLC 控制系统，并进行模拟调试。

工艺要求：应用组件比较指令实现不同规格的工件分别计数。

如图 3-2-9 所示在传送带上输送大、中、小三种规格的工件，用 3 个垂直成一列的光电传感器来判别工件规格。

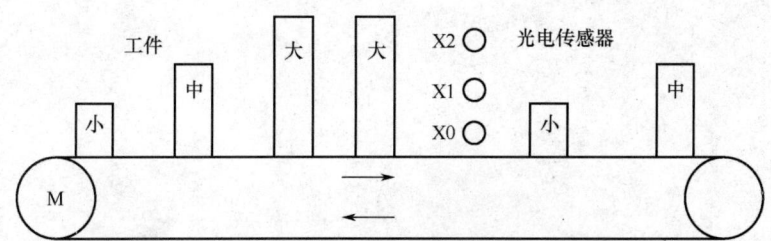

图 3-2-9　传送工作台

工件规格与光电信号转换关系见表 3-2-7。

表 3-2-7　　　　　　　　　　工件规格与光电信号转换关系

工件规格	光电信号输入控制字 K1M0				光电转换数据
	M3	M2/X2	M1/X1	M0/X0	
小工件	0	0	0	1	K1
中工件	0	0	1	1	K3
大工件	0	1	1	1	K7

项目四 典型 PLC 与人机界面控制系统的设计

【项目内容】

※ 应用 PLC 与人机界面完成电镀生产线控制系统的设计、安装与调试。

※ 应用 PLC 与人机界面完成干燥房温度控制系统的设计、安装与调试。

【学习目标】

※ 了解人机界面（触摸屏）的相关知识，掌握人机界面（触摸屏）的简单应用。

※ 能够创造完整的人机界面工程。

※ 学会使用 PLC 与人机界面（触摸屏）完成电气控制系统的设计。

任务一 电镀生产线控制系统的设计

一、任务目标

1. 了解电镀生产线的工艺流程。
2. 学会人机界面（触摸屏）画面的制作。
3. 掌握人机界面（触摸屏）与 PLC 相结合的技术应用。
4. 能够运用 PLC 与人机界面来控制电镀生产线电气控制系统运行。

二、任务描述

电镀就是利用电解的方式使金属或合金沉积在工件表面，以形成均匀、致密、结合力良好的金属层的过程。简单的理解，是物理和化学的变化和结合。

电镀生产线按照其工艺要求和规模一般设计有一台行车、两台行车、三台行车和四台行车工作，每台行车都根据已编制好的各自的程序运行。

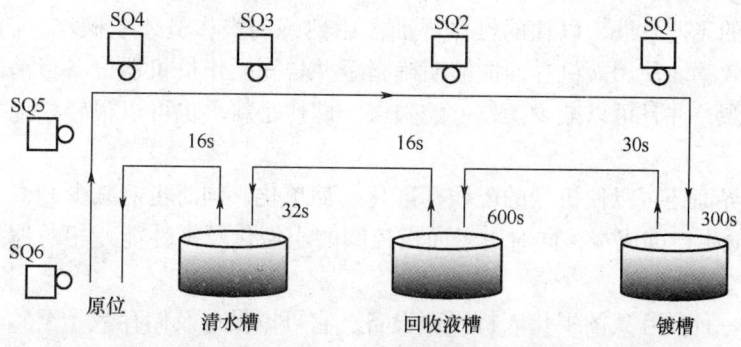

图 4-1-1 电镀生产线工作示意图

本任务要求完成一条具有一台行车的电镀生产线电气控制系统设计,工作示意图如图 4-1-1 所示。电镀生产线上有三个基本槽位,分别是清水槽、回收槽和电镀槽,工件由装有可升降吊钩的行车带动,经过电镀、镀液回收、清洗等工序,完成电镀全过程。在电镀生产线一侧,工人将待加工的零件装入吊篮,并由触摸屏上发出信号,专用行车便提升并自动逐段进行。按工艺要求在需要停留的槽位停下,并自动下降,停留一定时间(各槽停留时间按事先工艺要求调定)后自动提升,如此完成电镀工艺规定的每一道工序,直至生产线的末端自动返回原位,卸下处理好的零件,重新装料发出信号进入下一加工循环。整个工作过程都可以通过触摸屏上显示及监管,方便使用。

三、任务要求

1. 工作流程

电镀生产线采用专用行车,行车架装有可升降的吊钩,行车和吊钩各由一台电动机拖动。行车进、退和吊钩升、降由限位开关控制,生产线定为 3 槽位,工作流程如下:

①原位,表示设备处于初始状态,吊钩在下限位,行车在左限位。

②自动工作过程为:(事先工件放入镀槽)启动→吊钩上升→上限位开关闭合→右行至镀槽→SQ1 闭合→吊钩下降进入镀槽内→下限行程开关闭合→电镀 300s→吊钩上升,停放 30s→吊钩左行至 SQ2→吊钩下降进入回收液槽内→下限行程开关闭合→浸 600s→吊钩上升,停放 16s→吊钩左行至 SQ3→吊钩下降进入清水槽内→下限行程开关闭合→清洗 32s→吊钩上升,停放 16s→吊钩左行至左限位,吊钩下降至下限位(即原位)。

2. 控制要求

(1)工作方式设置为单周期。
(2)有必要的电气保护和联锁。
(3)自动循环时应按上述顺序动作。
(4)制作触摸屏画面,实现对系统运行的控制及工作状态的显示。

四、预备知识

(一)人机界面概述

人机界面是在操作人员和机器设备之间作双向沟通的桥梁,用户可以自由地组合文字、按钮、图形、数字等来处理或监控管理及应付随时可能变化信息的多功能显示屏幕。随着机械设备的飞速发展,以往的操作界面需由熟练的操作员才能操作,而且操作困难,无法提高工作效率。使用人机界面能够明确指示并告知操作员机器设备目前的状况,使操作变得简单直观,并且可以减少操作上的失误,即使是新手也可以很轻松地操作整个机器设备。

使用人机界面还可以使机器的配线标准化、简单化,同时也能减少 PLC 控制器所需的 I/O 点数,降低生产的成本,同时由于面板控制的小型化及高性能,相对地提高了整套设备的附加价值。

触摸屏是一种交互式图视化人机界面设备。它可以设计及储存数十至数百幅与控制操作相关的黑白或彩色画面,使用者只要用手指轻轻地触碰屏幕上的图形或文字符号,就能实现对机器的操作、显示控制信息,或者输入操作命令,还可以连接打印机打印报表,是一种理想的操作面板设备。

（二）触摸屏的认识与通讯连接

触摸屏作为"人"与"机"相互交流信息的窗口，与 PLC 和变频器组成的电气控制系统，具有操作直观、信息量大、控制功能强、调速方便等优点，目前广泛应用于各类工业控制设备中。

操作上，人们为了方便，用触摸屏代替鼠标、键盘和控制屏上的开关、按钮等；工作时，操作人员需用手指或其他物体触摸安装在显示器前端的触摸屏，然后系统根据手指触摸的图标或菜单的位置来定位输入的选择信息。触摸屏由触摸检测部件和控制器组成，触摸检测部件安装在显示器屏幕的前面，用于检测操作人员的触摸位置，并将其信息送往控制器；控制器的主要作用是将接收到的触摸信息转换成触点坐标，再送给 CPU，然后接收 CPU 发来的命令并加以执行。

1. 触摸屏的主要类型

按照触摸屏的工作原理和传输信息的介质，触摸屏可分为电阻式、电容感应式、红外线式和表面声波式四种。每一种触摸屏都有其各自的优缺点，适用的场合也不同。

（1）电阻式触摸屏。电阻式触摸屏的结构与工作原理如图 4-1-2 所示。电阻式触摸屏利用压力感应进行控制。其主要部分是一块与显示器表面非常配合的电阻薄膜屏（多层的复合薄膜），它以一层玻璃或硬塑料平板作为基层，表面涂有一层透明氧化金属 ITO（透明的导电电阻）导电层，上面再盖有一层经过了外表面硬化处理、光滑防擦的塑料层，该塑料层的内表面也涂有一层导电层，两层导电层之间有许多细小（直径小于 0.04nm）的透明隔离点把两层导电层绝缘隔开。当手指触摸屏幕时，两层导电层在触摸点位置就有接触，电阻发生变化，在 X 和 Y 两个方向上产生信号，然后送往触摸屏控制器。控制器检测到这一接触信号并计算出（X、Y）的位置，再模拟鼠标的方式运作。

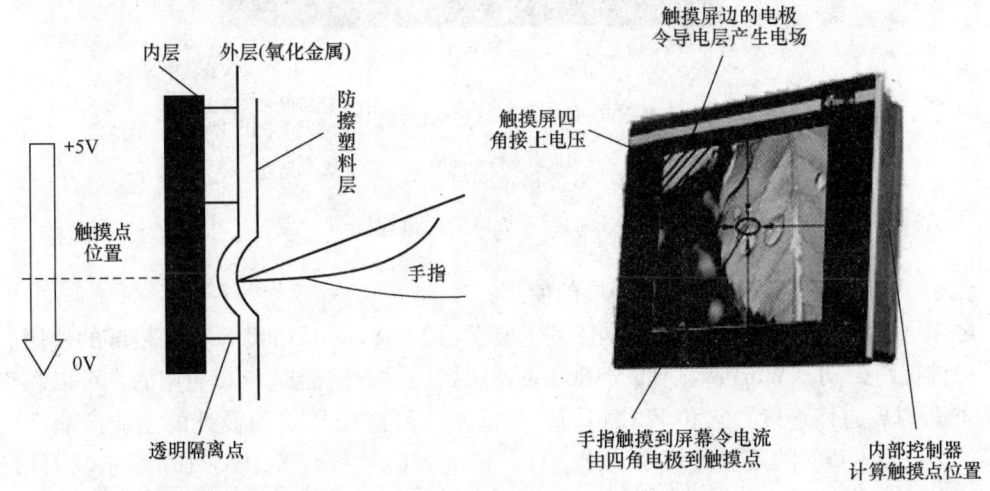

图 4-1-2 电阻式触摸屏的结构与工作原理

（2）电容感应式触摸屏。电容感应式触摸屏是利用人体的感应进行工作的，其缺点是当环境的温度、湿度、电场发生变化时，都会引起电容感应式触摸屏的漂移，造成工作不准确。

（3）红外线式触摸屏。红外线式触摸屏是利用 X、Y 方向上密布的红外线矩阵来检测并定位用户的触摸位置进行工作的,其一个优点是任何触摸物体都可以改变触摸点上的红外线而实现触摸屏操作;另一个优点是高分辨率、多层次自动调节和可长时间在各种恶劣环境下任意使用。

(4) 表面声波式触摸屏。表面声波是超声波的一种,是在介质如玻璃或金属等刚性材料表面浅层传播的机械能量波。表面声波式触摸屏以发射换能器和接收器将表面触摸的能量转变为电信号并确定相应的位置而工作。它的优点是清晰度高、透光率好、抗刮伤性好、反应灵敏,不受环境温度、湿度等因素的影响,目前在公共场合使用较多,但它怕灰尘、油污阻塞表面的导波槽,使声波不能正常发射,影响触摸屏的正常使用,因此需经常擦拭屏面。

2. 触摸屏的通讯连接

如图4-1-3所示为触摸屏的通讯连接图。计算机编程完成后,通过USB接口下载到触摸屏中,COM0或COM1为触摸屏与PLC通讯的公共接口。按图4-1-3所示连接通讯线缆及电源线后,即可进行程序的上传、下载和触摸屏与PLC的联机操作。

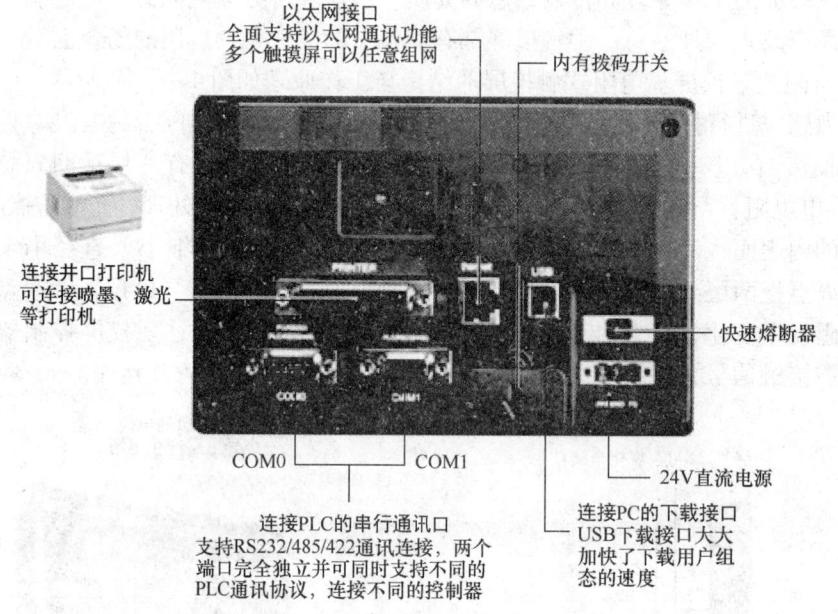

图4-1-3 触摸屏的通讯连接图

(三) WinView MT500系列触摸屏的使用

触摸屏的品牌与类型有很多,本任务主要学习WinView MT500系列触摸屏的使用。

台湾威纶公司(WinView)的MT500系列触摸屏是专门面向PLC应用的,可以和绝大多数主流PLC直接连接。它和PLC相同,是依据工厂应用环境而设计的工业产品,可靠性高,能在0~45℃的工业环境中稳定工作,前面板防护等级为IP65(防溅水),外形尺寸204mm×150mm×48mm,可安装在电气控制柜前面板上使用。

1. MT500人机界面的特有功能

(1) 可以同时开启6个弹出窗口。

(2) 可以拥有和Windows系列操作系统一样的任务栏和快选窗口工作按钮。

(3) 利用工作按钮可以呼叫快选窗口(其设计方式和基本窗口一样,EasyBuilder将其预设为第 4 个窗口），可在快选窗口放置要经常显示的元件或直接切换窗口的开关，也可定义其他窗口（窗口 10～1999 均可）为快选窗口，然后利用［切换快选窗口］功能键来切换快选窗口。

（4）可在弹出窗口中放置窗口控制功能键，使弹出窗口可以最小（大）化以及任意移动窗口。

（5）新增留言板功能，可更改笔的粗细、颜色，并可使用橡皮擦功能等。

（6）方便易用而又强大的在线模拟和离线模拟功能，使繁杂的程序设计变得轻松有效，并可节约大量的工程调试时间。

（7）256 色显示方式使触摸屏的表达更加丰富多彩。

（8）方便快捷的主从连接方式使多台触摸屏的互联通信简单易行。

（9）强大的 32 位 RISC 处理器的应用使 MT500 拥有更快的处理速度。

（10）和绝大多数主流 PLC 的直接连接。

（11）简单易用而又功能强大的 EasyBuilder500 组态软件。

2. 安装 EasyBuilder500 触摸屏组态软件

EasyBuilder500 是中国台湾威纶公司的触摸屏组态软件。

（1）安装步骤，以 EasyBuilder500 V2.5.2 简体中文版为例，按照界面提示完成相应安装，如图 4-1-4 所示。

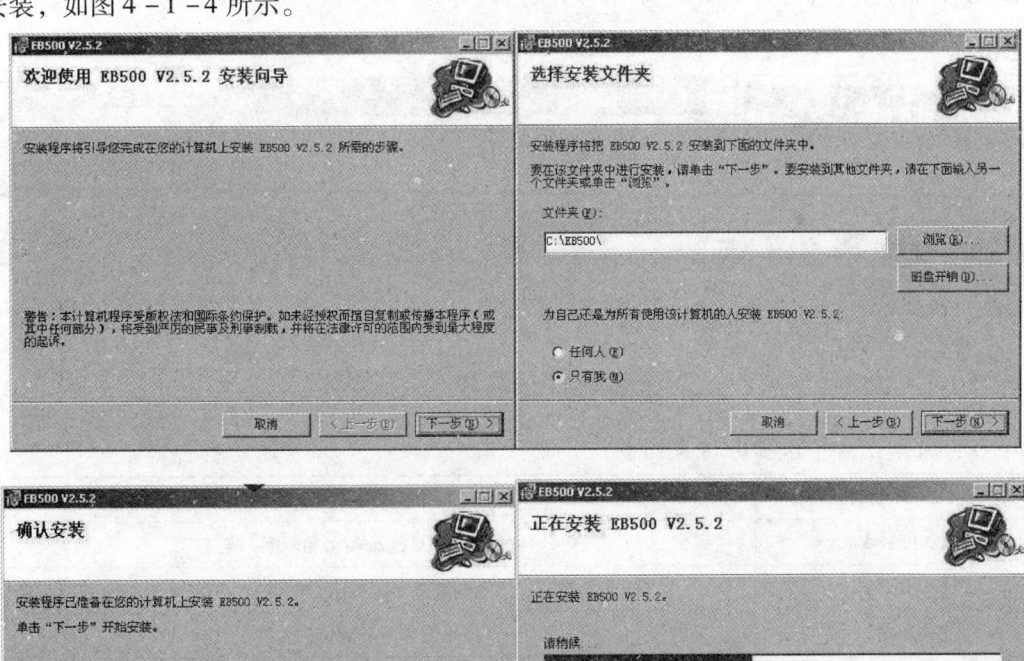

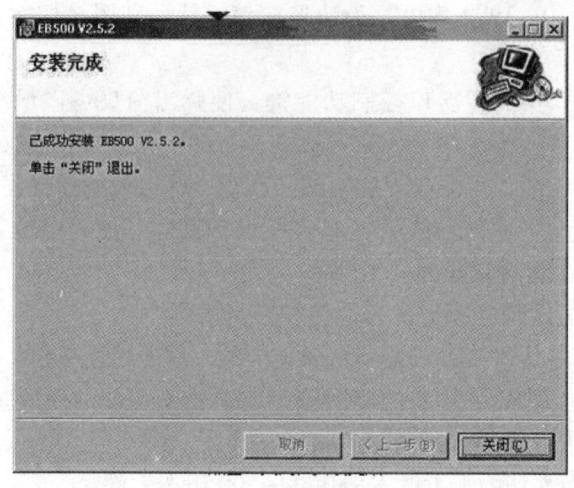

图 4-1-4　EasyBuilder500 触摸屏组态软件安装信息

（2）程序运行。要运行程序时，可以从菜单［开始］／［程序］／［EB500］下找到相应的可执行程序即可，如图 4-1-5 所示。

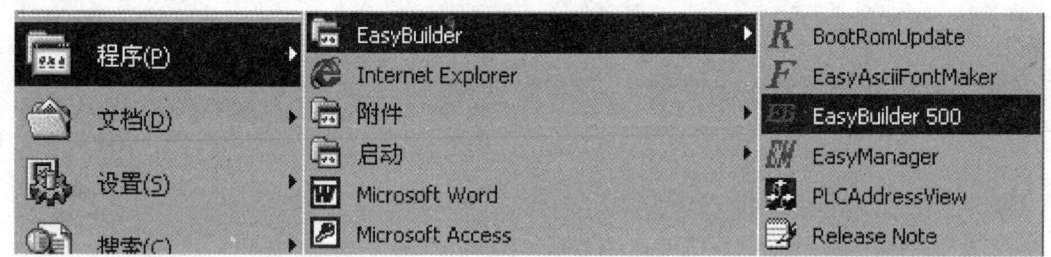

图 4-1-5　运行程序信息

软件菜单下各个选项的含义如下：

EasyManager	MT500 综合管理软件
PLCAddressView	各种品牌 PLC 地址类型和范围一览表
EasyBuilder	EB500 触摸屏组态软件
ReleaseNote	版本及相关最新信息说明

3. 系统连接图

（1）一般可按照如下方式连接 MT510T/S/L、MT508S 和 MT509L/M 系列触摸屏，如图 4-1-6 所示。

（2）一般可按照如下方式连接 MT506 系列触摸屏，如图 4-1-7 所示。

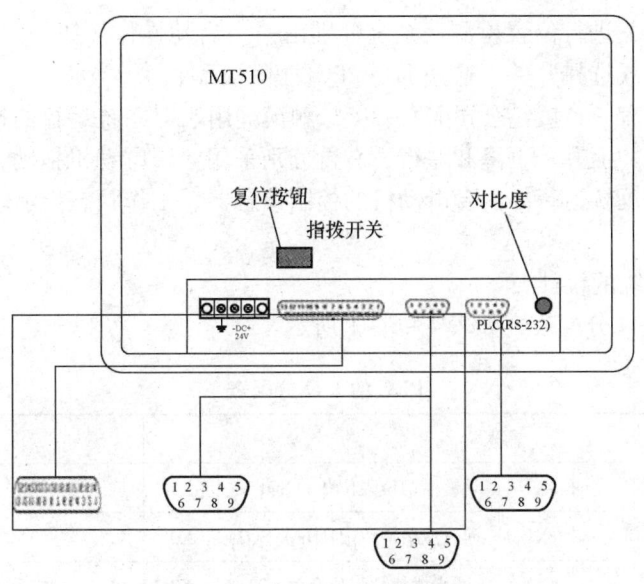

图 4-1-6 MT510T/S/L、MT508S 和 MT509L/M 系列触摸屏通讯接线图

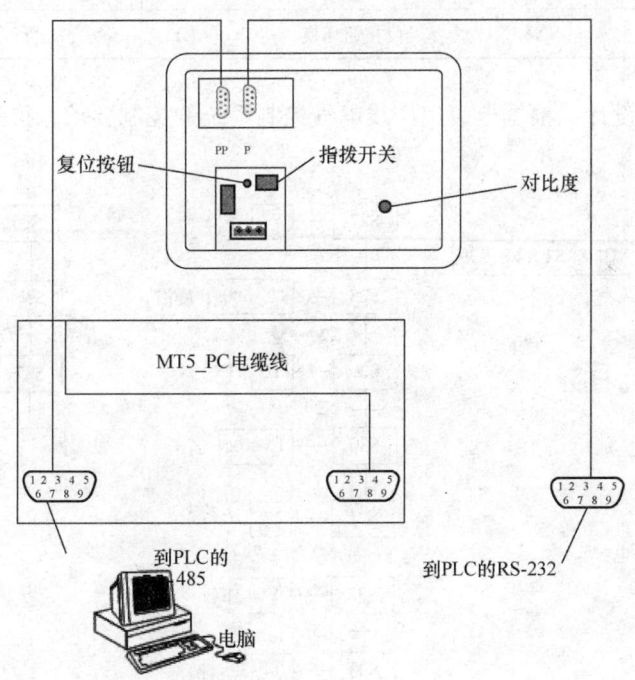

图 4-1-7 MT506 系列触摸屏通讯接线图

五、任务实施

1. 制定设计方案

根据输入/输出继电器的个数，选择三菱公司生产的 FX2N 小型 PLC 实现电气系统的控制。电镀生产线行车上设置上、下限位行程开关；原位、清洗位、回收液位、电镀位分

别设置一个行程开关进行位置检测。系统分别由一个启动操作按钮、停车按钮和一个屏/现场控制钮控制方式选择开关，这些都是 PLC 的输入元件。

电镀生产线接有一台威纶公司 MT-506L 触摸屏用于对系统运行的控制及工作状态的显示。电镀生产线的上升、下降和左行、右行分别采用一台电动机拖动，每台电动机使用两个接触器实现正反转运行。两台电动机的控制接触器、工作状态指示灯是 PLC 的输出执行元件。

2. PLC 控制系统的设计

（1）PLC 的 I/O 分配表，如表 4-1-1 所示。

表 4-1-1　　　　　　　　　PLC 的 I/O 分配表

输入		输入		输出	
启动	X2	镀槽槽位限位开关 SQ1	X5	上升 KM1	Y0
停止	X1	回收液槽槽位限位开关 SQ2	X6	下降 KM2	Y1
上限位开关 SQ5	X2	清水槽槽位限位开关 SQ3	X7	左行 KM3	Y2
下限位开关 SQ6	X3	自动开关	X10	右行 KM4	Y3
左限位开关 SQ4	X4	屏/按钮切换	X11	运行指示灯	Y4

（2）PLC 程序设计。根据电镀生产线电气控制系统的控制要求，得到如图 4-1-8 所

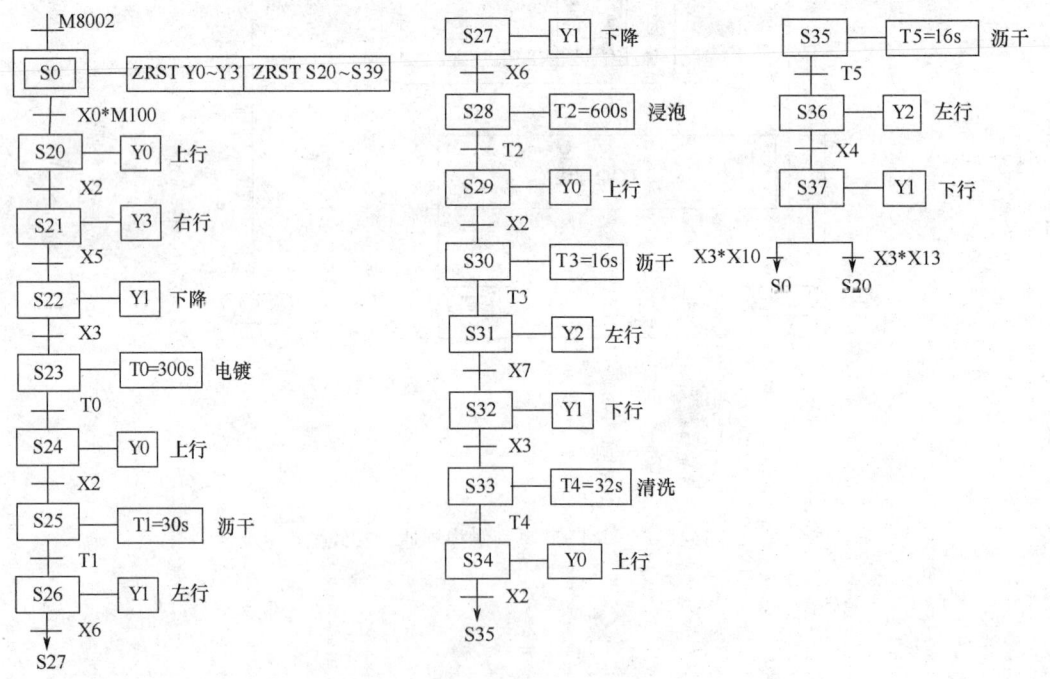

图 4-1-8　电镀生产线电气控制系统顺序功能图

示的顺序功能图（要求能够根据顺序功能图设计梯形图）。

3. 触摸屏画面的制作

实现对系统运行的控制及工作状态的显示，画面如图 4-1-9 所示。

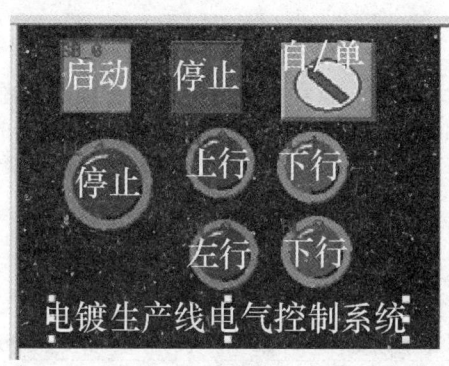

图 4-1-9　电镀生产线触摸屏画面（参考）

4. 电镀生产线电气控制系统的模拟调试

（1）训练器材

1）可编程控制器实训装置 1 台。

2）PLC 主机模块 1 个。

3）计算机 1 台。

4）威纶 MT-506L 触摸屏 1 块。

5）导线若干。

（2）训练内容与步骤

1）程序录入训练：正确使用编程软件，完成 PLC 的程序录入。

2）触摸屏画面制作训练：正确使用触摸屏编程软件，完成画面的制作。

3）硬件接线训练：按照 PLC 外部接线图，完成 PLC 的 I/O、电源接线及 PLC 与触摸屏的通讯连接。

4）模拟调试训练：完成 PLC 与触摸屏的通讯，写入触摸屏画面程序，观察触摸屏画面显示是否与计算机画面一致；对 PLC 程序进行调试运行，观察程序的运行情况。

5）记录程序调试结果。

六、任务评价

本项任务的评价标准如表 4-1-2 所示。任务评价由学生自评、小组互评与教师评价相结合，其中学生自评占总成绩的 20%，小组互评占总成绩的 30%，教师评价占总成绩的 50%。

表 4-1-2　　PLC 与人机界面控制系统的设计、安装与调试的评价标准

考核项目	序号	考核内容	评分要点及得分（最高为该项配分值）	配分	得分 自评	得分 互评	得分 教师评价
职业能力	1	PLC 控制系统的设计	1. 理解 PLC 控制系统的控制工艺要求，功能图画错扣 5 分 2. 主电路设计一处错误扣 1 分，I/O 电路一处错误扣 5 分 3. PLC 程序设计有误，每处扣 2 分 4. 根据电路图提出主要器件单，器件单有误每处扣 1 分	20			
职业能力	2	触摸屏画面的制作	1. 按控制要求进行触摸屏画面的制作，错误一处扣 3 分 2. 触摸屏与 PLC 通讯设置有误，扣 5 分	20			
职业能力	3	实际接线操作	1. 接线要符合安全性、规范性、正确性、美观性，否则一处错误扣 3 分 2. PLC 端口接线有误，每处扣 3 分 3. 触摸屏接线有误，扣 3 分	20			
职业能力	4	调试结果	1. 熟练调试过程，调试步骤一处错误扣 3 分 2. 观察线路工作现象并判断正确与否，判断有误一次扣 5 分	10			
职业素质	1	安全文明操作	1. 损坏元件一次，扣 2 分 2. 引发安全事故，扣 10 分 3. 未作相应的职业保护措施，扣 2 分	10			
职业素质	2	团队协作精神	1. 分工不合理，承担任务少扣 5 分 2. 小组成员不与他人合作，扣 3 分 3. 不与他人交流，扣 2 分	10			
职业素质	3	劳动纪律	1. 违反规章制度一次扣 2 分 2. 不做清洁整理工作，扣 5 分 3. 清洁整理效果差，酌情扣 2~5 分	10			
		合计		100			
		训练时间记录					
备注			自评学生签字：	自评成绩			
备注			互评学生签字：	互评成绩			
备注			指导老师签字：	教师评价成绩			
备注				总成绩			

【知识链接】

电镀生产线组态画面的制作

（一）第一步 创建新工程，工程名：电镀生产线.epj

安装好EB500软件后，在[开始]中选择[程序]/[EasyBuilder]/[EasyBuilder]，如图4-1-10所示。选择将使用的触摸屏类型，按下[确认]即可进入EB500组态软件的编辑界面，选择菜单[文件]/[新建]来新建一个工程，将首先弹出触摸屏类型选择对话框。在这里我们选择[MT506T 320×240]，按下[确认]即可。

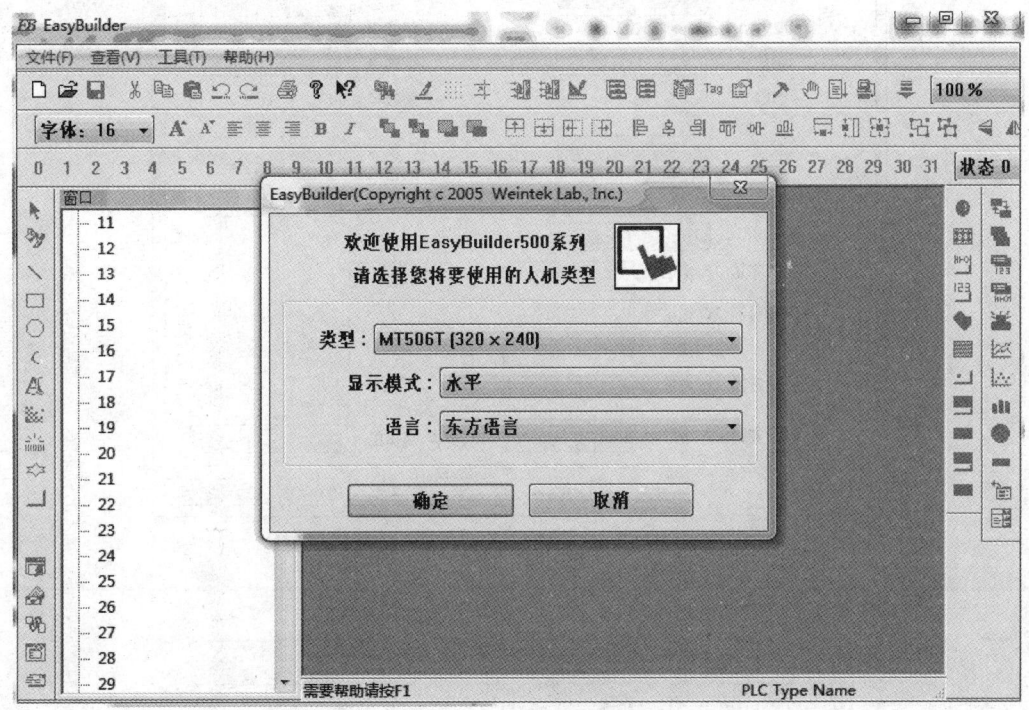

图4-1-10 创建新工程

（二）第二步，创建启动、停止、自动、单周控制按钮

（1）切换到组态窗口。首先选择[菜单]/[系统参数]弹出系统参数设置对话框，如图4-1-11所示。

在对话框中选择PLC类型：MITSUBISHI FX0n/FX2。选择通信口类型：RS-485 default。选择波特率：9600。选择数据位：7位。选择停止位：1位。选择校验位：偶校验。

选择人机站号（触摸屏）：0。选择PLC站号：2。选择多台人机互连：主站。选择人机互连通信速率：115200。选择互连接口：串行口。选择PLC超时常数（秒）：3.0。选择PLC数据包：3。

（2）选择菜单[元件]/[位状态设定]或者按下 图标，将弹出位状态设定属性对话框。

1）选择[一般属性]菜单项。选择描述并填入：系统启动按钮。选择输出地址，设备类型：M；设备地址：0。选择按钮属性类型：复归型开关（按住时为ON，松开时为OFF），如图4-1-12所示。

图 4-1-11 系统参数设置对话框

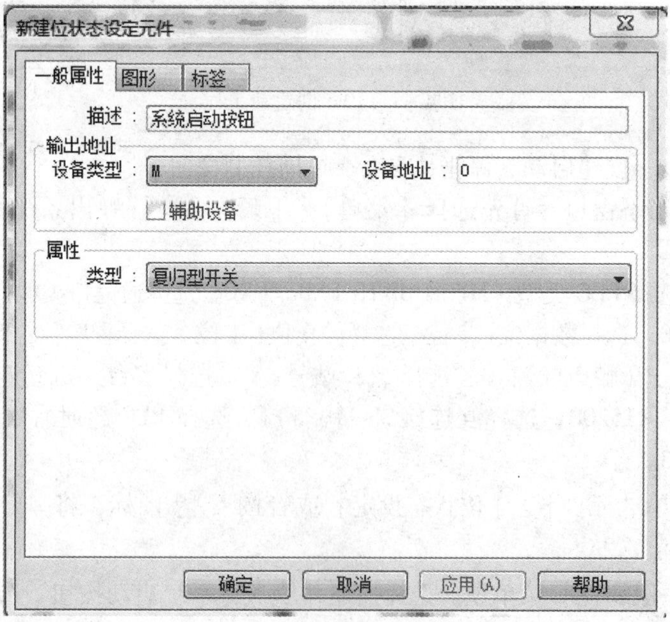

图 4-1-12 新建位状态设定元件一般属性对话框

2）选择［图形］菜单项。在向量图设备项勾选［使用向量图］，如图 4-1-13 所示。

图 4-1-13　新建位状态设定元件图形对话框

双击［向量图库］按钮将弹出向量图选择对话框，在对话框中选择 button1—44：untiled 按钮图标，单击［确定］。关闭［向量图库］对话框。返回新建位状态设定元件图形对话框。

3）选择［标签］菜单项。勾选［使用标签］、［跟随］选项，然后在内容栏中填入："启动"。选择［字体］大小：24。点击［确定］按钮，退出新建按钮的参数设定状态，如图 4-1-14 所示。

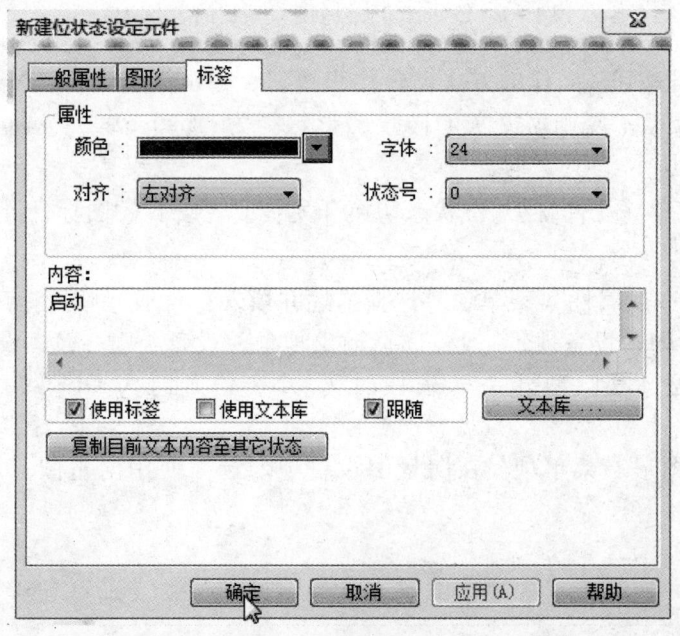

图 4-1-14　新建位状态设定元件标签对话框

在组态窗口出现如图 4-1-15 所示 SB_0（EB500 自动生成）图形，移动到需要位置单击鼠标左键确认，完成系统启动按钮的放置。

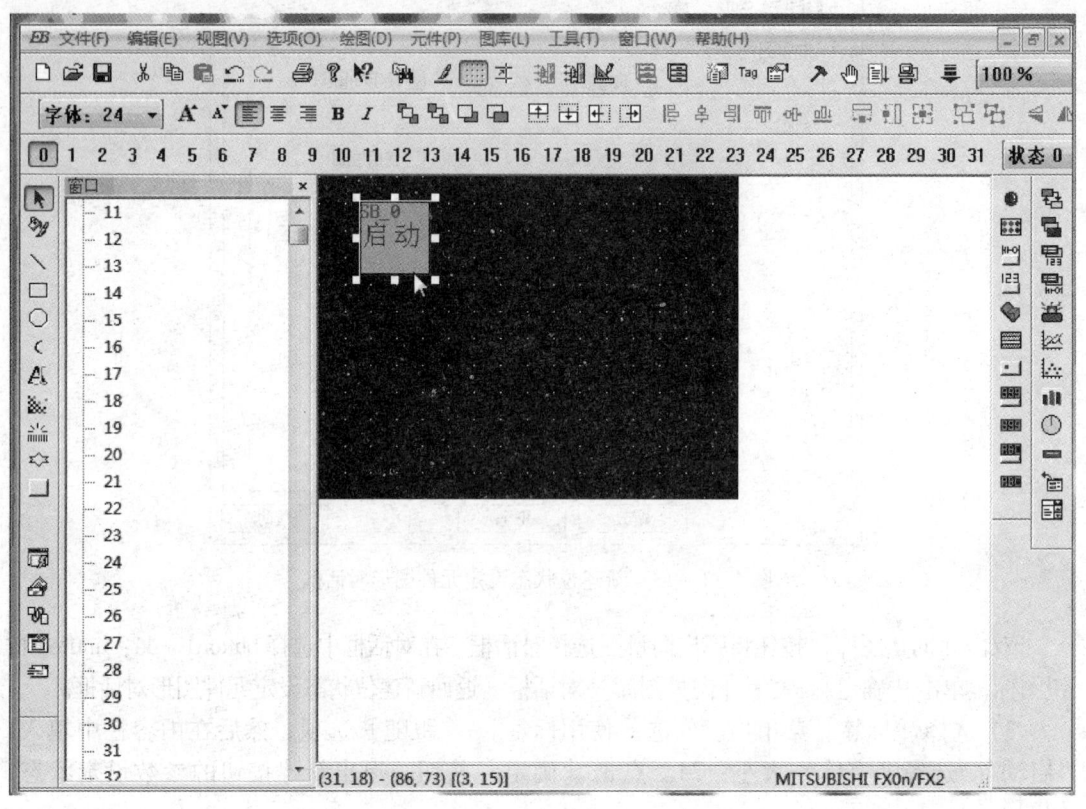

图 4-1-15 启动按钮创建完成后的组态窗口

4）创建停止按钮。同样的方法创建停止按钮，输出设备类型：M；设备地址：0。选择按钮属性类型：复归型开关。向量图形选择为：button1—47：untiled 按钮图标，如图 4-1-16 所示。

（3）选择菜单［元件］／［位状态切换开关］或者按下 图标，将弹出位状态切换开关属性对话框。

1）选择［一般属性］菜单项。选择描述并填入：自动/单周期切换。选择读取地址，设备类型：M；设备地址：2。选择输出地址，设备类型：M；设备地址：2。选择按钮属性类型：复归型开关（按住时为 ON，松开时为 OFF），如图 4-1-17 所示。

2）选择［图形］菜单项。在向量图设备项勾选［使用向量图］，如图 4-1-18 所示。

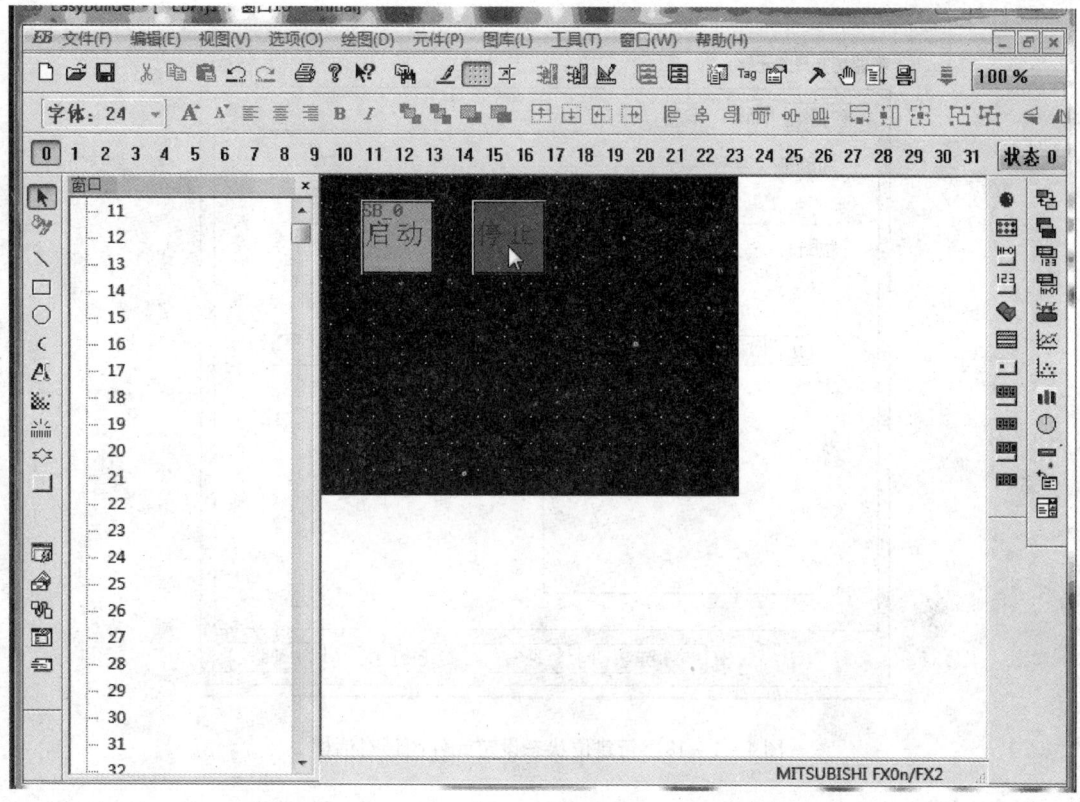

图4-1-16 停止按钮创建完成后的组态窗口

图4-1-17 新建位状态切换开关元件一般属性对话框

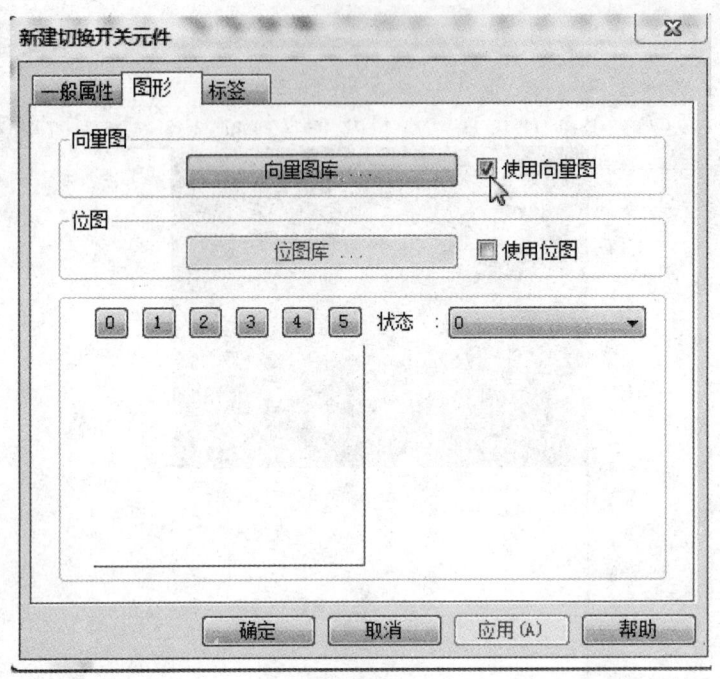

图 4-1-18 新建位状态设定元件图形对话框

双击 [向量图库] 按钮将弹出向量图选择对话框，在对话框中选择 button2—4：untiled 切换开关图标，单击 [确定]。关闭 [向量图库] 对话框。返回新建位状态切换开关元件图形对话框。

3）选择 [标签] 菜单项。

勾选 [使用标签]、[跟随] 选项，选择状态号：0 时，在内容栏中填入："自动"；选择状态号：1 时，在内容栏中填入："单周期"。选择 [字体] 大小：24。点击 [确定] 按钮，退出新建位状态切换开关元件的参数设定状

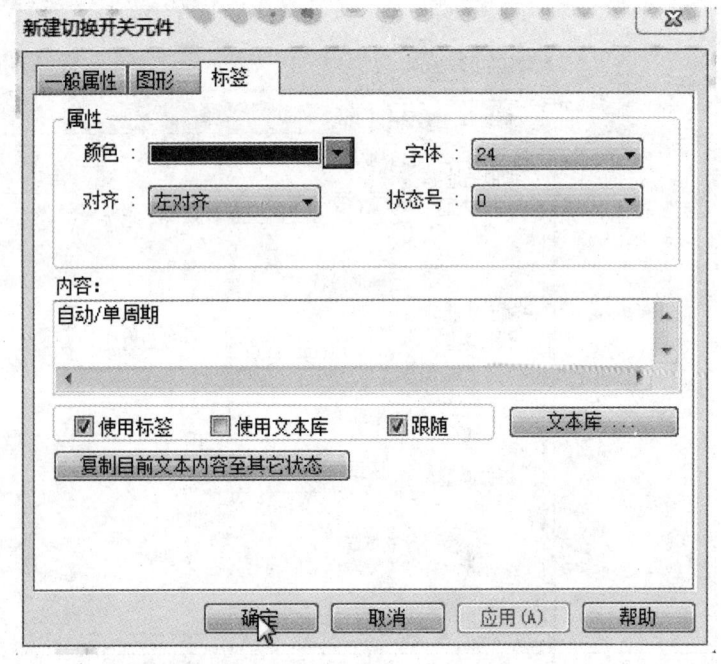

图 4-1-19 新建位状态设定元件标签对话框

224

态,如图 4-1-19 所示。

在组态窗口出现如图 4-1-20 所示 TS_ 0（EB500 自动生成）图形,移动到需要位置单击鼠标左键确认,完成系统自动/单周期切换开关的放置。

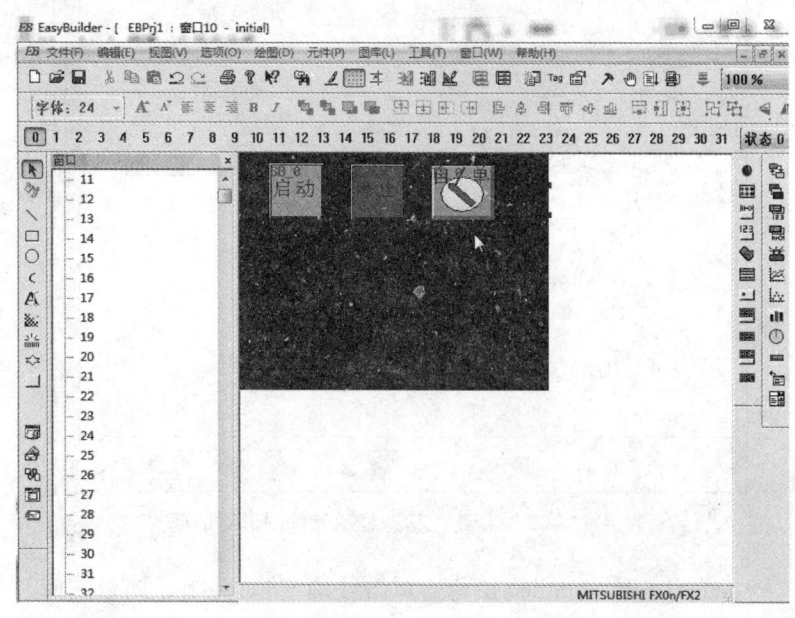

图 4-1-20　自动/单周期切换开关创建完成后的组态窗口

（三）第三步　创建状态显示指示灯

选择菜单 [元件] / [位状态显示灯] 或者按下 ● 图标,将弹出位状态显示元件属性对话框。

（1）选择 [一般属性] 菜单项。选择描述并填入：行车上行。选择读取地址,设备类型：Y；设备地址：0。选择显示属性功能选择：正常,如图 4-1-21 所示。

（2）选择 [图形] 菜单项。在向量图设备项勾选 [使用向量图],如图 4-1-22 所示。

双击 [向量图库] 按钮将弹出向量图选择对话框,

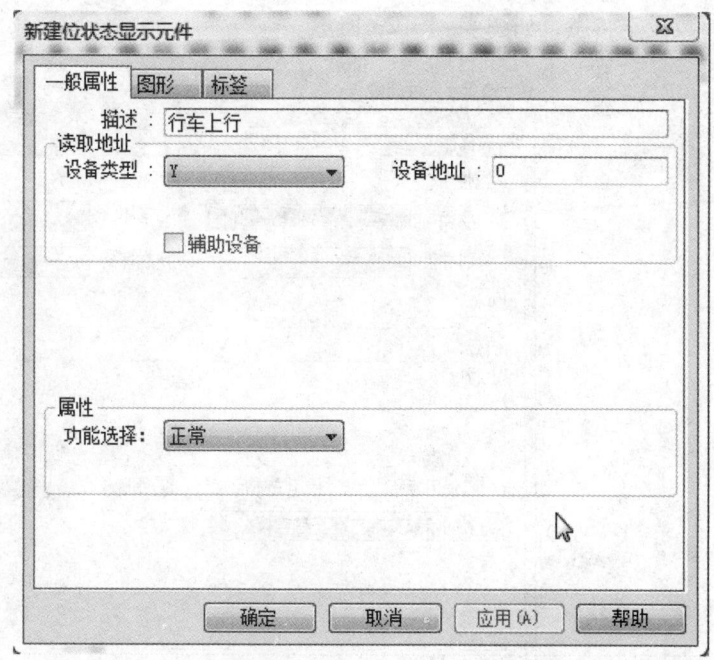

图 4-1-21　新建位状态显示元件一般属性对话框

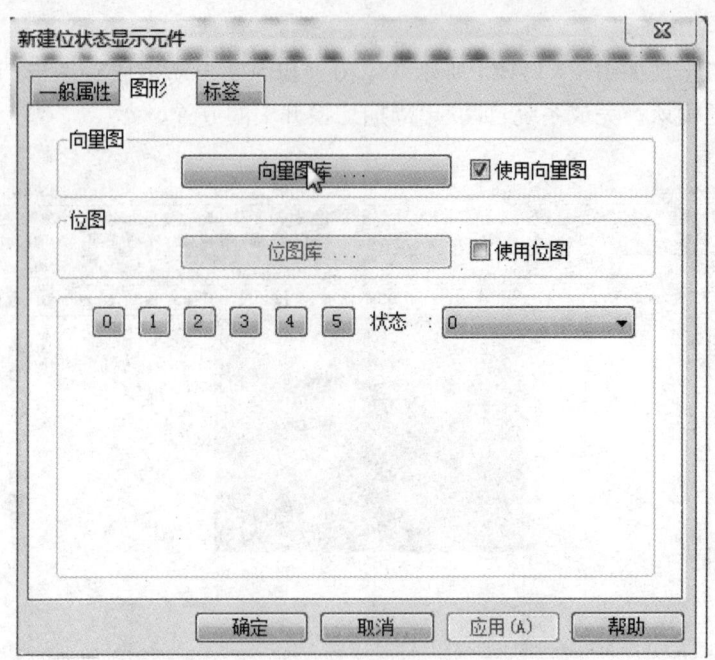

图 4-1-22 新建位状态显示元件图形对话框

在对话框中选择 button1—16：untiled 图标，单击［确定］。关闭［向量图库］对话框。返回新建位状态显示元件图形对话框。

（3）选择［标签］菜单项。勾选［使用标签］、［跟随］选项，然后在内容栏中填入："上行"。选择［字体］大小：24。点击［确定］按钮，退出新建位状态显示元件的参数设定状态，如图 4-1-23 所示。

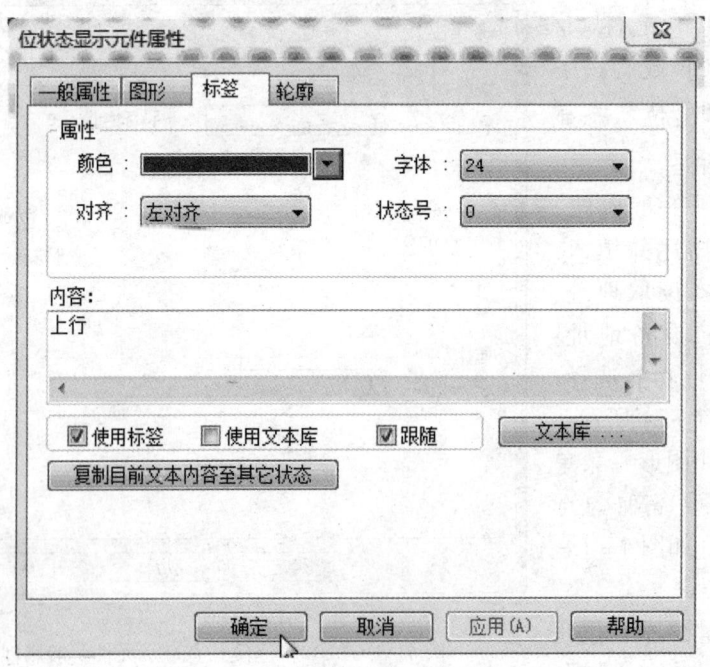

图 4-1-23 新建位状态显示标签对话框

在组态窗口出现如图 4-1-24 所示 BL_0（EB500 自动生成）图形，移动到需要位置单击鼠标左键确认，完成系统自动/单周期切换开关的放置。

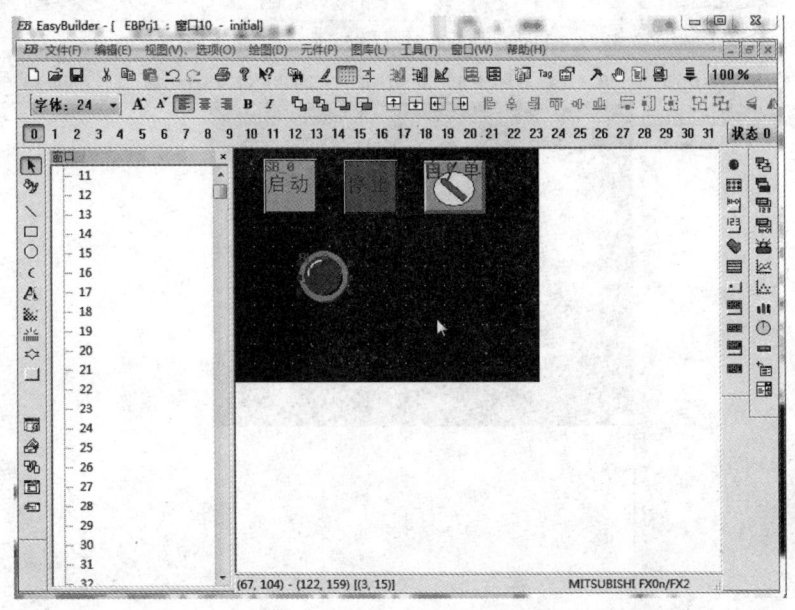

图 4-1-24　上行指示灯创建完成后的组态窗口

（4）创建运行、下行、左行、右行状态指示灯按钮。同样的方法创建停运行、下行、左行、右行状态指示灯。需要设定的具体设置参数如表 4-1-3 所示。

表 4-1-3　　　　　　　　　　指示灯参数表

序号	指示灯功能	输出设备类型	输出设备地址	显示功能	标签	向量图	字号
1	下行	Y	1	正常	下行	button1—16：untiled	24
2	左行	Y	2	正常	左行	button1—16：untiled	24
3	右行	Y	3	正常	右行	button1—16：untiled	24
4	运行	Y	4	正常	运行	button1—16：untiled	25

其他参数使用默认值。制作完成后效果如图 4-1-25 所示。

（四）第四步　输入显示文本

选择菜单［绘图］/［文本］或者按下 A 图标，将弹出新建文本元件属性对话框。在内容栏中填入：电镀生产线电气控制系统，字号：24，如图 4-1-26 所示。

完成文本输入后点击确定退出，在组态窗口出现如图 4-1-27 所示文本，移动到需要位置单击鼠标左键确认，完成文本的放置。

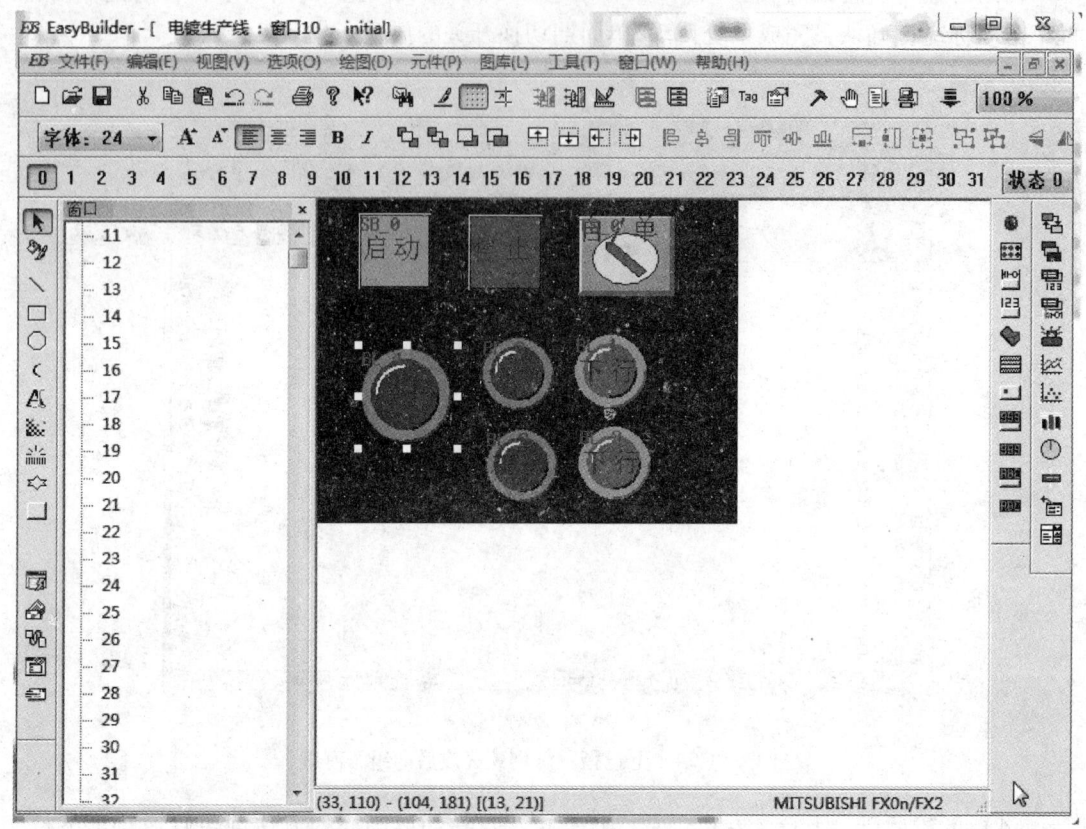

图4-1-25 状态指示灯创建完成后的组态窗口

图4-1-26 文本元件属性编辑对话框

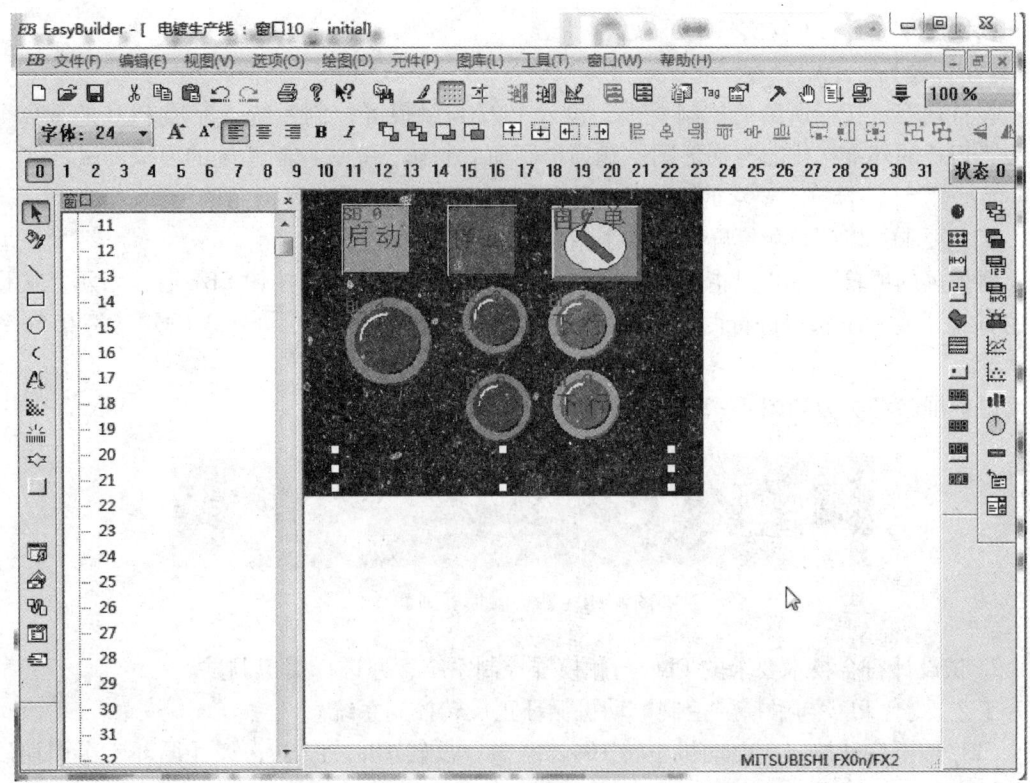

图4-1-27 电镀生产线电气控制系统组态画面

(五)第五步 组态画面工程文件的编译

选择菜单[工具]/[编译]或者按下图标,将弹出编译属性对话框。

在工程名称:显示工程文件存储路径和工程文件名,在编译文件名称:显示编译完成后的工程文件名称或根据需要修改存储路径与编译后的工程文件名称。如图4-1-28所示,点击编译,系统完成工程编译,如无错误提示0 error否则提示编译错误。完成编译后单击关闭,退出编译。

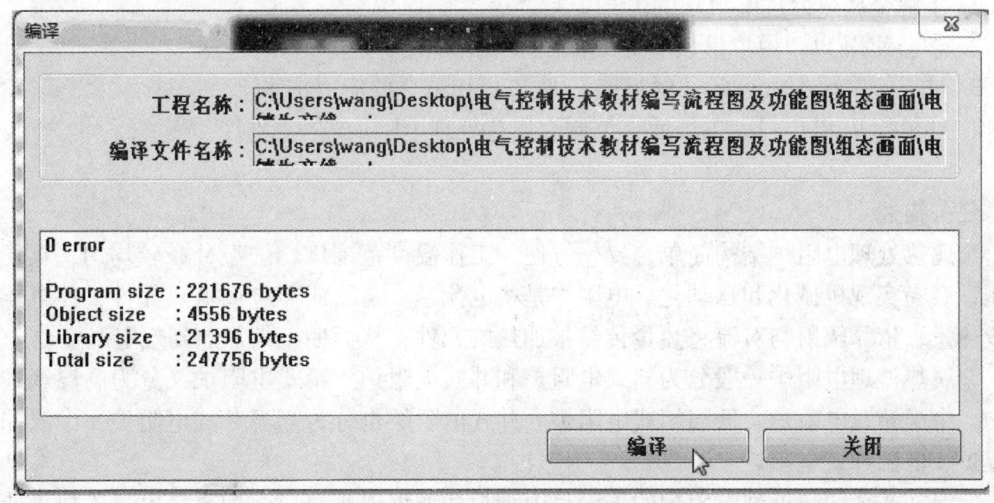

图4-1-28 工程文件编译对话框

（六）第六步　工程文件的下载

【训练小课题】

设计内容：按照所给的控制要求，设计 PLC 与触摸屏控制系统，完成 PLC 的 I/O 分配表、PLC 的外部接线图与梯形图、触摸屏画面的制作；完成控制系统的模拟调试。

1. 试设计符合技术要求的 PLC 与触摸屏控制系统，并进行模拟调试

工艺要求：PLC 与触摸屏控制 8 个指示灯循环移位。

触摸屏的屏幕上有 8 只指示灯对应于 Y0~Y7，当按下启动按钮 SB1 后，指示灯按设定的方式开关 K01 状态进行循环显示，按停止按钮 SB2 后，指示灯停于原处（每 0.5s 移一次）。

触摸屏参考画面如图 4-1-29 所示。

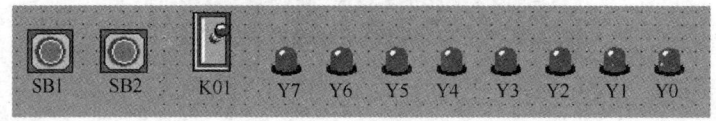

图 4-1-29　触摸屏画面

2. 试设计符合技术要求的 PLC 与触摸屏控制系统，并进行模拟调试

工艺要求：PLC 与触摸屏控制电动机循环正反转控制系统。

（1）按下启动按钮，电动机正转 10s、停 3s，反转 10s，停 3s，如此循环 3 个周期后自动停止。

（2）运行中，可按停止按钮停止，热继电器动作时，系统也停止。

（3）要求触摸屏能实现系统启动、停止的控制功能及启动、停止的工作显示。

＊任务二　金属热处理电阻炉控制系统设计

一、任务目标

1. 了解金属热处理电阻炉的工艺控制过程。
2. 学会使用 PLC 模拟量模块完成控制系统的设计。
3. 进一步掌握人机界面（触摸屏）与 PLC 相结合的应用技术。
4. 能够运用 PLC 与人机界面来控制金属热处理电阻炉电气控制系统运行。

二、任务描述

金属热处理电阻炉结构简单，操作方便，工作温度范围广，炉温分布较均匀，且便于控制，容易实现机械化和自动化。电阻炉是将电流通入金属或非金属电热元件，使电能转化成热量，依靠辐射与对流将热量传给被加热的元件，从而使工件加热到规定温度。

金属热处理电阻炉一般分为箱式电阻炉和井式电阻炉。箱式电阻炉又分为高温箱式电阻炉、中温箱式电阻炉、低温箱式电阻炉。井式电阻炉也分为高温井式电阻炉、中温井式电阻炉、低温井式电阻炉。

低温井式金属热处理电阻炉的外壳是由钢板和型钢焊接而成，炉衬是由轻质耐火砖砌

成，电热元件呈螺旋状分布在炉膛内壁上。炉盖上装有风扇，主要是使炉内气体产生对流，促使加热均匀。

低温井式金属热处理电阻炉实物图如图4-2-1所示。

图4-2-1 井式电阻炉的实物图

低温井式金属热处理电阻炉炉盖的开关采用液压控制。液压系统原理如图4-2-2所示。当电磁阀1Y1通电时，液压油进入液压缸左腔，炉盖打开；当电磁阀1Y2通电时，右位接入液压回路中，液压油进入液压缸右腔，炉盖关闭。

当电阻炉的炉盖完全打开时，行程开关SQ2处于受压状态。当电阻炉的炉盖完全闭合时，行程开关SQ1处于受压状态。行程开关SQ1、SQ2安装位置如图4-2-3所示。电阻炉内升降台靠齿轮齿条传动。在炉外安装一台电动机，电动机通过联轴器与齿轮联接，齿轮与升降台上的齿条啮合，带动升降台上升下降，以方便入料和出料。在升降台的上极限位置与下极限位置分别安装行程开关SQ3和SQ4，行程开关SQ3和SQ4安装位置如图4-2-4所示。升降台完全升起时，SQ3处于受压状态。升降台完全下降时，SQ4处于受压状态。

本任务要求完成低温井式金属热处理电阻炉PLC电气控制系统设计，实现低温井式金属热处理电阻炉炉温的自动控制与温度数值的设定，当系统出现故障及时报警，并实现热处理工艺过程的自动跟踪和监控。

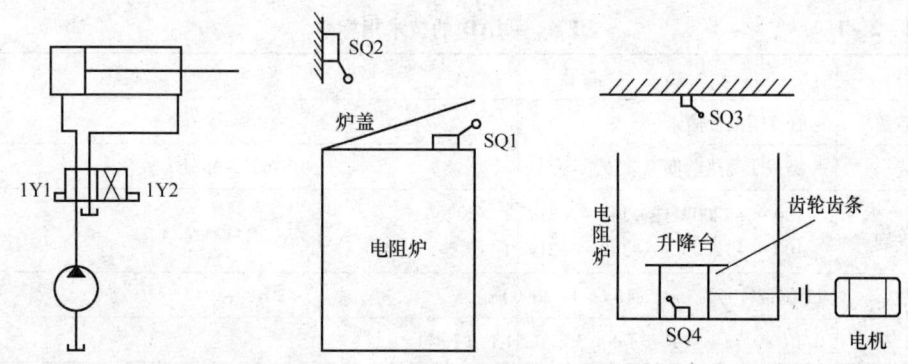

图4-2-2 炉盖开关液压系统原理图　　图4-2-3 电阻炉外部炉盖图　　图4-2-4 电阻炉内部图

三、任务要求

控制工艺任务要求：

（1）按下"开盖"SB1 按钮，炉盖自动打开；升降台自动上升到达上限位。

（2）完全装料后，按下"关盖"SB2 按钮，当升降台下降到最底端时炉盖自动关闭。

（3）按下"回火"SB3 按钮，LED 灯闪烁 10s，同时开始全速加热，当温度到达设定值时停止加热，进入定时保温阶段（控温范围 520~580℃），定时 5min。

（4）每 1min 检测一次炉膛内温度。

（5）定时保温时间结束后，蜂鸣器鸣叫 10s 告知热处理结束。

（6）加热时超过温度上限会报警，报警现象为 LED 闪烁同时蜂鸣器鸣叫。

（7）能够利用触摸屏实现炉膛温度的监控。

基于以上的要求，所设计的系统必须要有以下结构模块：温度传感器单元，PLC 模拟量转换单元，LED 灯，蜂鸣器，电动机。

四、预备知识

1. 热电偶测量模块

在工业生产过程中，除了有大量的通/断（开/关）信号以外，还有大量的连续变化的信号，例如温度、压力、流量、湿度等。通常先用各种传感器将这些连续变化的物理量变换成电压或电流信号，（一般来说，PLC 模拟量输入的电压范围为 1~5V 或 -10~+10V，电流范围为 4~20mA 或 -20~+20mA），然后再将这些信号连接到适当的模拟量输入模块的接线端上，经过 A/D 功能模块内的模数转换器，最后将数据传入 PLC 内。本任务主要以 $FX_{2N}-4AD-TC$ 为例学习模拟量输入模块的使用。

（1）热电偶测量模块 $FX_{2N}-4AD-TC$ 技术指标。$FX_{2N}-4AD$ 为 12 位高精度模拟量输入模块，具有 4 输入 A/D 转换通道，输入信号类型可以是电压（-10~+10V）、电流（-20~+20mA）和电流（-4~+20mA），每个通道都可以独立地指定为电压输入或电流输入。FX_{2N} 系列 PLC 最多可连接 8 台 $FX_{2N}-4AD$。

$FX_{2N}-4AD$ 的技术指标见表 4-2-1。

表 4-2-1　　　　　　　　　　$FX_{2N}-4AD$ 的技术指标

项目	参数	备注
输入点数	4 通道模拟量输入	
输入要求	K 类或 J 类热电偶温度传感器	JIS1602-1981
测量范围	-100~+1200℃ 或 -148~+2192℉（K 类） -100~+1200℃ 或 -148~+2192℉（J 类）	
转换数字	12 位带符号　5mV（10V×1/2000）	-2048~2047
分辨率	0.4℃/0.72℉（K 类）；0.3℃/0.54℉（J 类）	
数字输出	-1000~+12000℃ 或 -1480~+21920℉（K 类） -1000~+12000℃ 或 -1480~+21920℉（J 类）	模块内部转换后输出值

续表

项目	参数	备注
转换精度	±1%	
处理时间	每通道240ms	
隔离方式		
输出隔离	光电耦合	模拟电路与数字电路间
占用I/O点数	8点	
消耗电流	DC24V/50mA；DC5V/30mA	24V为外部供给；5V需要PLC供给
编程指令	FROM/TO	

（2）热电偶测量模块 FX_{2N} – 4AD – TC 的端子接线。图 4 – 2 – 5 是模拟量输入模块 FX_{2N} – 4AD – TC 的端子接线图。FX_{2N} – 4AD – TC 模块通过扩展电缆与 PLC 基本单元或扩展单元相连接，通过 PLC 内部总线传送数字量。模块与外部传感器、DC24V 电源间连接如图 4 – 2 – 5 所示。

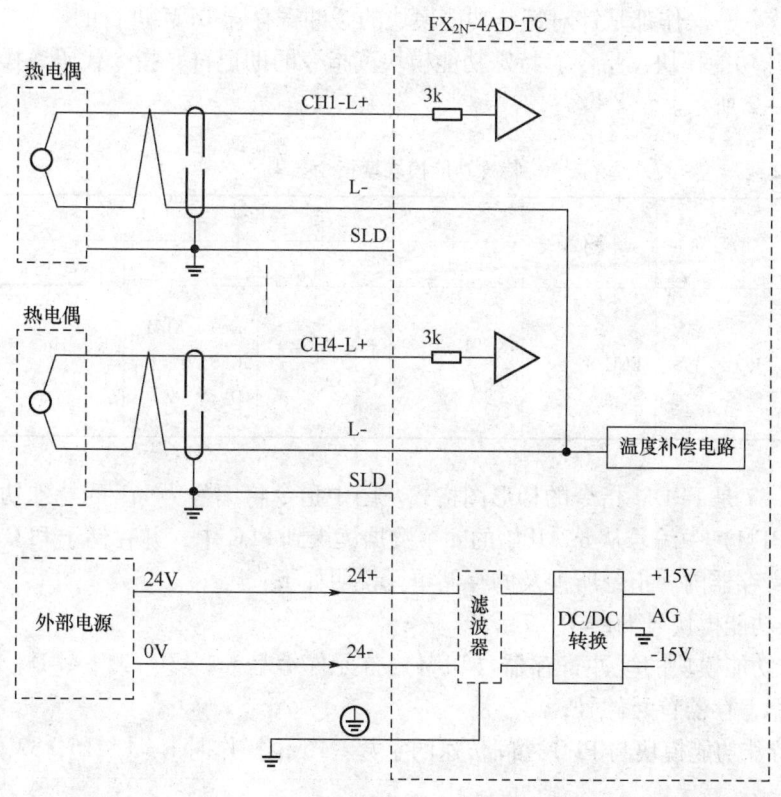

图 4 – 2 – 5　热电偶测量模块 FX_{2N} – 4AD – TC 的端子接线图

（3）热电偶测量模块 FX_{2N} – 4AD – TC A/D 转换输出特性。热电偶测量模块 FX_{2N} – 4AD – TC A/D 转换输出特性如图 4 – 2 – 6 所示，四通道的输出特性相同。模块 A/D 转换为 12 位带符号数，实际转换精度以 1℃（或 1℉）为单位；但通过模块内部数据转换，

PLC可以读取的数据以0.1℃（或0.1℉）为单位。因此，图中的输出数字量是指PLC可以读取的值。

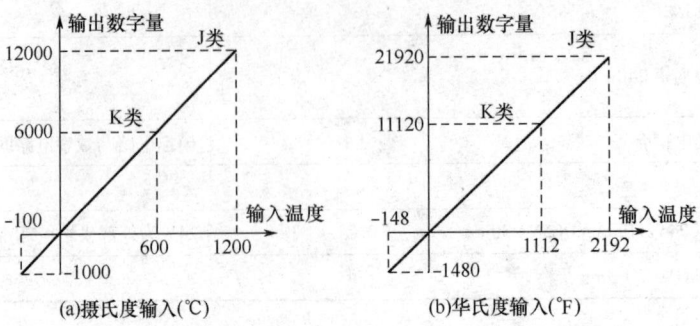

图4-2-6 热电偶测量模块 FX_{2N}-4AD-TC A/D 转换输出特性

2. FX_{2N}系列PLC与特殊功能模块之间的读/写操作

FX_{2N}系列PLC与特殊功能模块之间的通信通过FROM/TO指令执行。FROM指令用于PLC基本单元读取特殊功能模块中的数据；TO指令用于PLC基本单元将数据写到特殊功能模块中。读、写操作都是针对特殊功能模块的缓冲寄存器BFM进行的。

（1）特殊功能模块读指令。特殊功能模块读指令的助记符、指令代码、操作数、程序步如表4-2-2所示。

表4-2-2　　　　　　　　　特殊功能模块读指令要素

指令名称	助记符	指令代码	操作数				程序步
			m1	m2	[D]	n	
读指令	FROM	FNC78	K、Hm1 = 0～7	K、Hm2 = 0～31	KnY、KnM、KnS、T、C、D、V、Z	K、Hn = 1～32	FROM9步（D）FROM17步

图4-2-7是FROM指令的梯形图格式。图中指令将编号为m1的特殊功能模块的缓冲寄存器（BFM）中编号从m2开始的n个数据读入到PLC中，并存储于PLC中以D开始的n个数据寄存器内。指令所涉及的存储单元说明如下：

m1 特殊功能模块号 m1 = 0～7；

m2 特殊功能模块的缓冲寄存器（BFM）首元件编号 m2 = 0～31；[D]指定存放在PLC中的数据寄存器首元件号；

n指定特殊功能模块与PLC之间传送的字数：16位操作时 n = 1～16，32位操作时n = 1～32。

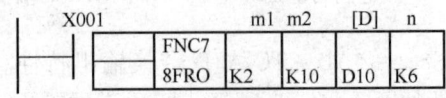

图4-2-7 FROM指令梯形图格式

（2）特殊功能模块写指令。该指令的助记符、指令代码、操作数、程序步如表4-2-3所示。

表4-2-3 特殊功能模块写指令要素

指令名称	助记符	指令代码	操作数				程序步
			m1	m2	[S·]	n	
写指令	TO	FNC79	K、Hm1=0~7	K、Hm2=0~31	KnY、KnM、KnS、T、C、D、V、Z、K、H	K、Hn=1~32	FROM9步 (D) FROM17步

TO指令是将PLC中指定的以S元件为首地址的n个数据，写到编号为m1的特殊功能模块，并存入该特殊功能模块中以m2为首地址的缓冲寄存器（BFM）内。TO指令的梯形图格式如图4-2-8所示。指令涉及的存储单元说明如下：

m1：特殊功能模块号 m1=0~7；

m2：特殊功能模块缓冲寄存器（BFM）首元件编号 m2=0~31；[S] PLC中指定读取数据的首元件号；

n：指定特殊功能模块与PLC之间传送的字数：16位操作时 n=1~16，32位操作时 n=1~32。

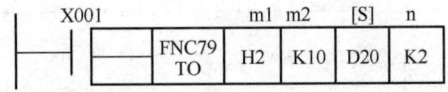

图4-2-8 TO指令梯形图格式

在执行FROM/TO指令时，FX_{2N}用户可以立即中断，也可以等到当前I/O指令完成后再中断。这一功能的实现是通过M8082来完成的，M8082=OFF禁止中断，M8082=ON允许中断。

3. FX_{2N}-4AD-TC的编程与控制

输入模块FX_{2N}-4AD-TC的缓冲寄存器BFM是特殊功能模块工作设定及与主机通信用的数据中介单元，是FROM/TO指令读和写的操作目标。FX_{2N}-4AD-TC的缓冲寄存器区由32个16位的寄存器组成，编号为BFM#0~#31。

FX_{2N}-4AD模块BFM的分配见表4-2-4。

表4-2-4 FX_{2N}-4AD模块BFM分配表

BFM	内容
*#0	通道选择与控制字。初始化默认设定值=H0000 设定H####4位16进制代码，低位为通道1，由低到高依次为通道2、通道3、通道4。"#"中对应设定如下： "0"：K类热电偶输入；"1"：J类热电偶输入；"3"：通道关闭

续表

BFM		内容
*#1	CH1	平均值取样次数（取值范围 1~4096）默认值 = 8
*#2	CH2	
*#3	CH3	
*#4	CH4	
#5	CH1	分别存放 4 通道的平均值（内部转换后以 0.1℃ 为单位）
#6	CH2	
#7	CH3	
#8	CH4	
#9	CH1	分别存放 4 通道的当前值（内部转换后以 0.1℃ 为单位）
#10	CH2	
#11	CH3	
#12	CH4	
#13	CH1	分别存放 4 通道的平均值（内部转换后以 0.11℉ 为单位）
#14	CH2	
#15	CH3	
#16	CH4	
#17	CH1	分别存放 4 通道的当前值（内部转换后以 0.11℉ 为单位）
#18	CH2	
#19	CH3	
#20	CH4	
#15	A/D 转换速度的设置	当设置为 0 时，A/D 转换速度为 15ms/ch，为默认值
		当设置为 1 时，A/D 转换速度为 6ms/ch，为高速值
#21~#27	保留	
#28	测量元件故障存储	
#29	出错信息。Bit0："1" 为模块存在报警，报警原因由 BFM#29 Bit1~Bit3 显示（BFM#29 Bit1~Bit3 的任何一位为 "1"，本位总是为 "1"；"0" 为模块正常工作） Bit2："1" 为模块输入电源错误；"0" 为模块电源正常工作 Bit3："1" 为模块硬件不良；"0" 为模块硬件正常工作 Bit10："1" 为数字量超过允许范围；"0" 为数字量输入正常 Bit11："1" 为采样次数超出可用范围；"0" 为采样次数设定正常	
#30	识别码 K2030	
#31	不能使用	

注：①带 * 号的缓冲寄存器中的数据可由 PLC 通过 TO 指令改写。改写带 * 号的 BFM 的设定值就可以改变 FX_{2N} - 4AD - TC 模块的运行参数，调整其输入方式、输入增益和零点等。

②从指定的模拟量输入模块读入数据前应先将设定值写入，否则按默认设定值执行。

③PLC 用 FROM 指令可将不带 * 号的 BFM 内的数据读入。

4. 金属热处理温度自动控制常用调节规律

金属热处理温度自动控制常用调节规律有二位式、三位式、比例、比例积分和比例积分微分等几种。

（1）二位式调节。它只有开、关两种状态，当炉温低于限给定值时执行器全开；当炉温高于给定值时执行器全闭。（执行器一般选用接触器）

（2）三位式调节。它有上下限两个给定值，当炉温低于下限给定值时执行器全开；当炉温在上、下限给定值之间时执行器部分开启；当炉温超过上限给定值时执行器全闭。（如管状加热器为加热元件时，可采用三位式调节实现加热与保温功率的不同）

（3）比例调节（P调节）。调节器的输出信号（M）和偏差输入（e）成比例。即：$M = Ke$，式中：K——比例系数。

比例调节器的输入、输出量之间任何时刻都存在一一对应的比例关系，因此炉温变化经比例调节达到平衡时，炉温不能加复到给定值时的偏差称"静差"。

（4）比例积分（PI）调节。为了"静差"，在比例调节中添加积分（I）调节，积分调节是指调节器的输出信号与偏差存在随时间的增长而增强，直到偏差消除才无输出信号，故能消除"静差"。比例调节和积分调节的组合称为比例积分调节。

（5）比例积分微分（PID）调节。比例积分调节会使调节过程增长，温度的波动幅值增大，为此再引入微分（D）调节。微分调节是指调节器的输出与偏差对时间的微分成比例，微分调节器在温度有变化"苗头"时就有调节信号输出，变化速度越快、输出信号越强，故能加快调节速度，降低温度波动幅度，比例调节、积分调节和微分调节的组合称为比例积分微分调节。

五、任务实施

1. 制定设计方案

金属热处理是将金属工件在适当的温度下通过加热、保温和冷却等过程，使金属工件内部组织结构发生改变，从而改善材料力学、物理、化学性能的工艺。热处理是改善金属工件性能的一种重要手段。炉温自动控制是指根据炉温对给定温度的偏差，自动接通或断开供给炉子的热源能量，或连续改变热源能量的大小，使炉温稳定在给定温度范围，以满足热处理工艺的需要。

本次设计的金属热处理电阻炉温度自动控制采用二位式控制方式。系统采用三菱 PLC – FX_{2N} 作为核心控制器，利用 K 型热电偶检测炉内温度，经 FX_{2N} – 4AD – TC 热电偶模拟量输入模块进行 A/D 转换。经程序处理后控制加热器的通断，当炉温低于给定值时加热器全开；当炉温高于给定值时加热器全闭。

2. PLC 的 I/O 分配表

I/O 分配如表 4 – 2 – 5 所示。

表 4-2-5　　　　　　　　　　　PLC 的 I/O 分配表

输入			输出		
名称	符号	地址	名称	符号	地址
开盖	SB1	X000	打开炉盖	1Y1	Y000
关盖	SB1	X001	关闭炉盖	1Y2	Y001
回火	SB2	X002	升降台上升	KM1	Y004
停止	SB3	X003	升降台下降	KM2	Y005
盖关闭到位	SQ1	X004	报警指示灯	HL1	Y006
盖打开到位	SQ2	X005	蜂鸣器	Hz	Y007
上升到位	SQ3	X006	加热器		Y010
下降到位	SQ4	X010			
炉温		$FX_{2N}-4AD-TC\ CH1$			

3. 控制系统主电路设计

金属热处理电阻炉主电路图如图 4-2-9 所示。

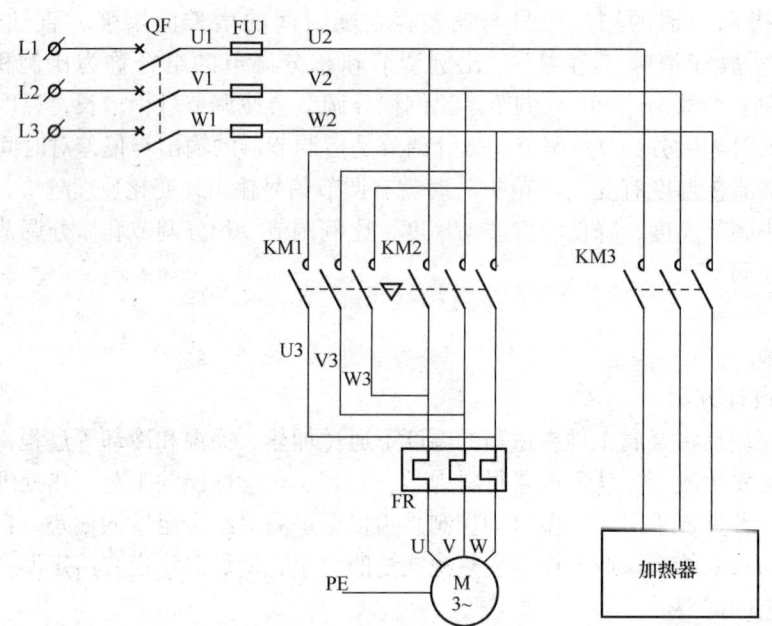

图 4-2-9　金属热处理炉电气控制系统主电路

4. PLC 的外部接线图

PLC 的外部接线图如图 4-2-10 所示。

5. PLC 程序设计

金属热处理电阻炉电气控制系统 PLC 程序分为热处理主程序、温度检测比较程序、保温处理子程序、电机过载与系统停机处理程序。

(1) 金属热处理电阻炉热处理主程序。依据金属热处理电阻炉电气控制工艺要求设计的电气控制系统功能图如图 4-2-11 所示,梯形图程序如图 4-2-12 所示。

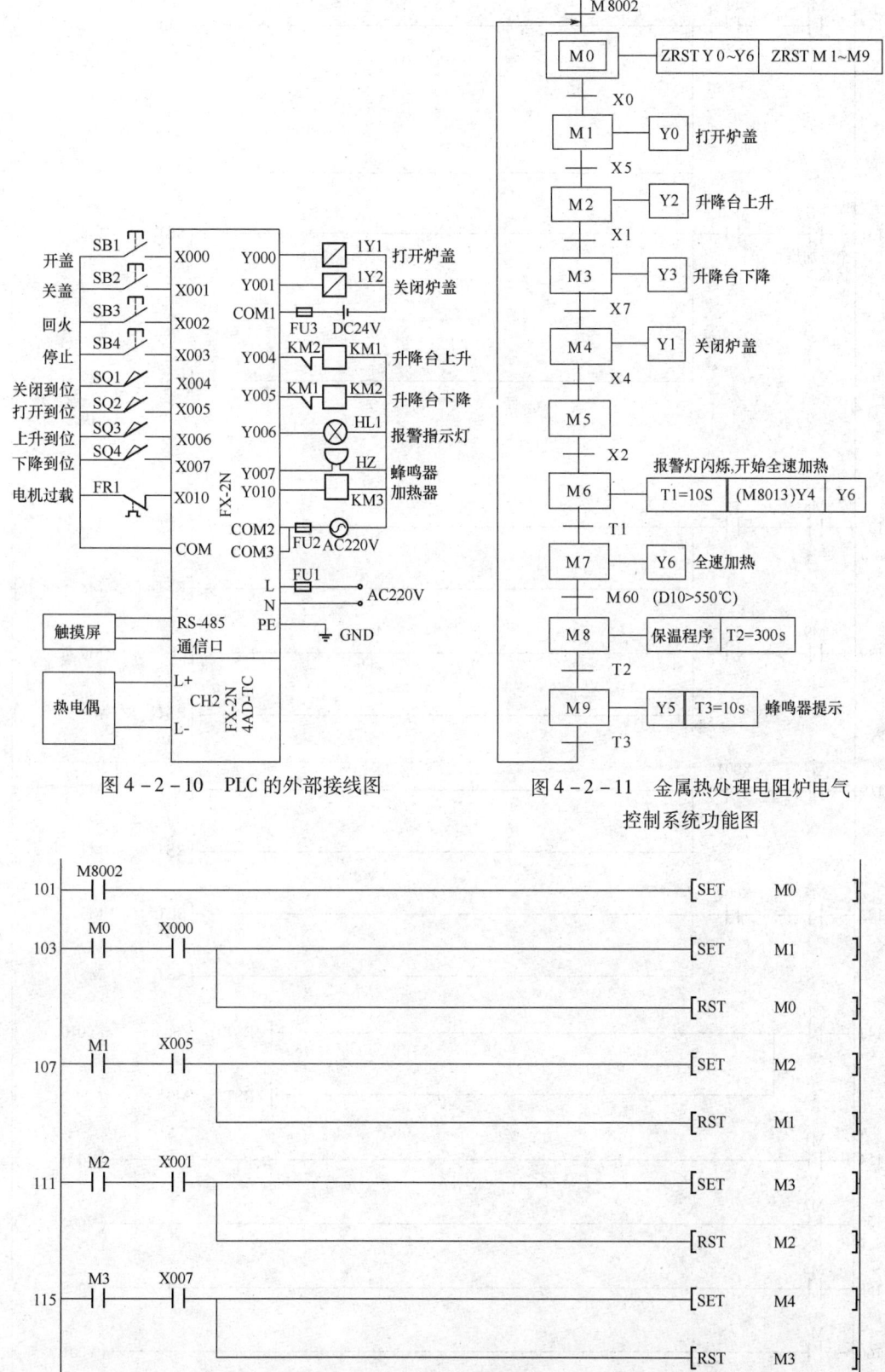

图 4-2-10 PLC 的外部接线图

图 4-2-11 金属热处理电阻炉电气控制系统功能图

```
127  ──M6──T1──────────────────────────[SET  M7 ]
      │ │  │ │                                全速加热
      │                                       状态
      │
      └──────────────────────────────────[RST  M6 ]

131  ──M7──M60─────────────────────────[SET  M8 ]
      │ │  │ │
      全速加热
      状态
      │
      └──────────────────────────────────[RST  M7 ]
                                              全速加热
                                              状态

135  ──M8──T2──────────────────────────[SET  M9 ]
      │ │  │ │
      │
      └──────────────────────────────────[RST  M8 ]

139  ──M9──T3──────────────────────────[SET  M0 ]
      │ │  │ │
      │
      └──────────────────────────────────[RST  M9 ]

119  ──M4──X004────────────────────────[SET  M5 ]
      │ │  │ │
      │
      └──────────────────────────────────[RST  M4 ]

123  ──M5──X002────────────────────────[SET  M6 ]
      │ │  │ │
      │
      └──────────────────────────────────[RST  M5 ]

143  ──M0───────────────────────[ZRST  Y000  Y010 ]
      │ │
      │
      └──────────────────────────[ZRST  M0    M9  ]

154  ──M1──────────────────────────────────(Y000)

156  ──M2──────────────────────────────────(Y004)

158  ──M3──────────────────────────────────(Y005)

160  ──M4──────────────────────────────────(Y001)
```

```
162 ─┤M6├──┤M8013├──────────────────────────(Y006)
                                              加热器

                                                K100
     ─────────────────────────────────────────(T1)

170 ─┤M8├────────────────────────────────── K3000
                                             ─(T2)

174 ─┤M9├────────────────────────────────── K100
                                             ─(T3)

     ─────────────────────────────────────────(Y007)

179 ─────────────────────────────────────────[END]
```

图4-2-12 金属热处理电阻炉热处理主程序（参考）

（2）温度测量处理程序。依据金属热处理电阻炉 PLC 外部接线图和系统工艺控制要求可知，金属热处理电阻炉温度测量使用 K 型热电偶，保温阶段温度控制范围 510~580℃。PLC 模拟量输入模块使用专用热电偶测量模块 $FX_{2N}-4AD-TC$，简化 PLC 程序设计。热电偶利用热电偶测量模块 $FX_{2N}-4AD-TC$ 通道1送入 PLC 将温度数据存储在数据寄存器 D10 中，通道的采样次数为4次，读取通道的平均度值。测量时需要检查模块的 ID 号，在 ID 正确时才能输入温度测量值；当模块出错时，将 PLC 的内部继电器 M70 的状态置"1"。

金属热处理电阻炉的温度设定值通过触摸屏设定，初始值为 550℃，在使用中可以依据使用需要通过触摸屏进行调整。金属热处理炉温度设定值存储在数据寄存器 D0 中。

温度测量处理程序如图4-2-13所示。

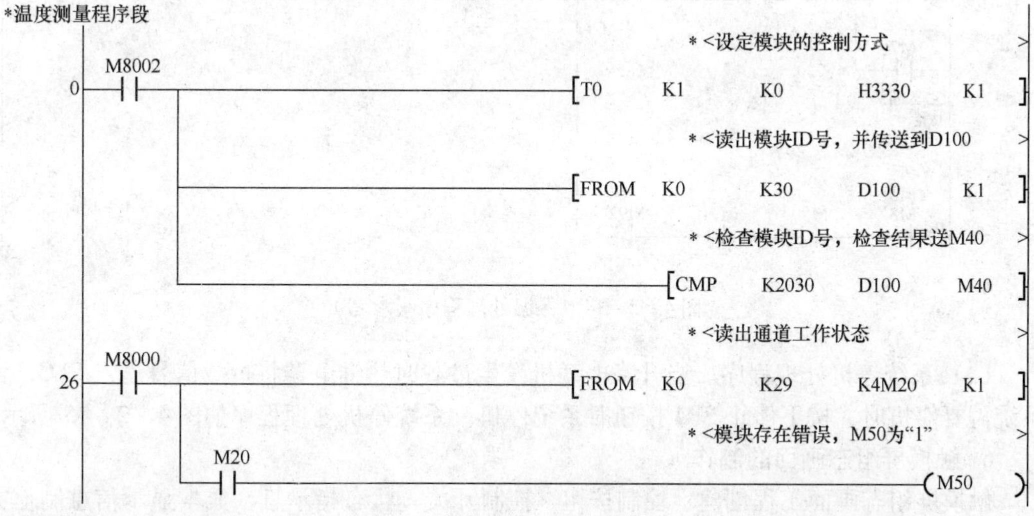

```
*温度测量程序段
                                            *<设定模块的控制方式>
0  ─┤M8002├──────────────────[TO    K1    K0    H3330   K1]

                                            *<读出模块ID号，并传送到D100>
    ─────────────────────────[FROM  K0    K30   D100    K1]

                                            *<检查模块ID号，检查结果送M40>
    ─────────────────────────[CMP   K2030  D100  M40]

                                            *<读出通道工作状态>
26 ─┤M8000├──────────────────[FROM  K0    K29   K4M20   K1]

                                            *<模块存在错误，M50为"1">
    ─┤M20├───────────────────────────────────(M50)
```

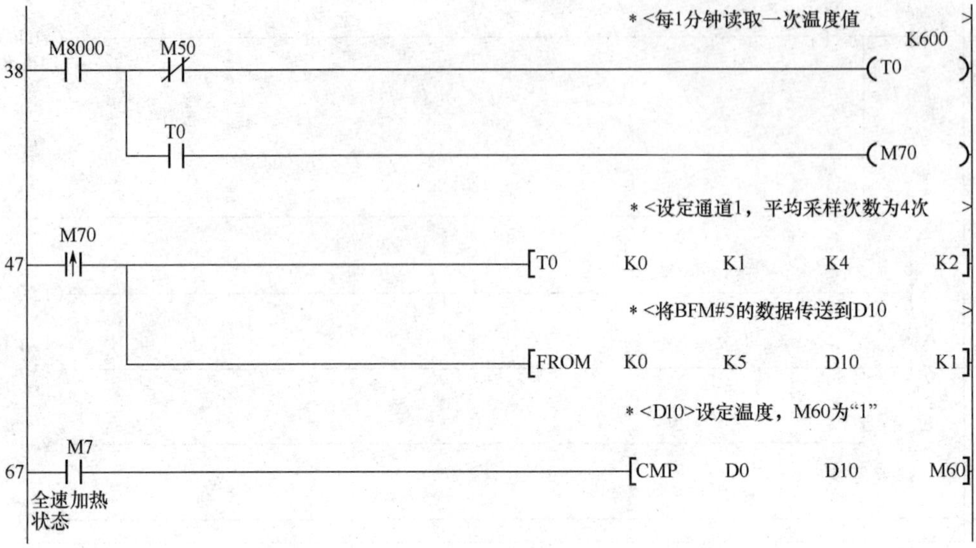

图4-2-13 温度测量处理程序（参考）

（3）保温处理程序。金属热处理保温阶段，温度处理二位式调节控制方案。温度设置只有开、关两种状态，当炉温低于下限给定值时加热器全开；当炉温高于上限给定值时加热器全闭。利用触摸屏分别设置加热器关闭温度上限给定值与加热器全开下限给定值，分别存入数据寄存器 D2 和 D4。保温处理程序如图4-2-14所示。

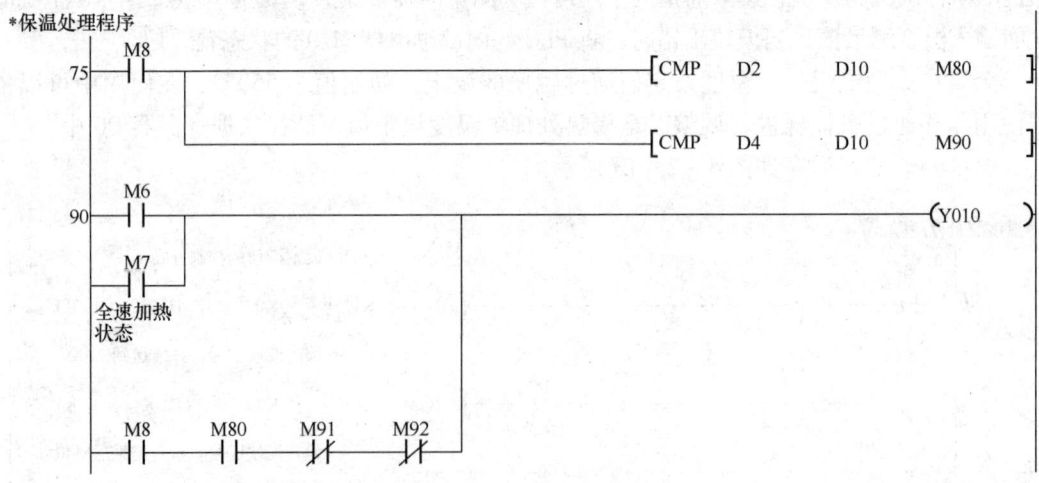

图4-2-14 保温处理程序（参考）

（4）系统停机处理程序。当升降电动机发生过载时热继电器将过载信号送入 PLC；当系统需要停机时，按下停止 SB4 按钮时系统停机。系统停机处理程序如图4-2-15所示。

6. 触摸屏组态画面的制作

触摸屏组态画面工程创建、控制按钮、控制开关、状态指示灯、文本显示信息制作方

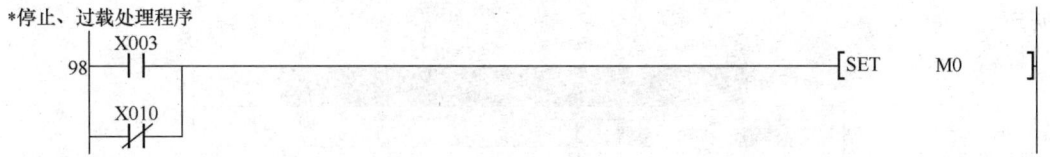

*停止、过载处理程序

```
      X003
98 ─┤├──────────────────────────[SET  M0]
      X010
    ─┤/├──
```

图 4-2-15 系统停机处理程序（参考）

法见项目四的任务一。

（1）金属热处理电阻炉电气控制系统界面的制作。在主界面上添加文本信息和两个功能按键，即温度设定调用按键和运行显示调用按键。具体方法如下：选择菜单［元件］/［功能按键］或者按下 图标，将弹出新建功能键元件属性对话框。

选择［功能键属性］菜单项。选择描述并填入：温度设定。选中"切换基本窗口"；窗口编号：10，如图 4-2-16 所示。

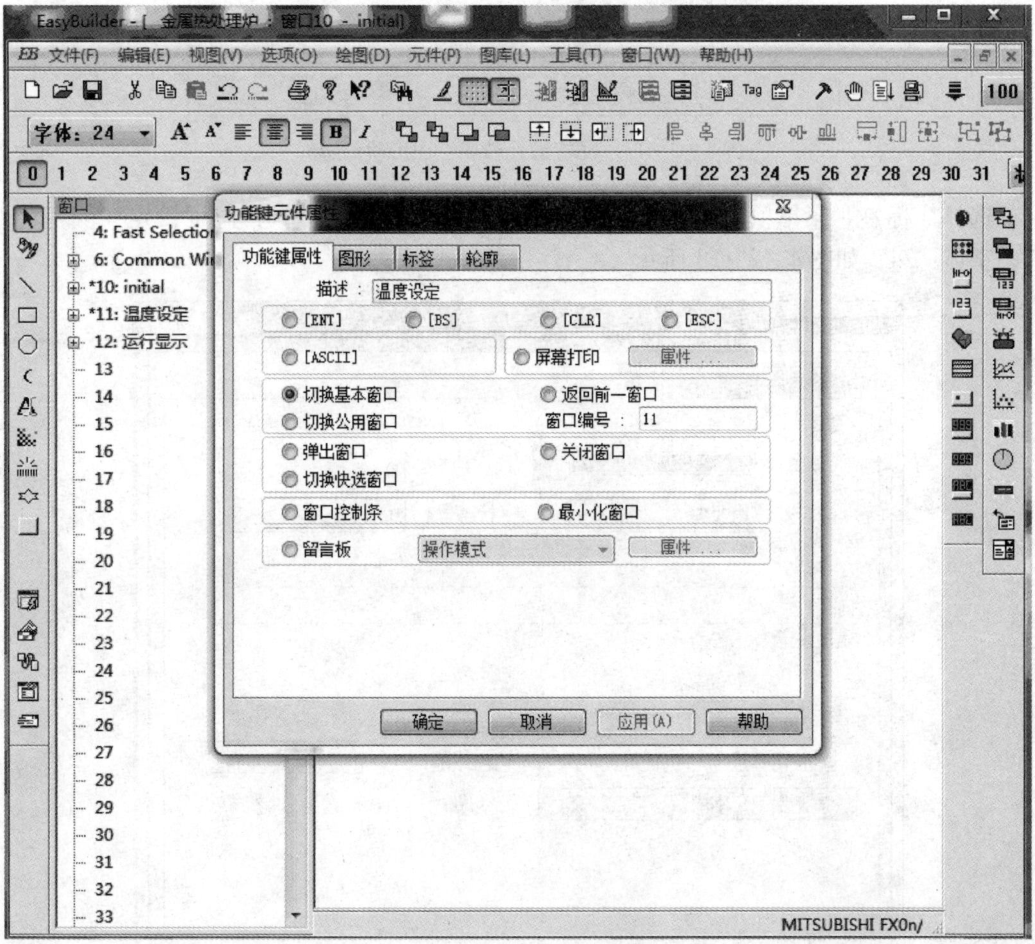

图 4-2-16 金属热处理电阻炉电气控制系统功能键的创建

选择［图形］菜单项。选中向量图：向量图选择 button1：0 – untitled，如图 4 – 2 – 17 所示。

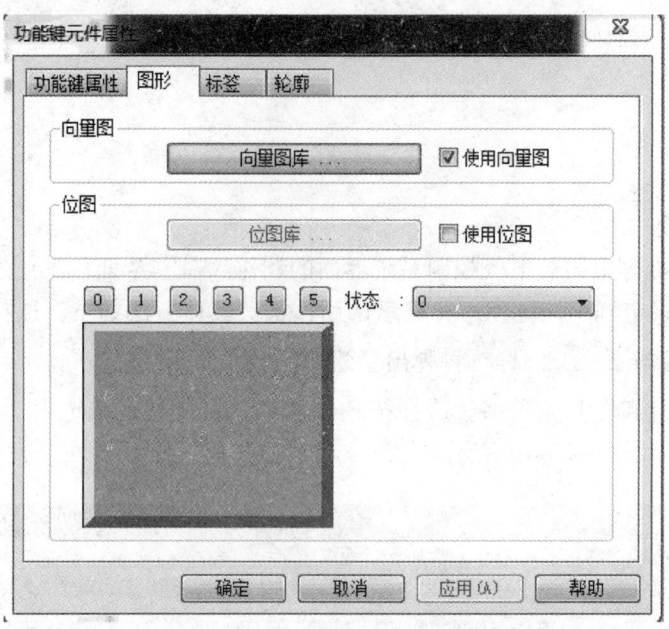

图 4 – 2 – 17　功能键元件属性图形项的选择

选择［标签］菜单项。选中"使用标签"并在内容栏中填入：温度设定；颜色为红色；字体：24，如图 4 – 2 – 18 所示。

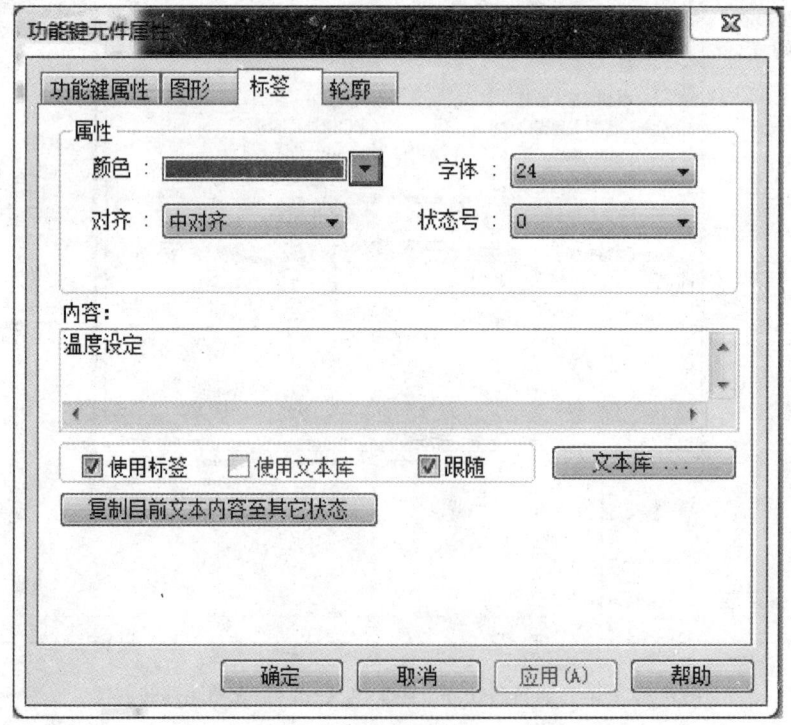

图 4 – 2 – 18　功能键元件属性标签项的选择

同样方法添加"运行显示"调用按键。选择描述并填入：运行显示。选中"切换基本窗口"；窗口编号：12。完成效果如图4-2-19所示。

图4-2-19 金属热处理电阻炉电气控制系统主画面的创建

(2) 金属热处理电阻炉电气控制系统温度设定画面的创建。

1) 选择菜单[窗口]/[打开窗口]，将弹出打开窗口属性对话框，如图4-2-20所示。

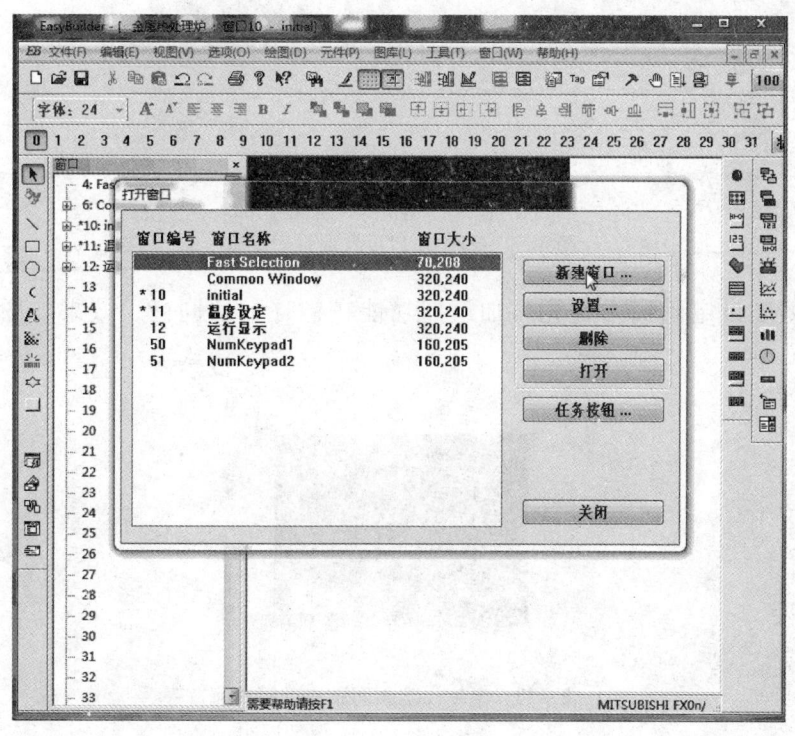

图4-2-20 打开窗口属性对话框

选择[新建窗口]后，在弹出的对话框中选择[基本窗口]后，弹出窗口设置对话框。修改窗口名称：温度设定，其他项使用默认设置，如图4-2-21所示。

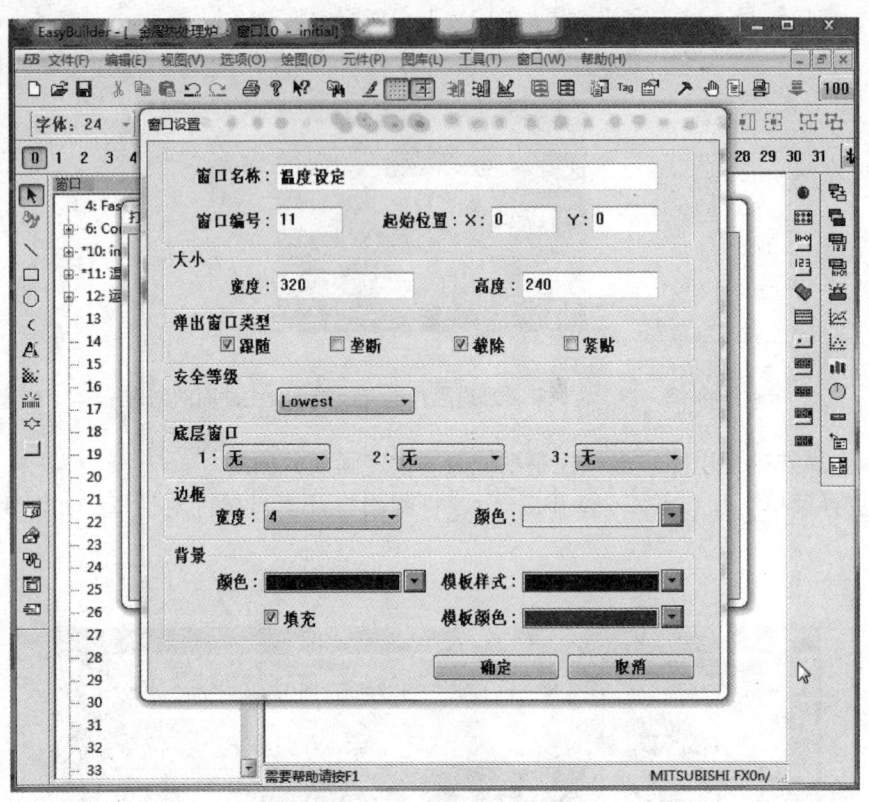

图4-2-21 窗口设置属性对话框

2）在温度设定画面中首先添加返回功能按键，方法同前，效果如图4-2-22所示。

图4-2-22 温度设定画面添加返回功能按键

3）温度设定，数值输入对话框的创建。

具体方法如下：选择菜单［元件］/［数值输入］或者按下 图标，将弹出新建数值输入元件属性对话框，如图4-2-23所示。

（3）金属热处理炉电气控制系统运行显示画面的创建。依据前面介绍方法制作金属热处理炉电气控制系统运行显示画面，如图4-2-24所示。

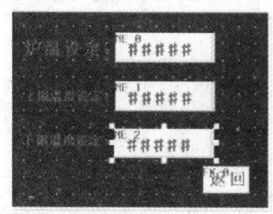

图4-2-23 温度设定画面效果

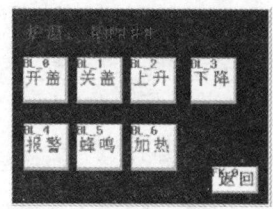

图4-2-24 运行显示画面效果

7. 金属热处理电阻炉电气控制系统的模拟调试

（1）训练器材。

1）可编程控制器实训装置1台。

2）PLC主机模块1个。

3）热电偶测量模块$FX_{2N}-4AD-TC$ A/D 1个。

4）计算机1台。

5）威纶MT-506L触摸屏1块。

6）导线若干。

（2）训练内容与步骤。

1）程序录入训练：正确使用编程软件，完成PLC的程序录入。

2）触摸屏画面制作训练：正确使用触摸屏编程软件，完成画面的制作。

3）硬件接线训练：按照PLC外部接线图，完成PLC的I/O、电源接线及PLC与触摸屏的通讯连接。

4）模拟调试训练：完成PLC与触摸屏的通讯，写入触摸屏画面程序，观察触摸屏画面显示是否与计算机画面一致；对PLC程序进行调试运行，观察程序的运行情况。

5）记录程序调试结果。

六、任务评价

本项任务的评价标准如表4-2-6所示。任务评价由学生自评、小组互评与教师评价相结合，其中学生自评占总成绩的20%，小组互评占总成绩的30%，教师评价占总成绩的50%。

表 4-2-6　　PLC 与人机界面控制系统的设计、安装与调试的评价标准

考核项目	序号	考核内容	评分要点及得分（最高为该项配分值）	配分	得分		
					自评	互评	教师评价
职业能力	1	PLC 控制系统的设计	1. 理解 PLC 控制系统的控制工艺要求，功能图画错扣 5 分 2. 主电路设计一处错扣 1 分，I/O 电路一处错误扣 5 分 3. PLC 程序设计有误，每处扣 2 分 4. 根据电路图提出主要器件单，器件单有误每处扣 1 分	20			
	2	触摸屏画面的制作	1. 按控制要求进行触摸屏画面的制作，一处错误扣 3 分 2. 触摸屏与 PLC 通讯设置有误，扣 5 分	20			
	3	实际接线操作	1. 接线要符合安全性、规范性、正确性、美观性，否则一处错误扣 3 分 2. PLC 端口接线有误，每处扣 3 分 3. 触摸屏接线有误，扣 3 分	20			
	4	调试结果	1. 熟练调试过程，调试步骤一处错误扣 3 分 2. 观察线路工作现象并判断正确与否，判断有误一次扣 5 分	10			
职业素质	1	安全文明操作	1. 损坏元件一次，扣 2 分 2. 引发安全事故，扣 10 分 3. 未作相应的职业保护措施，扣 2 分	10			
	2	团队协作精神	1. 分工不合理，承担任务少扣 5 分 2. 小组成员不与他人合作，扣 3 分 3. 不与他人交流，扣 2 分	10			
	3	劳动纪律	1. 违反规章制度一次扣 2 分 2. 不做清洁整理工作，扣 5 分 3. 清洁整理效果差，酌情扣 2~5 分	10			
		合计		100			
		训练时间记录					
备注			自评学生签字：	自评成绩			
			互评学生签字：	互评成绩			
			指导老师签字：	教师评价成绩			
				总成绩			

参考文献

[1] 曹菁. 三菱 PLC、触摸屏和变频器应用技术［M］. 北京：机械工业出版社，2012.

[2] 张伟林，王开等. 电气控制与 PLC 应用［M］. 第 2 版. 北京：人民邮电出版社，2012.

[3] 刘伦富. PLC 与触摸屏应用技术［M］. 北京：机械工业出版社，2012.

[4] 张运刚，宋小春等. 三菱 FX_{2N} PLC 技术与应用［M］. 北京：人民邮电出版社，2007.

[5] 李敬梅. 电力拖动控制线路与技能训练［M］. 北京：中国劳动社会保障出版社，2007.

[6] 阮友德. 电气控制与 PLC 实训教程［M］. 北京：人民邮电出版社，2006.

[7] 吴明亮，蔡夕忠. 可编程控制器实训教程［M］. 北京：化学工业出版社，2005.

[8] 张万忠. 可编程控制器应用技术［M］. 北京：化学工业出版社，2005.

[9] 黄净. 电器及 PLC 控制技术［M］. 北京：机械工业出版社，2006.

[10] 岳庆来. 变频器、可编程序控制器及触摸屏综合应用技术［M］. 北京：机械工业出版社，2006.

[11] 三菱电机（中国）有限公司. 三菱 FX_{2N} 系列可编程序控制器编程手册.

[12] 三菱电机（中国）有限公司. 三菱变频器 FR‐D700 使用手册.